乡村产业空间发展丛书

日光温室设施创新设计与实践

杨文雄　刘雁征　著

中国建设科技出版社 有限责任公司
China Construction Science and Technology Press Co., Ltd.

北　京

图书在版编目（CIP）数据

日光温室设施创新设计与实践/杨文雄，刘雁征著.
北京：中国建设科技出版社有限责任公司，2025.6.
（乡村产业空间发展丛书）. -- ISBN 978-7-5160-4469-8

Ⅰ.S625.2

中国国家版本馆CIP数据核字第2025Q4A392号

日光温室设施创新设计与实践
RIGUANG WENSHI SHESHI CHUANGXIN SHEJI YU SHIJIAN
杨文雄　刘雁征　著

出版发行：	中国建设科技出版社有限责任公司
地　　址：	北京市西城区白纸坊东街2号院6号楼
邮　　编：	100054
经　　销：	全国各地新华书店
印　　刷：	北京印刷集团有限责任公司
开　　本：	787mm×1092mm　1/16
印　　张：	12
字　　数：	260千字
版　　次：	2025年6月第1版
印　　次：	2025年6月第1次
定　　价：	**69.80元**

本社网址：www.jskjcbs.com，微信公众号：zgjskjcbs
请选用正版图书，采购、销售盗版图书属违法行为
版权专有，盗版必究。本社法律顾问：北京天驰君泰律师事务所，张杰律师
举报信箱：zhangjie@tiantailaw.com　　举报电话：(010) 63567684
本书如有印装质量问题，由我社事业发展中心负责调换，联系电话：(010) 63567692

前　言

随着全球气候变化加剧、资源约束趋紧及人口增长压力加大，设施农业作为现代农业发展的重要方向，已成为保障粮食安全、提升农产品品质、实现农业可持续发展的重要途径。日光温室作为我国设施农业的典型代表，凭借其节能高效、环境可控的优势，在北方寒冷地区及资源匮乏区域发挥了重要作用。然而，传统日光温室在结构设计、环境调控、能源利用效率及机械化应用等方面仍存在诸多瓶颈，亟待通过技术创新与集成应用实现突破。

本书以"创新驱动、绿色高效、智能融合"为核心理念，聚焦日光温室设施的设计优化与实践应用，系统梳理了作者团队十余年在日光温室结构创新、光热环境模拟、新型灌溉技术及栽培模式研发等领域的科研成果与实践经验。全书内容涵盖新型日光温室结构设计、光环境建模与调控、温室温度场CFD模拟技术、微纳米气泡灌溉系统及草莓基质栽培模式创新等关键领域，旨在为设施农业现代化发展提供理论支撑与技术解决方案。

第1章围绕日光温室结构创新，提出了五种新型设计：双层玻璃罩真空夹层日光温室通过减少热损失显著提升保温性能；风热直接转换墙体日光温室与插拔式保温墙体日光温室技术突破传统墙体材料限制，实现快速建造与灵活调控；可容纳小型作业机械进出的温室设计破解了传统温室机械化作业难题；屋架太阳能集热式日光温室则通过能源自给路径推动低碳化发展。这些设计兼顾环境适应性与经济性，为我国多样化气候条件下的温室建设提供了新思路。第2章聚焦光照环境优化，从理论模型构建、测试设备开发到实际应用评价，形成完整的技术链条。通过建立光环境动态模型与自主研发测试设备，精准量化温室光照分布特征，为补光系统优化、覆盖材料选型及作物布局提供科学依据，助力设施农业"光效—产量—品质"协同提升。第3章创新性引入计算流体力学（CFD）模拟技术，构建温室温度场动态模型，实现环境参数的精准预测与智能化调控。结合物联网技术，推动温室环境管理从经验驱动向数据驱动转型，为作物生长模型与智能控制系统的深度融合奠定基础。第4章与第5章则从水肥管理和栽培模式切入，探索微纳米气泡灌溉技术与草莓新型基质槽的创新应用。微纳米气泡技术通过提升灌溉水溶氧量与养分传输效率，显著促进番茄根系发育与抗逆性；草莓基质槽设计则通过材质优化、容量精准化及配套技术集成，实现省力化栽培与产量品质双提升。两项技术均通过多地示范验证，展现了显著的增产增效与资源节约潜力。第一著者杨文雄负责第1章，第2章的第5节、第6节，第5章的编写以及全书的整理工作；第二著者刘雁征负责第

2章的第1节~4节、第3章、第4章的编写。

  本书的撰写既注重理论深度，又强调实践的可操作性。每章均包含技术原理阐述、设备开发细节、实验数据分析及典型案例剖析，力求为科研人员、农业工程师、农技推广人员及农业经营者提供兼具前瞻性与实用性的参考。书中提及的相关成果已在京津冀、西北及东北等地区推广应用，助力设施农业提质增效与乡村振兴战略实施。

  谨以此书献给所有致力于设施农业创新的同行者。本书得到了多项省部级科研项目的支持，并在合作企业与示范基地中实践。限于作者水平，书中难免存在疏漏，恳请读者不吝指正。

杨文雄 刘雁征

2025 年春于北京

目 录

1 日光温室创新设计 ··· 1
   1.1 双层玻璃罩真空夹层日光温室 ·· 1
   1.2 风热直接转换墙体日光温室 ·· 3
   1.3 插拔式保温墙体日光温室 ·· 5
   1.4 可容纳小型作业机械进出的日光温室 ·································· 12
   1.5 屋架太阳能集热式日光温室 ·· 15

2 日光温室光照设施设计与实践 ·· 20
   2.1 日光温室光照概述 ··· 20
   2.2 日光温室光环境模型的建立 ·· 27
   2.3 日光温室光辐射测试设备的设计与开发 ······························· 35
   2.4 光照环境测试与验证 ·· 42
   2.5 日光温室光照环境影响因素与分析评价 ······························· 45
   2.6 日光温室光照实践与三农服务 ·· 76

3 温室温度环境 CFD 模拟技术与实践 ··· 87
   3.1 CFD 模拟技术现状 ··· 87
   3.2 温室环境调控措施 ··· 89
   3.3 温室 CFD 模拟技术与智能化栽培 ······································ 98
   3.4 温室温度 CFD 模拟技术实践 ··· 103

4 温室微纳米气泡灌溉设计与实践 ·· 117
   4.1 微纳米气泡技术现状 ·· 117
   4.2 微纳米气泡机的选用 ·· 123
   4.3 温室番茄微纳米气泡灌溉技术应用 ····································· 126
   4.4 番茄微纳米气泡灌溉技术与智能化栽培 ······························ 127

5 日光温室草莓新型基质槽设计与实践 ··· 132
   5.1 草莓栽培设施现状 ··· 132

5.2　聚氯乙烯草莓栽培槽的材质选用 ································ 133
　5.3　聚氯乙烯草莓栽培槽的设计开发 ································ 135
　5.4　聚氯乙烯草莓栽培槽的生产加工 ································ 142
　5.5　草莓基质槽容量与智能化栽培 ·································· 147
　5.6　草莓新型基质槽栽培模式的示范与比较 ·························· 157
　5.7　草莓新型基质槽栽培模式配套综合技术 ·························· 159
　5.8　草莓新型基质槽栽培模式的推广应用与实践 ······················ 162
　5.9　师生推广草莓基质槽的社会实践与成果 ·························· 165
　5.10　推广草莓基质槽取得的经济效益 ······························· 176

参考文献 ·· 184

1 日光温室创新设计

1.1 双层玻璃罩真空夹层日光温室

1.1.1 技术领域与技术背景

本设施涉及设施农业工程日光温室建造技术领域,具体地说,是一种双层玻璃罩真空夹层日光温室,是主要用于种植高档花卉、苗木的试验型日光温室,亦可作为家庭小型日光温室。

日光温室作为设施农业的主流设施,其推广规模在逐渐扩大,已大量用于我国北方地区冬季的蔬菜越冬生产。传统的日光温室墙体大多数采用堆土夯实、黏土砖砌筑实心墙体等方式,起到蓄热保温作用。由于墙体遮光,温室内的作物只能接受来自前屋面的太阳辐射,光合作用效率降低,从而影响了生产效益。

1.1.2 技术内容

针对现有技术存在的问题,本设施提供一种双层玻璃罩真空夹层日光温室,通过提高光合作用效率,进而提高生产效益。

双层玻璃罩真空夹层日光温室,由内层透明玻璃罩与外层透明玻璃罩构成。其中,内层透明玻璃罩与外层透明玻璃罩构成倒扣设置,外层透明玻璃罩套在内层透明玻璃罩外侧,两者间有一定间隙,且间隙处为真空,将内层透明玻璃罩外壁分为两部分,分别为A部分与B部分,A部分或B部分上涂有太阳能吸收涂层,用于在真空层内聚集太阳光;未涂有太阳能吸收涂层的部分透明无遮挡,允许太阳光直接透过,进而为日光温室内的作物生长提供光源支持。本设施的优点除了具备传统日光温室北墙的蓄热保温功能外,还具备吸热、集热功能。

本设施的优点在于:

(1) 日光温室整体以双层玻璃罩为骨架,造型简单、成本低廉、结构新颖。

(2) 日光温室中内层玻璃罩部分壁面上的太阳能吸收涂层,除了具备传统日光温室北墙的蓄热保温功能外,还有具备吸热、集热功能。

1.1.3 具体实施方式

本设施提供一种双层玻璃罩真空夹层日光温室,如图1-1所示。该设施包括内层透明玻璃罩与外层透明玻璃罩、插接底座、真空泵、通风孔。

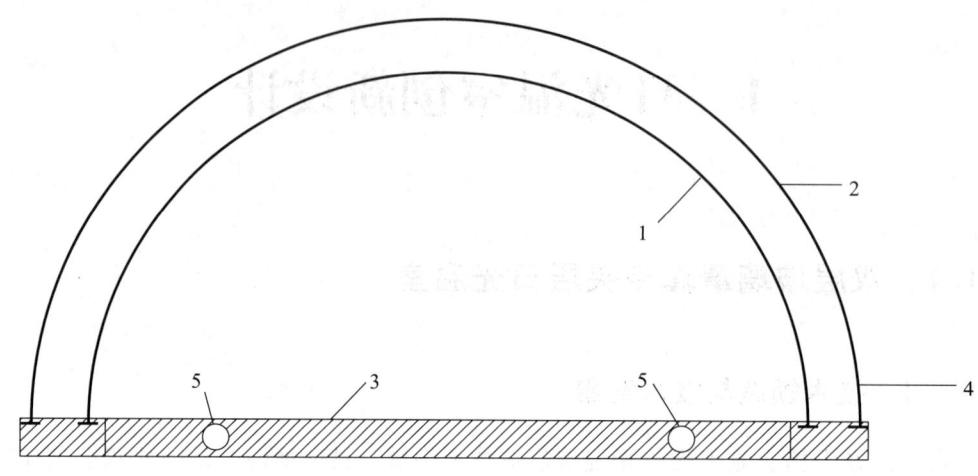

1—内层透明玻璃罩；2—外层透明玻璃罩；3—插接底座；4—真空泵；5—通风孔。
图 1-1　双层玻璃罩真空夹层日光温室的结构

其中，内层透明玻璃罩与外层透明玻璃罩均为半球形结构，倒扣设置，使内层透明玻璃罩与外层透明玻璃罩纵截面呈倒"U"形。外层透明玻璃罩直径大于内层透明玻璃罩直径，使外层透明玻璃罩罩在内层透明玻璃罩外侧，两者间有一定间隙。内层透明玻璃罩与外层透明玻璃罩均安装于插接底座上。

插接底座为环形结构，固定安装于地面上。插接底座上表面上开有内侧环形槽与外侧环形槽，使内层透明玻璃罩底部与内侧环形槽配合插接固定，外层透明玻璃罩底部与外侧环形槽配合插接固定。如图 1-2 所示，内侧环形槽与外侧环形槽的两侧壁上还开有环形密封槽，内部安装有环形橡胶密封圈，在内层透明玻璃罩与外层透明玻璃罩插接固定后，可将内侧环形槽与外侧环形槽的两侧壁上的环形密封圈压紧在环形密封槽内，实现内层透明玻璃罩与外层透明玻璃罩及插接底座间的密封。

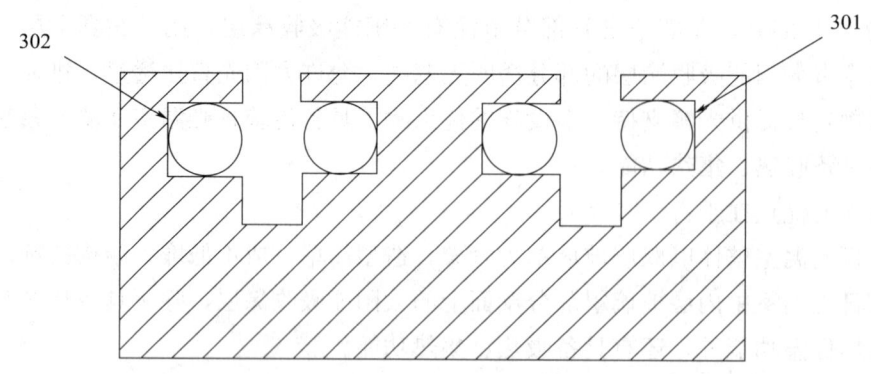

301—内侧环形槽；302—外侧环形槽。
图 1-2　双层玻璃罩真空夹层日光温室中插接底座结构剖面

外层透明玻璃罩壁面上有抽气孔，抽气孔与真空泵相连，通过真空泵实现内层透明玻璃罩与外层透明玻璃罩间的抽真空。内层透明玻璃罩与外层透明玻璃罩间形成真空夹层，可最大程度地接受太阳光辐射，避免空气或其他气体分子对太阳光的反射造成光辐射效率降低。

上述内层透明玻璃罩的1/2外壁面涂有太阳能吸收涂层，太阳能吸收涂层的成分为渐变铝-氮/铝，太阳吸收比 $\alpha=0.95$。由于太阳辐射以短波为主，当太阳光透过外层透明玻璃罩照射到内层透明玻璃罩的太阳能吸收涂层后，太阳能转换为热能，短波变为长波，经反射后无法透过外层透明玻璃罩，从而在真空夹层内聚集，起到吸热、集热、保温的功能，为日光温室内的作物生长提供温度支持。由于仅在内层透明玻璃罩的内壁面涂有太阳能吸收涂层，则内层透明玻璃罩的外壁面透明无遮挡，允许太阳光直接透过，进而为日光温室内的作物生长提供光源支持。

本设施中，在插接底座上开有通风孔与内层透明玻璃罩内部连通，用于日光温室内部与外界空气交换。且在插接底座外壁上，位于通风孔相对两侧位置，分别铰接封盖和安装卡扣，在封盖上安装有卡头。由此，通过转动封盖使卡头与卡扣配合，实现封盖的固定，此时，封盖将通风孔封闭。在白昼时，可根据需要打开封盖，通过通风孔为日光温室内通风，夜间则关闭封盖，将通风孔封闭，实现日光温室内的保温。插接底座也可开有矩形开口，开口处安装开合门，供栽培人员进出温室。

1.2 风热直接转换墙体日光温室

1.2.1 技术领域及技术背景

本设施属于设施农业工程日光温室建造，具体地说，是指一种利用风能直接转换墙体热能的日光温室。

西北地区冬季多风、寒冷，日光温室维持温度困难，但是目前多风地带对风的利用不足，对风的利用主要是将风能转换为电能，再转换为热能，缺点是转换次数多、能源损耗大、效率低。

1.2.2 技术内容

本设施通过利用风能直接转换为日光温室墙体的热能，为日光温室提供热源，转换效率高、简单易行。

该日光温室墙体分内墙、外墙和中间层。内墙和外墙都是砖墙结构，中间层是由有机硬质塑料构成的矩形密闭空间，密闭空间内充满油。在中间层靠近内墙的内侧壁上等间距固定有定子部件，每个定子部件配合安装有一个转子部件，转子部件与定子部件接触。每个转子部件还固定连接有一个连杆，连杆穿过中间层的外侧壁和外墙，在外墙的一端固定连接有风轮。所述的定子部件和转子部件的材质均为不锈钢。所述的连杆上还装有增速器（图1-3）。

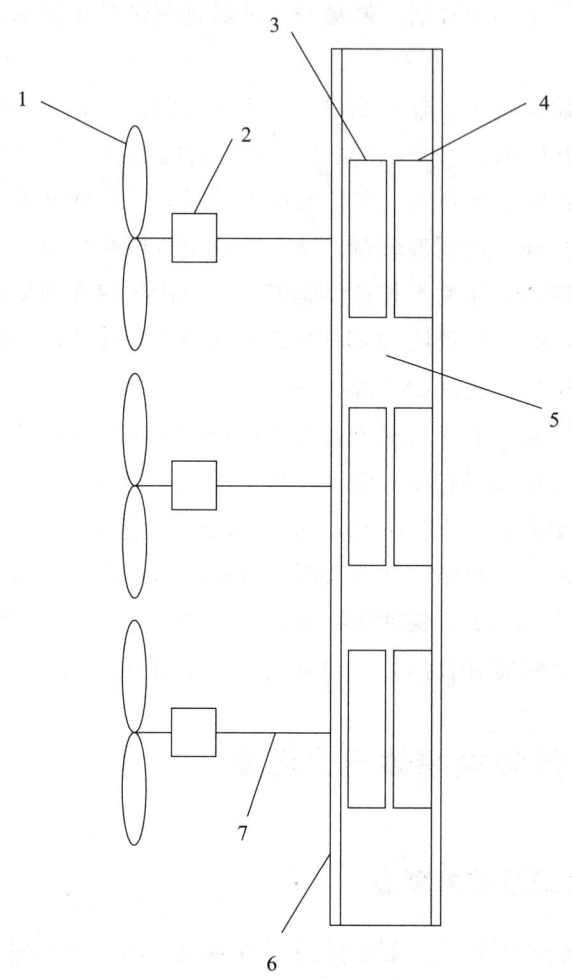

1—风轮；2—增速器；3—转子部件；4—定子部件；5—油；6—内侧壁；7—连杆。

图1-3　新型风能直接转换为墙体热能的日光温室的中间层结构

本设施的优点和有益效果在于：

油能起到保温蓄热的作用，在多风地带能使日光温室保持温度，减少其他燃料的损耗，并且油具有润滑作用，大大减小摩擦损耗。

通过摩擦生热的原理使日光温室保温性能大大改善，保温效果好，并且设施简单、成本低。

1.2.3　具体实施方式

本设施是一种利用风能直接转换为墙体热能的日光温室，适用于多风地带，为日光温室提供热源。

风能直接转换墙体热能的日光温室，墙体分内墙、外墙和中间层。内墙和外墙都是砖墙结构，中间层是由有机硬质塑料形成的矩形密闭空间，密闭空间内充满油。在中间层靠近内墙的内侧壁上等间距固定有定子部件，每个定子部件配合安装有一个转子部件，转子部件与定子部件面接触。每个转子部件还固定连接有一个连杆，连杆穿过中间层的外侧壁和外墙，在外墙的一端固定连接有风轮。

该设施的定子部件固定在中间层的内侧壁上，转子部件相对定子部件转动，二者接触产生摩擦。具体实现时，转子部件和定子部件的材质均为不锈钢，转子部件和定子部件均为规则形状，如圆形、矩形的不锈钢铁片，转子部件相对定子部件的端面的一部分或者全部相接触。

连杆上还装有增速器。增速器用于增大连杆的转动速度。油须具有沸点高、熔点低、比热容大的特点，可选取熔点低、沸点高的机油，或者用其他沸点高、熔点低、比热容大的液态化合物或混合物，例如乙二醇与水的混合液体。

风给风轮提供转动的动力，通过连杆机械传动转子部件，转子部件转动时与定子部件摩擦生热，热量传递给油。油一方面对转子部件和定子部件起润滑作用，一方面还能起保温蓄热的作用，在多风地带能使日光温室保持温度，减少其他燃料的损耗。

1.3 插拔式保温墙体日光温室

1.3.1 技术领域与技术背景

本设施涉及设施农业工程领域，具体来说，是一种采用插拔式保温墙体的日光温室。

日光温室作为设施农业的主流设施，其推广规模在逐渐扩大，已大量用于我国北方地区冬季的蔬菜越冬生产。传统的日光温室墙体大多数采用堆土夯实、黏土砖砌筑实心墙体等方式建造，厚达 50～300cm，占地面积大。一旦因土地规划改变需要拆除，则造成大量建筑垃圾、土地污染严重等问题。

1.3.2 技术内容

针对上述问题，本设施采用新工艺制造插拔式墙体，并与其他材料组装成插拔式日光温室。

采用插拔式保温墙体的日光温室，包括北墙体、东墙体、西墙体、插接门、棚膜支杆与棚膜。北墙体、东墙体与西墙体均采用插拔式保温墙体，墙体结构由两种结构的可拼接墙体模块以及用来安装棚膜支杆的顶层模块相互拼接构成。

其中，墙体模块具体结构如下：

结构一墙体模块作为辅助模块，为顶面具有插接头、底面具有插接槽的矩形一体结构。

结构二墙体模块为主模块，为两块结构一墙体模块左右对称、侧面相接形成的一体结构，结构二墙体模块底面具有两个插接槽，顶面具有两个插接头。

顶层模块具有两种结构，分别为底面具有一个插接槽的矩形结构和底面具有两个插接槽的矩形结构。其中，底面具有一个插接槽的矩形结构顶层模块长度、宽度与结构一墙体模块相同，底面具有两个插接槽的矩形结构顶层模块长度、宽度与结构二墙体模块相同，且上述两种结构的顶层模块的侧面均设计有连接槽，用来安装棚膜支杆。

把上述两种结构的墙体模块拼接成插拔式墙体结构，在最顶层安装顶层模块来实现棚膜支杆的安装，形成日光温室的北墙体、东墙体以及西墙体；且使东墙体与西墙体中顶层模块上的连接槽相对，用来安装横向的棚膜支杆；北墙体中顶层模块上的连接槽朝向日光温室内侧，用来安装纵向的棚膜支杆末端，纵向棚膜支杆前端弯曲后插入地基，形成日光温室棚膜支撑结构；在支撑结构上铺设棚膜，最终形成日光温室。

本设施的优点为：

（1）日光温室采用插拔式保温墙体，保温效果好，可即插即拔，可根据生产需要改变墙体高度和长度。

（2）日光温室中，插拔式保温墙体可反复使用，保护环境。

（3）本日光温室可工业化批量生产。

1.3.3 具体实施方式

本日光温室包括北墙体1、东墙体2、西墙体3、插接门4、棚膜支杆5与棚膜6，如图1-4所示。

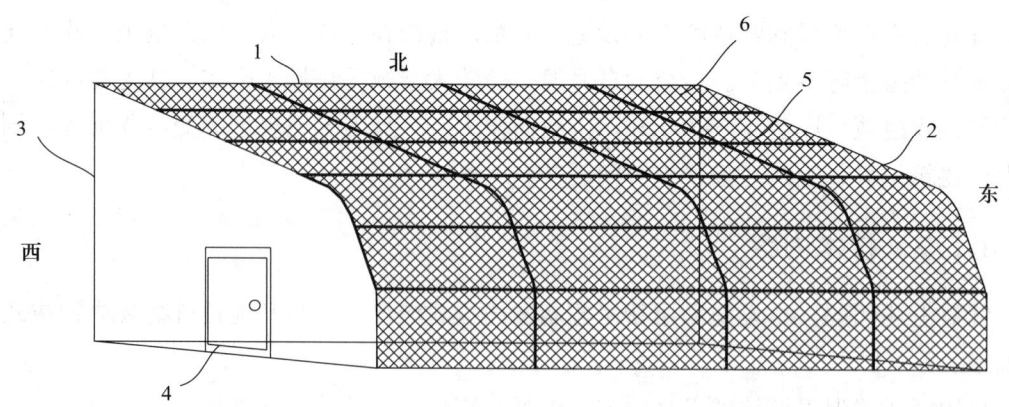

1—北墙体；2—东墙体；3—西墙体；4—插接门；5—棚膜支杆；6—棚膜

图1-4 日光温室整体结构

北墙体1、东墙体2与西墙体3均采用插拔式保温墙体，具有由两种结构的可拼接墙体模块7构成的墙体结构，以及用来安装棚膜支杆5的顶层模块8相互拼接构成。

其中，两种结构的墙体模块 7 具体结构如下：

结构一墙体模块 7 作为辅助模块，为顶面具有插接头 9、底面具有插接槽 10 的矩形一体结构，如图 1-5 所示。

结构二墙体模块 7 为主模块，为两块结构一墙体模块 7 左右对称、侧面相接形成的一体结构。结构二墙体模块 7 底面具有两个插接槽 10，顶面具有两个插接头 9，如图 1-6 所示。

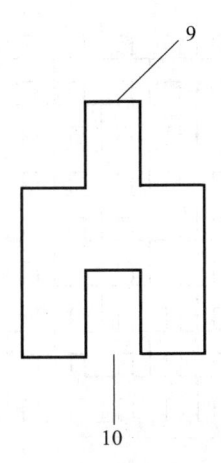

9—插接头；10—插接槽。

图 1-5　光温室中结构一墙体模块 7 结构

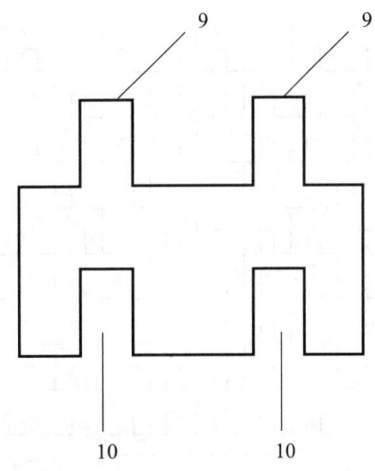

9—插接头；10—插接槽。

图 1-6　日光温室中结构二墙体模块 7 结构

顶层模块 8 具有两种结构，分别为底面具有一个插接槽 10 及连接槽 11 的矩形结构，如图 1-7 所示。

底面具有两个插接槽 10 及连接槽 11 的矩形结构，如图 1-8 所示。

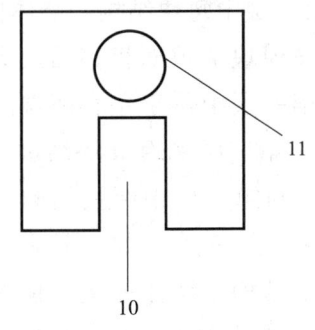

10—插接槽；11—连接槽。

图 1-7　日光温室中底面具有一个插接槽的顶层模块 8 结构

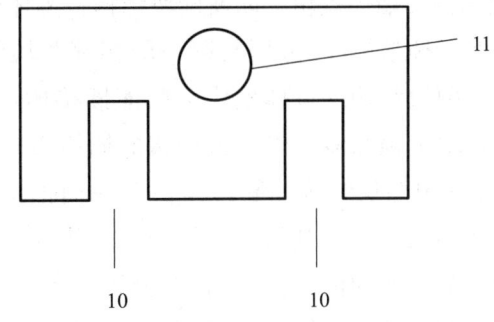

10—插接槽；11—连接槽。

图 1-8　日光温室中底面具有两个插接槽的顶层模块 8 结构

其中，底面具有一个插接槽 10 的矩形结构顶层模块 8 长度、宽度与结构一墙体模块 7 相同；底面具有两个插接槽 10 的矩形结构顶层模块 8 长度、宽度与结构二墙体模块 7 相同；上述两种结构的顶层模块 8 的侧面均设计有连接槽 11，用来安装棚膜支杆 5。

通过上述两种结构的墙体模块 7 交错进行拼接形成插拔式墙体结构，且通过在最顶层安装顶层模块 8 来实现棚膜支杆 5 的安装，具体方式如图 1-9 所示。

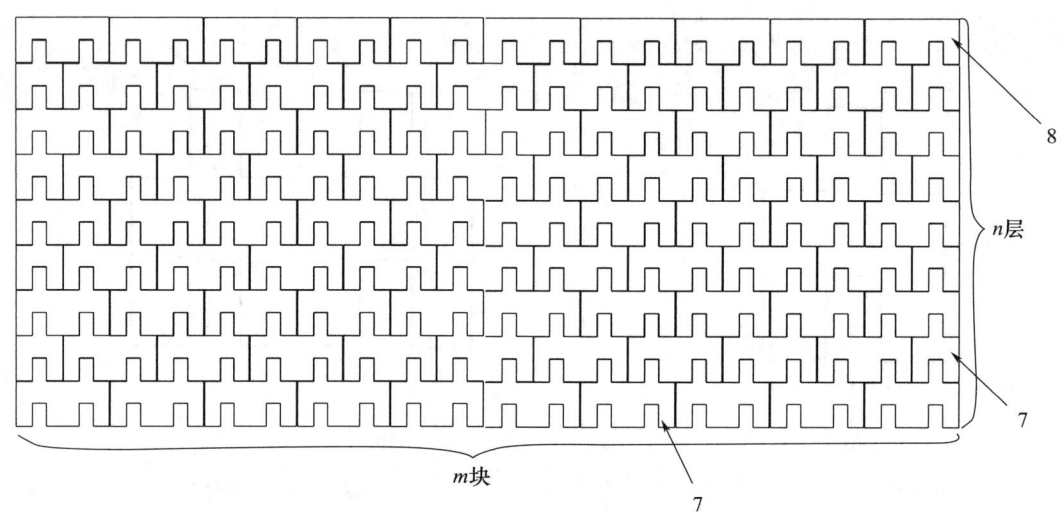

7—墙体模块；8—顶层模块。

图 1-9　日光温室中偶数层墙体结构北墙体拼接方式

如图 1-9 所示，对于北墙体 1 来说，令北墙体的墙体结构为 n 层，其中，第一层采用 m 块结构二墙体模块 7，m 块结构二墙体模块 7 底面的插接槽 10 均与地基上设计的插接头 9 配合插接，并保证插接后相邻的结构二墙体模块 7 侧面间贴合。第二层采用 $m-1$ 块结构二墙体模块 7 以及两块结构一墙体模块 7；第二层中每块结构二墙体模块 7 底面的两个插接槽 10 分别与第一层相邻两块结构二墙体模块 7 顶面相邻插接头 9 配合插接；两块结构一墙体模块 7 底面插接槽 10 分别与第一层中位于左右两端的结构二墙体模块 7 顶面剩余未进行插接的插接头 9 配合插接。第三层采用 m 块结构二墙体模块 7，其中两块结构二墙体模块 7 底面插接槽 10 分别与第二层中两块结构一墙体模块 7 插接头 9 及与其相邻的结构二墙体模块 7 顶端插接头 9 配合插接；其余结构二墙体模块 7 底面的两个插接槽 10 分别与第二层相邻两块结构二墙体模块 7 顶面相邻插接头 9 配合插接。第四层与第三层，第五层与第四层的插接方式分别和第二层与第一层、第三层与第二层的插接方式相同，以此类推，形成插拔式北墙体 1 的墙体结构。

上述北墙体 1 的墙体结构若为偶数层（n 为偶数），如图 1-9 所示，则通过 m 块底面具有两个插接槽 10 结构的顶层模块 8，采用与第三层相同的插接方式与北墙体 1

的墙体结构第 n 层间进行插接,形成北墙体 1 上的顶层连接面,用于连接纵向设置的棚膜 6 连杆。若北墙体 1 的墙体结构为奇数层（n 为奇数）,如图 1-10 所示,则通过 $m-1$ 块底面具有的两个插接槽 10 结构的顶层模块 8 与两块底面具有的一个插接槽 10 结构的顶层模块 8,采用与第二层相同的插接方式与墙体结构第 n 层间进行插接。

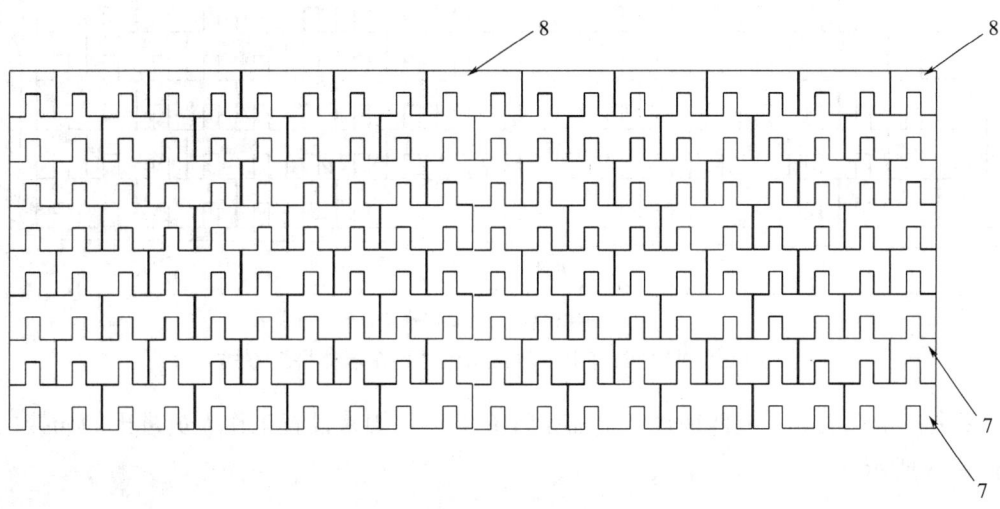

7—墙体模块；8—顶层模块。

图 1-10　日光温室中奇数层墙体结构北墙体拼接方式

东墙体 2 与西墙体 3 整体构型相同,如图 1-11 和图 1-12 所示。

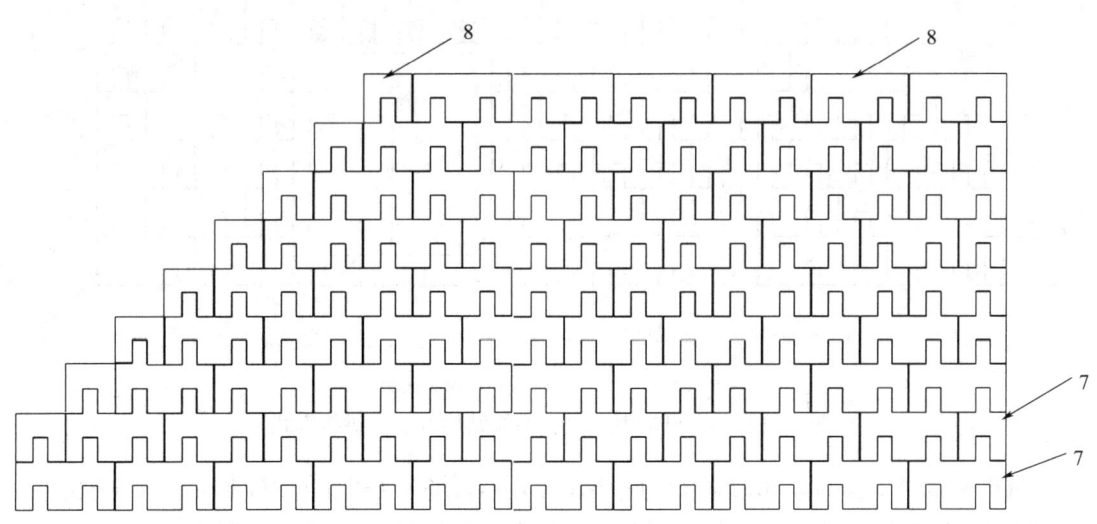

7—墙体模块；8—顶层模块。

图 1-11　日光温室中偶数层墙体结构东墙体拼接方式

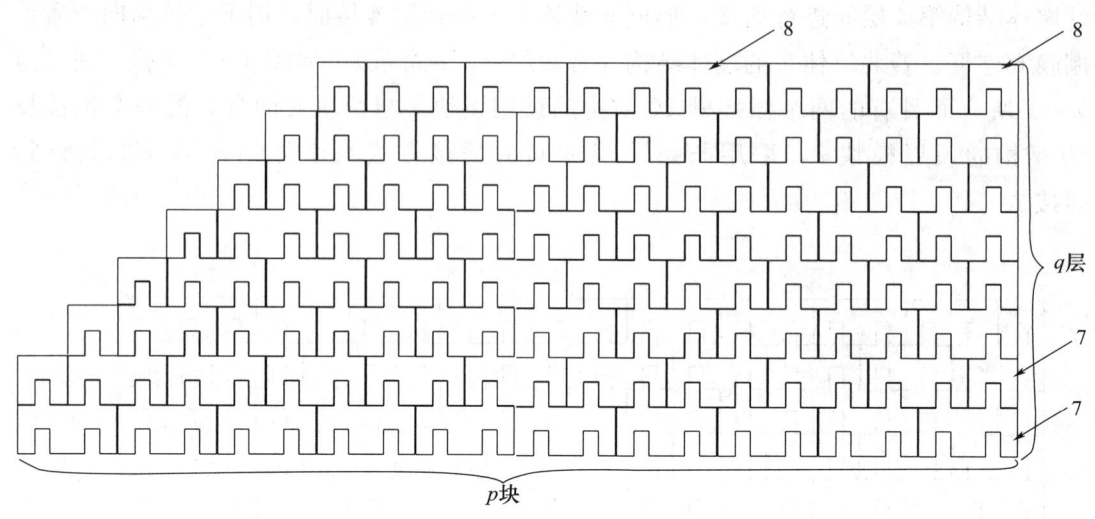

7—墙体模块；8—顶层模块。

图1-12 日光温室中奇数层墙体结构东墙体拼接方式

区别在于东墙体2或西墙体3上需设计有缺口，用来设置工作人员进出的插接门4，如图1-13所示。

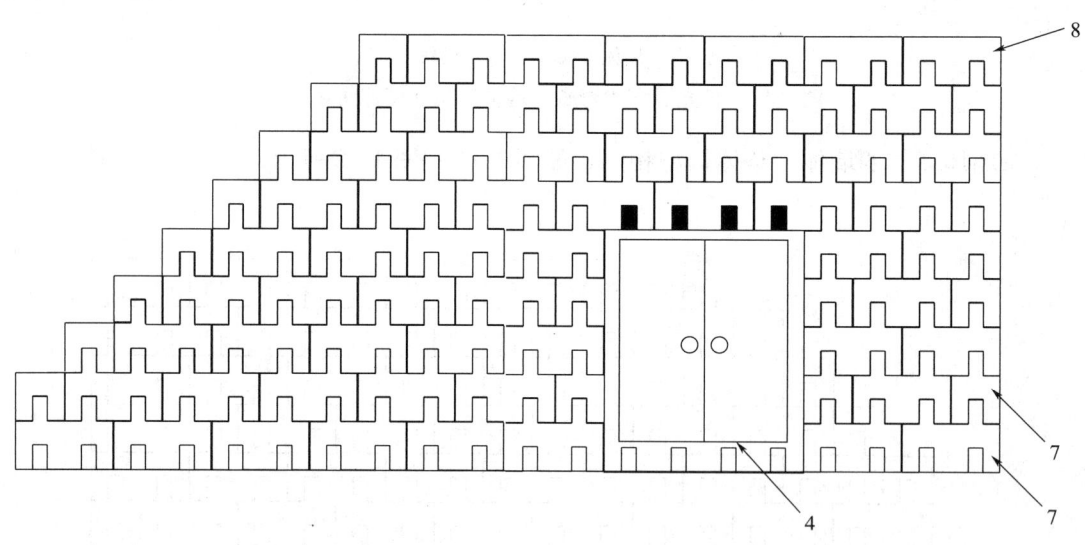

4—门框；7—墙体模块；8—顶层模块。

图1-13 日光温室中奇数层墙体结构西墙体拼接方式

对于东墙体2来说，东墙体2为q层；其中，第一层采用p块结构二墙体模块7，p块结构二墙体模块7底面的插接槽10均与地基上设计的插接头9配合插接，并保证相邻结构二墙体模块7侧面间贴合。第二层采用$p-1$块结构二墙体模块7以及1块结构一墙体模块7；第二层中每块结构二墙体模块7底面的两个插接槽10分别与第一层相邻两块结构二墙体模块7顶面相邻插接端头配合插接；1块结构一墙体模块7底面插接槽10分别与第一层中位于后端的结构二墙体模块7顶面剩余未进行插接的插接头配合插接。第三层采用 $p-1$ 块结构二墙体模块 7，其中 $p-2$ 块结构二墙体模块 7 分别与第二层相邻两块结构二墙体模块 7 顶面的相邻插接端头配合插接；剩余一块结构二墙体模块 7 底面插接槽 10 分别与第二层中位于后端的结构一墙体模块 7 顶面插接头 9，以及与其相邻的结构二墙体模块 7 顶面剩余未进行插接的插接头 9 配合插接。第四层与第三层，第五层与第四层的插接方式分别和第二层与第一层、第三层与第二层的插接方式相同，以此类推，形成插拔式东墙体 2 的墙体结构。

上述东墙体 2 的墙体结构若为偶数层（p 为偶数），如图 1-11 所示，则通过具有两个插接槽 10 结构的顶层模块 8 与一块具有一个插接槽 10 结构的顶层模块 8，采用与第三层相同的插接方式与东墙体 2 的墙体结构第 p 层间进行插接；若东墙体 2 的墙体结构为奇数层（p 为奇数），如图 9 所示，则通过具有两个插接槽 10 结构的顶层模块 8 与两块具有一个插接槽 10 结构的顶层模块 8，采用与第四层相同的插接方式与墙体结构第 p 层间进行插接；同时，东墙体 2 的墙体结构每层剩余的一个插接头 9 均通过具有一个插接槽 10 结构的顶层模块 8 进行插接，由此形成整体东墙体 2。

本设施中在西墙体 3 上具有缺口，安装插接门；所述插接门具有插接式门框 4；且令墙体模块 7 长度为 a，高度为 b；则门框 4 的宽度为 k_a，k 为正整数，$k=\{1, 2, 3, \cdots\}$；门框 4 的高度为 r_b，r 为奇数。门框 4 底面设计有插孔，顶面设计有插接头。门框 4 底面上的插孔与地基上设计的凸起对应插接，则西墙体 3 的拼接方式如下。

西墙体 3 同为 q 层；西墙体 3 由三部分构成，分别为门框左侧墙体 301、门框右侧墙体 302 与门框上方墙体 303。其中，门框左侧墙体 301 具有 r 层，按照东墙体 2 的墙体结构插接方式进行插接，可使门框左侧墙体 301 的墙体结构顶层墙体模块 7 中矩形部分顶面与门框 4 顶面高度相同。门框右侧墙体 302 的墙体结构同样具有 r 层，按照北墙体 1 的墙体结构插接方式进行插接，可使门框右侧墙体 302 的墙体结构顶层墙体模块 7 中矩形部分顶面与门框 4 顶面高度相同。所述门框 4 顶面插头设计为 $2k$ 个，沿门框 4 左右方向排列，且位于左右端的两个插接头 9 轴线与门框 4 左右侧面距离等于结构一墙体模块 7 上插接头 9 轴线与侧面间距离；且相邻插接头 9 轴线间距与结构二墙体模块 7 上两个插接头轴线间距相等；还需保证门框 4 顶面上插接头轴线与门框左侧墙体 301 的墙体结构顶层墙体模块 7 的插接头 9 轴线，以及门框右侧墙体 302 的墙体结构顶层墙体模块 7 与插接头 9 轴线共面，此时门框左侧墙体 301 的墙体结构与门框右侧墙体 302 的墙体结构，以及门框 4 顶部可视为东墙体 2 的墙体结构第一层，继续向上以东墙体 2 的插接方式插接。最后，西墙体 3 的墙体结构每层剩余的一个插接头 9 均通过有一个插接槽 10 结构的顶层模块 8 进行插接，由此形成整体西墙体 3。

上述结构的东墙体 2 与西墙体 3 最终形态为阶梯形，便于工作人员登上日光温室顶部，从事铺设塑料薄膜、收放保温被、清除覆盖材料上的积雪、灰尘等作业。

本设施日光温室的东墙体 2 与北墙体 1 间，以及西墙体 3 与北墙体 1 间的缝隙通过彩钢板来遮挡，彩钢板具有保温性好、支撑性好的特性，且可折叠，方便装配。同时，使东墙体 2 与西墙体 3 中顶层模块 8 上的连接槽 11 相对，北墙体 1 中顶层模块 8 上的连接槽 11 朝向日光温室内侧。

棚膜支杆 5 用来支撑日光温室顶层棚膜 6，包括横向棚膜支杆 5 与纵向棚膜支杆 5；横向棚膜支杆 5 两端分别插接在东墙体 2 与西墙体 3 中东西对称顶层模块 8 上的连接槽 11 中；纵向棚膜支杆 5 一端插接在北墙体 1 中顶层模块 8 上的连接槽 11 中，另一端弯曲后插入地基；由此形成日光温室棚膜 6 支撑结构，在支撑结构上铺设棚膜 6，最终形成日光温室。

上述棚膜支杆 5 可采用分段式结构，各段间通过螺纹连接。同时，设计顶层模块 8 上的连接槽 11 为内螺纹槽，与顶层模块 8 相连的一段连杆端部设计为外螺纹，进而可与顶层模块 8 上的内螺纹配合连接固定，方便组装及拆卸。

本设施中，墙体模块 7 与顶层模块 8 均采用 5 层结构，浇筑成型；5 层结构中，中间层为骨架层，采用热镀锌钢板，起支撑作用。骨架层两侧为防火保温层，为采用聚氨酯原料整体浇灌而成硬质泡沫。两侧防火保温层的外侧分别涂有太阳能选择性吸收涂层与保温隔热涂料，其中，太阳能选择性吸收涂层用来作为东墙体 2、西墙体 3 与北墙体 1 的外墙面，涂料由色素和黏结剂组成；色素对太阳光的吸收作用和底材对红外的吸收作用，构成了太阳能选择性吸收涂层的光谱选择性；本设施中色素材料采用硫化铅、锗化硅等半导体材料，吸收率在 0.90 以上，辐射率在 0.3 以下；黏结剂的黏结性好，长波透过率高，在较高温度下仍具有稳定性；黏结剂的主要成分由烯基材料（如聚乙烯、聚丙烯等）和有机硅混合反应制成，烯基材料红外透明性好，而有机硅耐温性好，最大程度吸收太阳的辐射能量。保温隔热涂料用来作为东墙体 2、西墙体 3 与北墙体 1 的内墙面，主要成分为陶瓷颗粒，导热系数低，隔热和吸湿性能好，起到除去日光温室内作物种植产生的多余水汽，防止作物被病菌所感染。由此，墙体模块 7 与顶层模块 8 具有阻燃、隔热、稳定和保温的优点。

1.4 可容纳小型作业机械进出的日光温室

1.4.1 技术领域与技术背景

本设施是一种可容纳小型作业机械进出的日光温室。

目前，平行东西山墙每隔 1m 排列桁架 1，如图 1-14 所示。各桁架 1 间通过顶部横拉杆 2 与底部横拉杆 3 定位。

由于日光温室室内空间较小，使用机械作业不便，致使日光温室的机械化作业程度远低于智能温室，为了提高日光温室室内的机械化水平，提高生产效率，降低生产成本，有必要设计一种可容纳小型作业机械进出的日光温室。

1.4.2 技术内容

针对以上问题，本设施对现有日光温室前屋面进行设计，提出一种可容纳小型作业

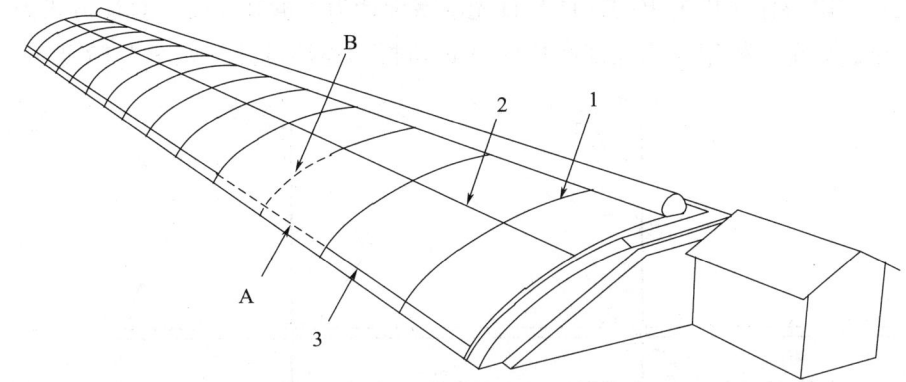

1—桁架；2—顶部横拉杆；3—底部横拉杆；A—横拉杆可拆卸段；B—桁架可拆卸段。

图1-14 日光温室前屋面结构

机械进出的日光温室前屋面，提高日光温室室内的机械化作业水平，提高生产效率，降低生产成本。

将日光温室前屋面第三至第五桁架间的底部横拉杆，以及第四桁架的下半段设计为可拆卸结构。

令第三至第五桁架间的底部横拉杆为可拆卸段，两端设计圆柱形插头。同时在第三与第五桁架处的底部横拉杆上焊接固定插接筒，分别与可拆卸段两端插头配合插接。

令第四桁架的下半段为桁架可拆卸段，第四桁架的上半段端部安装搭接板，搭接板前半段开设螺纹孔；同时在第四桁架的下半段端部侧壁上开设螺纹孔；由螺钉穿过第四桁架的下半段截断处搭接在搭接板前半段上，随后将螺钉依次与搭接板前半段上螺纹孔以及第四桁架的下半段截断处下部侧壁上开设的螺纹孔螺纹连接。

当小型作业机械，如小型微耕机或小型拖拉机，要进入日光温室室内作业时，通过卸下第三至第五桁架间的底部横拉杆，以及第四桁架的下半段（由于两者间为焊接固定，因此将两者作为一整体卸下），使第三至第五桁架间形成进出口，实现小型机械的通过；当机械作业完成，将第三至第五桁架间的底部横拉杆，以及第四桁架的下半段安装回原位，起到支撑日光温室的作用。

本设施有可容纳小型作业机械进出的日光温室前屋面，可有效提高日光温室室内的机械化水平，提高生产效率，降低生产成本。

1.4.3 具体实施方式

本设施有可容纳小型作业机械进出的日光温室前屋面，对日光温室前屋面自西向东的第三至五根桁架1位置处进行改进，可使小型作业机由第三与第五根桁架1之间进入日光温室。

在日光温室中，图1-14中虚线标示部分为阻碍小型作业机进出日光温室前屋面的部分，包括：第三至第五桁架间的底部横拉杆3、第四桁架1的下半段。

由此，将阻碍作业机进出的部件与日光温室设计为可拆卸连接，具体方式为：

（1）第三～第五桁架间的底部横拉杆 A 的可拆卸连接设计，如图 1-15 所示。

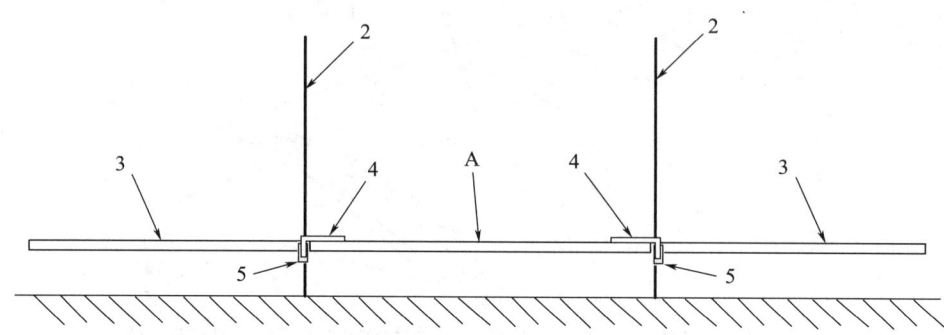

2—顶部横拉杆；3—底部横拉杆；4—插头；5—插接筒；A—横拉杆可拆卸段。

图 1-15　日光温室前屋面中第三至第五桁架间的底部横拉杆可拆卸连接设计

将日光温室的底部横拉杆 3 上，位于第三与第五根桁架 1 间的一段两端截断，令其作为横拉杆可拆卸段 A，并将横拉杆可拆卸段 A 与第三、第五桁架 1 处的底部横拉杆 3 间设计为可拆卸结构。具体为：在可拆卸段两端设计圆柱形插头 4，横拉杆可拆卸段 A 与两端圆柱形插头 4 相互平行，轴线垂直于横拉杆可拆卸段 A。同时在第三与第五桁架 1 处的底部横拉杆 3 上焊接固定有插接筒 5，该插接筒 5 轴线垂直水平面。由此，通过将横拉杆可拆卸段 A 与两端插头 4 分别插入第三与第五桁架 1 处的底部横拉杆 3 上的插接筒 5 内，即可实现横拉杆可拆卸段 A 与底部横拉杆 3 间的固定。

（2）第四桁架 1 的下半段的可拆卸连接设计。

如图 1-16 所示，由第四桁架距离地面高 1.5m 处的桁架圆弧形的切点处截断，截断位置与地面间部分为第四桁架 1 的下半段，作为桁架可拆卸段 B；其余部分为第四桁架 1 的上半段；且第四桁架 1 的上半段切断处向下超过顶部横拉杆 2，由此使截断处不影响顶部横拉杆 2 与第四桁架 1 间的连接。

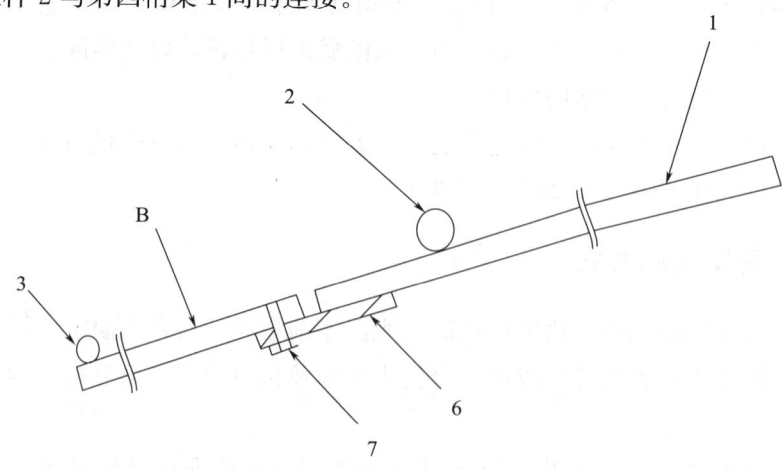

1—桁架；2—顶部横拉杆；3—底部横拉杆；6—搭接板；7—螺钉；B—桁架可拆卸段。

图 1-16　日光温室前屋面中第四桁架下半段的可拆卸连接设计

上述第四桁架1的上半段截断一端下方安装有搭接板6，搭接板6后半段与第四桁架1的上半段截断一端侧壁间焊接固定；搭接板6前半段开设螺纹孔，用来安装螺钉7，同时在第四桁架1的下半段截断一端下部侧壁上开设螺纹孔，用于连接螺钉7穿过。由此，在第四桁架1未拆卸时，第四桁架1的下半段截断处搭接在搭接板6前半段上，随后将螺钉7依次与搭接板6前半段上螺纹孔以及第四桁架1的下半段截断一端下部侧壁上开设的螺纹孔螺纹连接，由此通过拧紧螺钉7，即可实现第四桁架1上半段与下半段间的相对固定。通过取下顶紧螺钉7后，使第四桁架1的下半段截断处离开搭接板6前半段，即可实现第四桁架1的下半段的拆卸。

当小型作业机械，如小型微耕机或小型拖拉机要进入日光温室室内作业时，通过卸下第三至第五桁架1间的底部横拉杆3，以及第四桁架1的下半段（由于两者间为焊接固定，因此将两者作为一整体卸下），使第三至第五桁架1间形成进出口，实现小型机械的通过；当机械作业完成，将第三至第五桁架间的底部横拉杆3，以及第四桁架1的下半段安装回原位，起到支撑日光温室的作用。

1.5　屋架太阳能集热式日光温室

1.5.1　技术领域与技术背景

本设施涉及一种屋架太阳能集热式日光温室，属于设施农业工程技术领域，具体地说，是一种利用屋架白昼收集多余的太阳热能用于夜间加温或其他用途的日光温室。

为了在冬季使温室内提高温度，人们尝试了不同方法，但在实际生产中，若采用传统的加温方式不仅增加了生产成本，浪费了大量能源，又污染了环境；而目前的一些利用太阳热能等可再生能源的新型加温系统，或是投资费用、运行费用很高，或是安装复杂，基本上也没有投入实际应用，止步于研究阶段。

1.5.2　技术内容

本设施的目的是要提供一种屋架太阳能集热式日光温室，在该日光温室中，利用屋架组成太阳能集热、贮热和放热加温的管网系统，收集白昼多余的太阳热能，用于日光温室夜间加温。它具有节能、环保无污染，可兼用于加热灌溉用水和提供生活用热水等多种用途，且具有制造成本低、使用寿命长、运行控制简单、运行成本低等特点。

本设施所采取的技术方案主要包括，具有蓄热保温作用的日光温室围护构造，特别设计的含有可循环流通水流的多榀屋架和保温水池的管网系统，以及监测与控制系统，如图1-17所示。

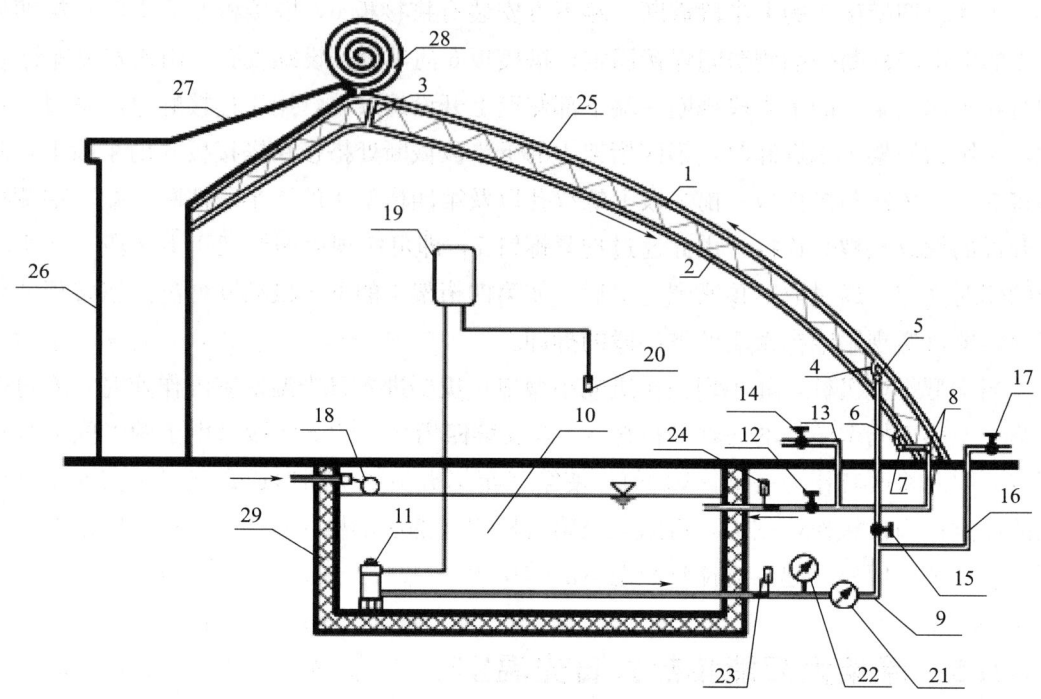

1—上弦；2—下弦；3—短管；4—弯管；5—供水干管；6—弯管；7—回水干管；8—回水总管；9—供水总管；10—保温水池；11—潜水泵；12—回水阀；13—热水支管；14—热水阀；15—供水阀；16—排污管；17—排污阀；18—补水浮球阀；19—自动监测与控制箱；20—室内气温传感器；21—流量计；22—水压力表；23—水池温度计；24—回水温度计；25—前屋面；26—墙体；27—后屋面；28—前屋面保温覆盖物；29—保温层。

图 1-17 屋架太阳能集热式日光温室的横截面

上述的屋架太阳能集热式日光温室中，所述的每榀屋架包括用管材制成的一组上弦 1 和下弦 2，上弦 1 和下弦 2 在屋脊最高处由短管 3 连接成相通的管路。

上述的屋架太阳能集热式日光温室中，所有屋架的上弦 1 的下端与铺设在温室下部的供水干管 5 相连，所有屋架的下弦 2 的下端与回水干管 7 相连；保温水池中设潜水泵 11，供水干管 5 与该潜水泵 11 相连，回水干管 7 通入保温水池，形成水循环流通的管网。

上述的屋架太阳能集热式日光温室中，供水干管 5 与潜水泵 11 通过供水总管 9 相连通，回水干管 7 通过回水总管 8 接入保温水池中。

上述的屋架太阳能集热式日光温室中，所有屋架的上弦 1 的下端与铺设在温室下部的供水干管 5 通过弯管 4 相连，所有屋架的下弦 2 的下端与回水干管 7 通过弯管 6 相连。

上述的屋架太阳能集热式日光温室中，每一组的上弦 1 和下弦 2 之间设有加强件，加强件为将该组上弦 1 和下弦 2 固接在一起的钢筋，该固接在一起的钢筋组成整体的骨架。

上述的屋架太阳能集热式日光温室中，上弦 1 和下弦 2 形状相似，为镀锌钢管，每组上弦 1 和下弦 2 的中心线在一个垂直平面内。

上述的屋架太阳能集热式日光温室中，保温水池水体作为太阳热能的蓄积介质，其四周池壁外侧和底部设置有聚苯泡沫板或泡沫塑料板或岩棉板的保温层。

上述的屋架太阳能集热式日光温室中，监测与控制系统包括用于测定温室内气温的室内气温传感器 20，测定保温水池中水温的水池温度计 23，测定水流从屋架中流过后温度的回水温度计 24，根据温度监测情况控制潜水泵 11 的开、停的自动监测与控制箱 19。回水总管 8 上接有热水支管 13 以及回水阀 12 和热水阀 14，在供水总管 9 上接有排污管 16 以及供水阀 15 和排污阀 17。保温水池上部安装有补水浮球阀 18，该补水浮球阀 18 与温室供水系统管道相连接。

上述的屋架太阳能集热式日光温室中，在供水总管 9 上安装有流量计 21、水压力表 22 和水池温度计 23，回水温度计 24 安装在回水总管 8 上。

上述的屋架太阳能集热式日光温室中，上弦 1 和下弦 2 以及短管 3 为钢管，供水干管 5、供水总管 9、回水干管 7、回水总管 8 为 PVC 或 PE 塑料材料管件。保温水池四周池壁外侧和底部设置有保温层 29，保温层 29 可以是聚苯泡沫板或泡沫塑料板或岩棉板等，本实施例中，保温层 29 的厚度为 100mm。

上述的屋架太阳能集热式日光温室中，所有的上弦 1 与供水干管 5 垂直相连，所有的下弦 2 与回水干管 7 垂直相连，供水干管 5 与回水干管 7 相平行，回水干管 7 与回水总管 8 的一端相连，回水总管 8 的另一端伸入保温水池中。

本设施利用日光温室屋架作为太阳能集热和放热加温的部件，并添加适当的管道构成水循环系统，以保温水池中的水作为蓄热介质，利用温室自身在白昼的集热效应，屋架管壁在较高的室内气温和太阳直接照射下，吸热后温度升高，这时启动潜水泵使水在管路与保温水池间循环流动，水流吸收管壁传递的热量后流入保温水池，使保温水池中的水温度升高；夜间室内气温较低的时刻，启动潜水泵，使保温水池中的水流过屋架的管道，水流将热量传给屋架管路，通过管壁将热量传给室内空气，实现对温室内的空气加温。

本设施具有如下优点：

（1）独特的管状上、下弦及连接管道的结构设计，使主要部分的集热与放热部件利用温室结构自身具有的屋架铺设，蓄热介质使用水，使用材料少，设备安装简单，材料和制造成本低，使用寿命长。

（2）利用白昼温室内多余的太阳热能，节能、环保、无污染。

（3）采用水作为蓄热介质，蓄热容量大，水池保温性好，蓄热加温作用稳定，持续时间长。

（4）显著提高日光温室夜间的室内温度，使日光温室抗御寒潮、连阴天等不利自然条件的能力大大增强。

(5) 可兼用于加热灌溉用水和提供生活用热水等多种用途，利用价值高。

(6) 运行控制和维护简单，一次投入，长期使用，运行成本低。

1.5.3 具体实施方式

本技术方案主要包括：具有蓄热保温作用的日光温室围护构造，特别设计的含有可循环流通水流的多榀屋架和保温水池的管网系统，以及监测与控制系统。

上述的温室围护构造包括在屋架上覆盖透明塑料薄膜的前屋面 25、墙体 26、后屋面 27 以及夜间可展开覆盖在前屋面的前屋面保温覆盖物 28。

管网的平面分布情况如图 1-18 所示。

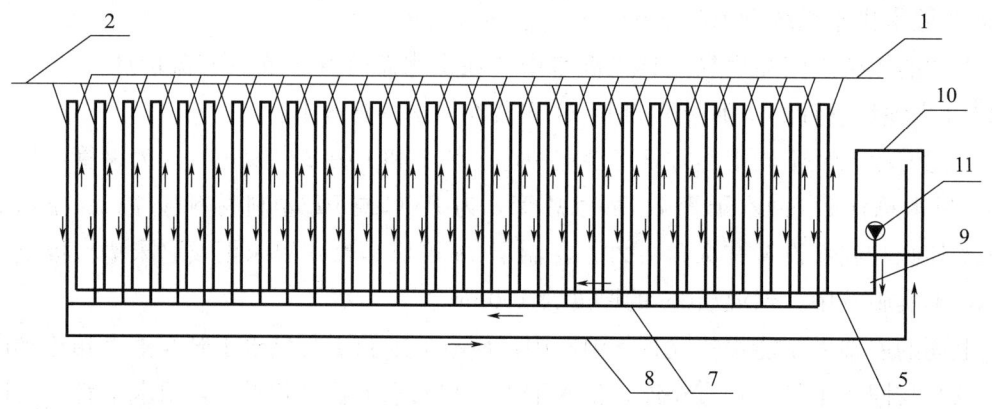

1—上弦；2—下弦；5—供水干管；7—回水干管；8—回水总管；9—供水总管；10—保温水池；11—潜水泵。

图 1-18 屋架太阳能集热式日光温室水循环管网的平面分布

日光温室屋架沿温室东西长度方向以 1m 间距均匀分布，通常一栋日光温室具有数十榀屋架，每榀屋架包括一组形状相似的上弦 1 和下弦 2，每组上弦 1 和下弦 2 的中心线在一个垂直平面内。本实例的屋架采用镀锌钢管材料作为屋架的上弦 1 和下弦 2，中间用钢筋将两者焊接，组成整体的骨架，上弦 1 和下弦 2 在最高处由短管 3 连接成相通的管路。所有屋架的上弦 1 的下端与铺设在温室下部的供水干管 5 通过弯管 4 相连，供水干管 5 再通过供水总管 9 与安装在保温水池 10 中的潜水泵 11 相连；所有屋架的下弦 2 的下端与回水干管 7 通过弯管 6 相连，回水干管 7 通过回水总管 8 接入保温水池 10 中。这样就构成了连接屋架上弦 1、下弦 2 与供水干管 5、供水总管 9 以及回水干管 7、回水总管 8 和保温水池 10、潜水泵 11 等的水循环流通回路。当潜水泵运行时，水流将沿保温水池 10→潜水泵 11→供水总管 9→供水干管 5→弯管 4→上弦 1→短管 3→下弦 2→弯管 6→回水干管 7→回水总管 8→保温水池 10 的闭合路径循环流动。

屋架太阳能集热系统白昼的工作过程为：当晴好天气的白昼，太阳辐射热量进入温室后，由于日光温室封闭构造的集热作用，室内气温开始升高，同时，屋架的上弦 1 与下弦 2 表面也受到太阳的直接照射，管壁温度升高。当自动监测与控制箱 19 监测到来自室内气温传感器 20 传来的室内气温升高到设定温度的信号时，控制潜水泵 11 启动运行，使保温水池 10 中的水不断流过屋架的上弦 1 与下弦 2，并吸收管壁传递的热量后，再返回保温水池 10。如此循环往复，使保温水池中的水温不断升高，保温水池 10 由于四周壁面具有良好绝热的保温层 29，可将热量较好地储蓄起来。当室内气温下降到设定值，或保温水池 10 中水的温度已较高时，自动监测与控制箱 19 自动关停潜水泵 11，以节省电力消耗。

屋架太阳能集热系统在夜间的工作过程为：夜间尤其是在连阴或雨雪天气下，由于温室的前屋面 25 等处的散热，室内气温逐渐降低，室内需要加温。当自动监测与控制箱 19 监测到来自室内气温传感器 20 传来的室内气温降低到设定温度的信号时，控制潜水泵 11 启动运行，使保温水池 10 中的水不断流过屋架上弦 1 与下弦 2。水流将其从保温水池中携带出白昼蓄积的太阳热量传给管壁，通过管壁表面与室内空气的对流换热作用，将热量传给室内空气，实现对温室内部加温的作用。当室内气温由于屋架的放热加温，室内气温升高到设定值，或保温水池 10 中水的温度已较低时，自动监测与控制箱 19 自动关停潜水泵 11，以节省电力消耗。

本设施在晴好的天气收集和蓄积白昼多余的太阳热能，用于日光温室的夜间以及阴天或雨雪天气时的加温。

在白昼，屋架太阳能集热系统运行，使保温水池 10 中的水达到一定温度，也可以将其用作灌溉用水或生活用热水。这时可通过关闭回水阀 12、打开热水阀 14，即可通过热水支管 13 取用管网中的热水。

保温水池 10 中的水可以通过补水浮球阀 18 从温室的供水系统中获得自动补充。当保温水池需要清洁，需将其中的水排干和更换时，关闭供水阀 15，打开排污阀 17，即可将保温水池 10 中的水排走。

在屋架太阳能集热系统运行中，可通过流量计 21 与水压力表 22 观测管网中的流量与压力，通过水池温度计 23 观测保温水池 10 中的水温，通过回水温度计 24 观测水流从屋架中流过后的温度。

2 日光温室光照设施设计与实践

2.1 日光温室光照概述

2.1.1 太阳辐射概述

太阳辐射是日光温室内作物生长的基本能量来源。一方面，太阳辐射作为光源，制约着温室作物的光合作用，是植物在日光温室中进行光合作用的唯一光源，对作物的产量和质量产生重大影响；另一方面，太阳辐射作为热源，是日光温室的主要能量来源，通过"温室效应"直接决定日光温室的热环境。因此，日光温室中光照度及其均匀性不仅涉及满足植物生长对光照条件要求方面的问题，也涉及与日光温室内热环境密切相关的问题，它影响着温室内吸收太阳辐射的多少和热量分布的情况。日光温室设计首先要考虑的问题即是最大限度地合理利用自然光，但由于温室内的光照状况取决于温室建设地区的地理方位、室外光照、温室朝向和建筑参数、屋面形状和覆盖材料等多种因素，室内光照不仅空间分布情况复杂，还随不同季节、不同时刻而在不断变化。

2.1.2 太阳光辐射进展概况

太阳辐射是地球上生物有机体的基本能量来源，太阳辐射能量在地表上的分配变化改变着云覆盖、温度、湿度、降水和大气环流特征。太阳辐射也是植物光合作用、植物蒸腾作用、土壤蒸发等陆面过程的主要驱动因子。因此，太阳辐射研究在国内外一些重大的研究计划中一直受到重视。

1922 年 Angthom 最早提出太阳辐射的计算公式，20 世纪 40 年代 Penman 提出以天文辐射代替总辐射。20 世纪 60 年代，Kasten 和 Czeplak，Muneer 和 Gul，Lam 和 Li 提出基于云量估算地面总辐射和散射辐射的模型。20 世纪 80 年代 Suckling 使用内插法估算地面辐射，夏季和冬季的相对误差分别达到 33% 和 48%。Zelenka，Hay 和 Lazic 等也开展内插的工作。Bristow 和 Campbell 提出一个基于日温度振幅的预测地面辐射的模型，该模型认为逐日总辐射值是天文辐射逐日值与气温温差的函数。Thornton 和 Running（1999）在 Bristow 和 Campbell 的方法基础上进行改进，提出了 TR 模型，效果更好。尼日利亚的 Akpabio 等人（2004）提出利用气象数据来拟合到达地面的太阳日总辐射经验模型。

我国学者李晓文等对我国 30 年太阳辐射状况进行了研究，傅炳珊等根据光的多次散射理论——离散纵标法，计算出晴空大气观测波段不同高度上的太阳直接辐射和向下散射辐射，填补了我国辐射站稀少、时空分布短缺的不足。童成立等在分析国内外太阳辐射估算方法的基础上，建立了一种简单实用、易操作的模拟逐日太阳辐射的方法，仅需要输入站点的日照时数和地理信息即可，模拟值与实测值之间相关显著。

1. 直接辐射

李超等研究了 285 个无云晴天地面辐射的情况，发现地面太阳短波辐射的日变化呈上下午近似对称的倒"U"形，中午出现最大值。一年中，短波辐射的最小值出现在 12 月份，最大值出现在 6 月份。葛忠强等研讨了在受到自身地形遮挡和周围地形遮挡综合影响下，北京西部山区太阳实际直接辐射分布的计算问题，发现随着坡向由阴坡转为阳坡，坡度由小变大，太阳直接辐射量最大值逐渐增大。

2. 散射辐射

余予利用大气物理研究所 12d 晴空条件下地表太阳直接和散射辐射观测数据对地表太阳直接和散射辐射观测和模拟进行了对比分析。结果表明，直接辐射观测和模拟能较好吻合，但散射辐射的观测和模拟之间的误差相对较大，仿真与观测的平均偏差为 3%~5%，且 80%~90% 的模拟值高于观测量。

3. 总辐射

吕宁等利用卫星数据反演地表的太阳辐射，结果发现时间分布上，地表太阳辐射分布复杂，但最小值都出现在 12 月份，最大值都出现在雨季来临前的一段时间。空间分布上：青藏高原的太阳辐射最大，四川贵州地区的最小。郑有飞等研究了 1960—2005 年北京、天津和河北地区地表太阳辐射变化情况，结果发现，总辐射增加的区域，云量、降水量明显减少，日照时数增加，但总辐射减少的区域，云量、降水量变化却并不大。杨建莹等对 48 年来华北地区太阳辐射量进行计算及验证，结果发现华北地区太阳辐射量的年际间变化较大，总体呈下降趋势。

4. 有效辐射

周允华通过 8 地区 11 个测试点的辐射资料计算了 1 月、4 月、7 月、10 月四个月的有效辐射在占直接辐射、散射辐射和总辐射的比例，分别为 39%、49% 和 44%。

2.1.3 太阳光辐射的影响因素

1. 大气品质

王尧奇等研究了我国西部干旱地区晴天散射辐射与大气质量的关系，得出在大气透明度一定的条件下，晴天散射辐射通量密度随大气质量增大而减小的结论。

2. 大气透明度

曾令建等利用空气污染指数、地面气象数据和辐射观测数据，分析了沙尘天气发生时的大气环境质量及太阳辐射变化，结果表明，空气污染指数与辐射关系明显，沙尘天气导致总辐射、直接辐射和反射辐射减小。杨青等研究了乌鲁木齐冬季大气污染对太阳辐射的影响，表明大气污染是造成当地冬季直接辐射下降的主要原因。

3. 太阳高度角

周允华等研究了北京地区太阳直接辐射的分光能量发现，随着太阳高度角的降低，到达地面时，直接辐射中短波能量损失大，而红光辐射却没有明显变化。

4. 太阳方位角

陈健婷等利用分段线性插值的方法，计算出每个太阳方位角每天的太阳辐射照度，从而得到全年总辐射照度最大的方位角。当最佳方位角为198°，即正南偏西18°时，该角度法向直射的辐射强度总和为190157W/m^2，该算法简洁易行，但精确度偏低。

5. 云

云对于太阳辐射的影响是非常复杂的，云高、云状、云厚以及不同的云物理、化学和光学性质等都会对太阳辐射产生不同的影响。申彦波认为一些区域太阳辐射增加可能是由于云量减少和大气透明度增加共同造成的。张海龙研究表明，有云天气下云是影响地表太阳辐射的主要因子，平均云量为6/10时，总辐射减少64%左右。Wyser和Girodo发现，随着太阳天顶角的变化，云实际位置与地表阴影区会产生3D效应，太阳天顶角越大，3D效应越显著，对太阳直接辐射模拟的影响也越大。李小芳等利用云遮系数法计算日光温室内太阳辐射，包括地面、墙体和后屋面太阳辐照度。

2.1.4 温室光环境进展现状

国外对温室光环境已有较多研究，英国学者Critten等对温室的透光率、结构构件在直射光及散射光条件下对室内透光量的影响进行了系统研究。Rosa计算了朝向对室内透光量的影响，Pieters和Deltour计算了薄膜、作物、土壤吸收的太阳辐照量对室内透光量的影响，Zhang等对单层玻璃、双层PE膜的透射率和传热系数进行了测试，研究了不同材料对温室微气候的影响。Genola等通过实验测试了PC板在干燥和有水蒸气凝结条件下的太阳辐射透过率，并且研究了在一定周期内PC板上污垢增加对透射率的影响。Pollet等测试了PE膜和玻璃板在凝结过程中的透射率。Kurata用模型温室研究了屋顶朝南，东西向温室太阳辐射的影响。Papadakis用模型实验研究了单栋温室长宽对太阳辐射透射率的影响。Critten，Papadakis，Miguel等用模型研究了几种形式温室的太阳辐射透过率。Feuilloley设计了实验装置测试覆盖材料在干燥和有水凝结条件下的总传热系数K。但这些研究均是针对单栋或连栋全光温室的。

我国的日光温室不同于国外全光温室，最大的不同就是日光温室室内光分布不均匀。为此，我国学者展开了一系列研究。韩亚东等研究了温室围护结构对太阳辐射的遮蔽，建立了可蔽视角的计算公式，估算了晴天温室内任一位置的太阳直接辐射、散射辐射和太阳总辐射。魏晓明从日光温室内部光环境变化入手，提出冬至日正午前后4h内，太阳光对温室前屋面透过后的辐射照度衰减率不超过2%。陈健等以建造的大跨度的大型拱形日光温室为研究对象,研究讨论了日光温室的光照、覆盖材料、屋面角、屋面形状、温室方位等因素对日光温室采光的影响。结果表明,采用 PC 板、圆弧形主骨架、合理屋面角的大型日光温室非常适合东北地区使用。孙周平研制开发出彩钢板保温装配式节能日光温室,屋面采光角高达 41.5°,采光率提高 5.3%。郭文忠等设计建造了宁夏 NKWS-Ⅲ型日光温室,具有透光率高、容积大的特点。曹云娥通过对比研究得出,山东五代日光温室类型在东西方向、南北方向的水平分布的光照度都明显高于宁夏二代日光温室。

2.1.5 日光温室光环境的影响因素

1. 建筑参数对光环境的影响

(1) 温室跨度

邹平等针对吐鲁番地区日光温室跨度等结构参数比较混乱的现状,开展适合当地自然环境条件和资源的越冬型温室跨度的优化研究,结果发现,7m 跨度的温室光照条件明显优于 8m、9m 跨度的温室,7m 跨度的温室有效光照时间最长,但波动也大,9m 跨度温室的光照条件最差。李晓豁得出,温室采光量大小是随高跨比的增加而减小,并随温室偏西而降低,应以拱形日光温室的采光效果为佳。金鲜华等研究了跨度对山地日光温室性能的影响,发现 10m 跨度,山地日光温室的光照度最好。

(2) 屋脊高度

周长吉对日光温室采旋光性能进行研究,发现随着脊高的增加,温室地面的日射总量透过率及辐照度都略微减小,当脊高由 2.6m 增加到 3.4m 时,脊跨比由 0.43 增加到 0.57,日射总量透射率降低约 6%,辐照度减少约 1%。其中,直接辐射透射率增加约 2%,辐照度增加约 3.5%,而散射辐射透过率却降低了 2%,辐照度约减小 4%。

(3) 温室方位角

宋希强等以采光量为指标确定了北京地区日光温室的建筑朝向应以南偏西 15°~20° 为宜。白义奎以沈阳地区为例,计算得到温室方位,在南偏西 5°~6° 时,进光量最大,与正南向温室进光量相比,增加约 0.3%。张利华等对日光温室方位角进行了研究,认为秋延迟种植模式日光温室方位宜西偏 7°~9°,越冬种植模式日光温室方位角宜西偏 6°~8°,春提早种植模式日光温室方位角宜西偏 8°~10°,方位角西偏角度随着纬度增加而减少。宋明军等对甘肃省节能日光温室采光设计进行分析与探讨,得到甘肃地区日光温室方位角可取 0°~8°,最大不超过 10°。刘仍臣对晋北地区日光温室进行采光设计,认为该地区温室的方位应以朝南偏西 5° 为宜。林川渝通过测试不同方位模拟温室的透光率日分布情况、总透光率分布情况及光照强度日累计值分布情况,研究提出了建造日光温室的适宜方位范围为真子午 169°24′~172°24′。

(4) 屋面曲线形式

轩维艳建立了日光温室采光屋面曲线数学模型,发现温室采光随采光屋面弧度的加大，采光效果变差，但这种变化幅度是相当小的，太阳光入射率最多3%，在温室设计中可以不予考虑。王朝栋等模拟研究三次样条函数、圆弧、椭圆、抛物线4种曲线形日光温室前屋面的进光量情况。王梅等研究表明，半地下立窗型日光温室前屋面的曲线类型可以在立窗+圆弧面、立窗+椭圆面和立窗+抛物线面3种采光面中任选其一。王静等研究表明，圆-抛物面温室虽然提高了透光率，南北方向上光照度也较单斜面、抛物面均匀，但室内光照度仍远低于室外，且南北方向上光照度仍有明显差异。高志奎等建立日光温室采旋光性能的数学模型，以保定地区为例运算模型圆弧面的平均采光率最高，但实用性最差；椭圆面和抛物线面在方程参数优化后表现相近，但平均采光率最低。李家宁等研究表明，不同屋面形状的日光温室内光环境指标差异不大，总平均透过率最大相差1.4%，但屋面倾角对进光量有显著影响，随着屋面倾角的增大，透光量也随着增加，且增加的部分主要集中在墙面上。张锁峰等研究表明，设计的1/7幂函数骨架曲线的有效日总辐射照度最大，采旋光性能明显优于对照温室骨架曲线。

（5）覆盖材料参数

徐增汉等利用照度计对8种透光材料在不同时段不同倾角下的透光率进行了测定。结果表明，不同材料的透光率明显不同，0.5mm厚PE软材透光率最大，5.4mm厚PC阳光板透光率最小。王楠等对日光温室常用透光覆盖材料的辐射透过性能进行测试研究，结果表明，在400~2300nm波长范围内，所有材料的辐射透过率均在80%以上。

（6）山墙遮阴

张磊研究表明，温室构件对太阳辐射有遮挡作用，温室内直射辐射减少，主要以散射辐射为主，若忽略温室内的散射辐射，误差率将达到129.7%。张野等认为，照射到建筑外表面上的太阳辐射，对建筑热过程的影响与围护结构形式有密切关系。成驰认为，墙面可能晴天太阳辐射小时总量与水平面有较大差别。中高纬度地区南墙面冬季日总辐射量和最大1h辐射量大于水平面，夏季则小于水平面。北墙冬季无直接辐射，夏季可以接受2次直接辐射，在低纬度地区夏季北墙接受辐射量要大于南墙面。李小芳等计算了日光温室室内各个面的太阳直接辐射，结果表明，山墙内侧的太阳直接辐射日变化规律不同于室内其他各个面。对于长度较短的温室，如果忽略山墙的作用，将会忽略山墙内外侧太阳辐射对室内得热的影响，同时忽略山墙在室内各个面产生的阴影，从而高估了室内其他面的太阳辐射得热，高估值随着温室长度的递减而递增，给日光温室热环境的分析带来误差。宝卫通等针对酒泉肃州区非耕地日光温室的山墙及栽培基质热通量进行实时监测，温室东西山墙单位面积吸热量平均值分别为 $1.41 MJ/m^2$ 和 $1.67 MJ/m^2$，单位面积墙体放热量平均值为 $0.34 MJ/m^2$ 和 $0.63 MJ/m^2$；天气状况只影响山墙热通量值的大小，对其热通量达到最大值的时刻无影响。

2. 各种天气对光环境的影响

张亚红等发现，针对日光温室土质梯形墙体与地面，地面太阳辐射总量高于墙体。晴天，墙体表面太阳辐射总量为 $8.117 MJ/m^2$，地面为 $8.280 MJ/m^2$，地面值略高于墙体，差异不显著；阴天，墙体与地面太阳辐射总量分别为 $0.984MJ/m^2$ 和 $2.068MJ/m^2$，地面太阳辐射总量显著高于墙体太阳辐射总量。郑健等发现晴天和阴天太阳总辐射和光合有效辐射日变化趋势一致，阴天比晴天小。郜庆炉等得出，日光温室光照度因天气条件各有不同，而且不同部位的光照差异也很大。无论是晴天还是阴天，在南北水平方向，由温室南沿至后墙，光照度逐渐减少，近后墙处最低。Cutforth 等研究太阳辐射状况时发现总辐射与降水量呈负相关，即降水量越多，总辐射越低，降水量越少，总辐射越大。

邵振艳等研究了大气污染对我国华北重点城市总辐射的影响，结果表明太阳总辐射随着 PM10 浓度的增大而减小。朱志辉研究了北京地区太阳辐射的情况发现，大气污染会明显削弱太阳辐射，城市化和工业化是大气污染加重的主要原因。林爽斌证实了大气污染对太阳直接辐射的削弱作用。黑河污染较小，太阳辐射削弱最小，相比于黑河，哈尔滨的大气污染使太阳直接辐射削弱了 25.3%，佳木斯削弱了 14.2%。

3. 室内植物对光环境的影响

温维亮开发了基于辐射度-图形学结合模型的作物冠层光分布计算系统，但系统在模拟大规模作物冠层光分布时比较困难。HervéRey 等研究表明，茎秆吸收的辐射占总辐射的比例小于 5%，但在进行精确光分布模拟时，其作用不能忽略。陈景玲等分别选择阴天和晴天条件，实测荆条灌木丛下和裸地对照的太阳总辐射和散射辐射。曲佳等研究日光温室番茄群体的太阳总辐射量分布规律，结果表明，在番茄盛果期，日光温室内的太阳总辐射量南部明显高于北部，其平均值要高出 $200W/m^2$，中部略高于东、西部。太阳总辐射量在植株群体内垂直方向上随冠层高度的下降而减少，越靠近冠层底部太阳总辐射量衰减的日变化越不明显，随着冠层高度的降低，累积叶面积指数增大，太阳总辐射量减小。Thevenard 等、Yang 等在研究日光温室作物群体结构的基础上，建立了温室黄瓜行内太阳辐射传输模型。

作物冠层内的光分布状况受冠层结构、叶面积的垂直分布以及作物品种等因素的影响。张亚红等、白青等认为，日光温室内太阳总辐射量南部明显高于北部。张敏认为，随着油松冠层高度的下降，太阳总辐射量逐渐减小。李艳大、Hirose 等得出，水稻冠层最大分层叶面积指数出现在 0.6m 相对高度处，冠层内平均光合有效辐射透光率从顶部向下递减。

许多学者针对温室作物成排种植冠层叶面积在空间分布不均匀的特点，改进了群体受光模型。主要包括：提出新的叶片排列的统计描述等；对消光系数和 G 函数进行改进；将叶片划分为直接受光叶和被遮光叶两部分。

4. 日光温室光环境模拟模型发展现状

孙忠富等建立计算机模拟模型，对其日光温室内部的直射光环境进行模拟，筛选出优化的温室采光结构。陈青云等建立了分析单屋面温室直射光透光率、反射率及室内阴影率的计算机数学模型。刘洪等对北京地区日光温室光环境进行模拟，并考虑室内直接辐射、散射辐射及作物生长对辐射的影响。邢禹贤等对单坡面塑料日光温室结构进行了计算机模拟优化设计，并与生产上应用面积大的"琴弦式"日光温室进行采旋光性能比较。结果证明，优化结构的日光温室，地面日辐射总量比对照日光温室提高14.0%，光透过率提高8.69%，光质成分及光分布也有改善。魏伟等在建立日光温室采光量计算数学模型的基础上，通过三维可视化技术实时模拟了日光温室地面在1d中采光量的变化，能够形象地观测到日光温室地面采光区域和采光量的实时变化。李霞等对我国北方地区下挖式节能日光温室合理采光时段屋面角进行了理论计算与分析，并利用计算线阴影的原理，得出北京的适宜下挖深度为0.7m。佟国红等建立了温室内各表面太阳辐射照度计算模型，并对沈阳地区跨度为12m的日光温室进行模拟，分析了温室建筑参数改变对温室内各表面太阳辐射照度的影响。马承伟等建立了反映多种因素的日光温室光辐射环境模型，使模型更加接近实际和更加准确。

2.1.6 存在问题

综上所述，对于室外太阳辐射、温室的光环境和日光温室内的光照等各方面，国内外学者均开展了大量研究，其研究结果对于日光温室内光照环境研究和设计具有重要的指导意义。然而，由于温室光照环境问题的复杂性，该方面仍然有较多未完全解决的问题。由于光辐射在温室内传播规律的复杂性以及影响因素众多，其中还有较多尚未探明的问题，例如阴天的光辐射模拟、散射辐射的大小与传播规律、透明覆盖材料对直射光的散射作用（雾度）的问题等。目前还没有研究出一个全面描述温室内直接与散射光辐射分布与变化情况的模型，此外还有一个较为突出的问题是光辐射环境模型非常复杂，对室内光辐射环境的模拟预测，需进行大量的分析计算，因此，即便是过去研究者提出的一些温室光环境的简化模型和模拟方法难以在一般的温室工程设计中得到应用。存在的问题还有：

（1）室外太阳直接辐射部分。大气透明系数的确定方法还不够系统和全面，缺乏充分的资料数据和明确的计算公式，还没有建立起任意地区和任意时刻的大气透明系数确定的方法。

（2）对散射辐射研究得较少，尤其是如何考虑云量的问题，没有形成方便计算的、主要以解析形式表达的任意天气条件下的散射辐射计算的方法。

（3）覆盖材料对太阳直接辐射和散射辐射的透射规律。直接辐射经过覆盖材料的散射作用，转化为散射辐射的比例，覆盖材料的老化、覆盖材料上的露水等对太阳辐射的影响等，研究还很不透彻。

（4）在不同的太阳辐射情况下，日光温室内的光照分布，以及不同的朝向、体型和屋面形状对光照分布的影响，研究还很不充分和系统。尤其是如何准确地确定温室内每个部位在任意时刻的直射辐射和散射辐射，还没有建立实用和系统化的准确方法。

（5）还没有建立日光温室内光照环境评价的合理指标体系和系统化的评价方法。

2.2 日光温室光环境模型的建立

2.2.1 太阳辐射的基本理论

1. 太阳位置参数

（1）太阳时角 t。太阳时角是在一段时间内太阳自转的角度，规定正午时角为 0，上午时角为负值，下午时角为正值，由下式计算：

$$t = 15(T_m - 12) \tag{2-1}$$

式中，T_m 为（当地）真太阳时，$T_m = T_p + e/60$；e 是以分为单位的时差，$e \approx 9.87\sin 2B - 7.53\cos B - 1.5\sin B$，常数 $B = \dfrac{360(n-81)}{364}$。

（2）太阳赤纬角 δ（°）。太阳赤纬是地球赤道平面与太阳和地球中心的连线之间的夹角，由下式计算：

$$\delta = 23.45\cos\left(360\,\frac{n-172}{365}\right) \tag{2-2}$$

式中，n 表示从 1 月 1 日算起的天数，1 月 1 日为 0，闰年 n 最大值是 366，平年最大值为 365。

（3）太阳高度角 h（°）。太阳高度是指太阳光的入射方向和地平面之间的夹角，由下式计算：

$$\sin h = \cos\varphi \times \cos\delta \times \cos t + \sin\varphi \times \sin\delta \tag{2-3}$$

式中，φ（°）表示所在地的北纬纬度；δ（°）表示太阳赤纬角。

（4）太阳方位角 α（°）。指太阳光线在水平面的投影与正南方向的夹角。

$$\cos\alpha = \frac{\sin h \sin\varphi - \sin\delta}{\cos h \cos\varphi} \tag{2-4}$$

2. 太阳常数

太阳常数 I_0（W/m²）表示地球在日地平均距离处与太阳光垂直的大气上界单位面积上在单位时间内所接收太阳辐射的所有波长总能量。由于太阳表面常有黑子等太阳活动的缘故，太阳常数并不是固定不变的，一年当中的变化幅度在 1% 左右，表 2-1 是太阳常数在每月的平均值。

表 2-1 太阳常数值

月份	1	2	3	4	5	6	7	8	9	10	11	12
I_0/（W/m²）	1405	1394	1378	1353	1334	1316	1308	1315	1330	1350	1372	1392

3. 太阳辐射在大气中的衰减

太阳辐射在穿过大气层时，受到大气层的反射、吸收和散射作用，到达地面上的辐射能显著减少。从实用角度看，利用太阳能时只需考虑波长在 0.29~2.5μm 的太阳辐射。大气质量和大气透明度与到达地面的太阳辐射的质（光谱特性）和量（辐射强度）有关，见表 2-2～表 2-3。

表 2-2　太阳直接辐射穿过不同大气质量时的光谱能量分布/%

大气质量	0	0.5	1	2	3	4	6	8	10
紫外线	6.7	5.3	4.2	2.7	1.8	1.1	0.5	0.2	0.1
可见光	46.8	46.3	45.8	43.8	42.0	40.8	36.5	33.2	30.3
红外线	46.5	48.4	50.0	53.5	56.2	58.1	63.0	66.6	69.6

表 2-3　不同太阳高度角时可见光中各色光谱能量分布/%

太阳高度角	红光	黄光	绿光	蓝光	紫光
90°	26	23	20	20	11
50°	28	22	21	18	11
30°	32	22	20	18	9
10°	49	25	14	11	2
5°	65	21	7	6	0
0°	83	13	5	0	0

（1）大气质量 m。大气质量是太阳光线穿过地球大气的路径与太阳光线在天顶角处穿过大气路径的比值。图 2-1 是不考虑地球表面曲率影响的太阳光照示意图。

由图 2-1 中几何关系可知：

$$m \approx 1/\sin h \tag{2-5}$$

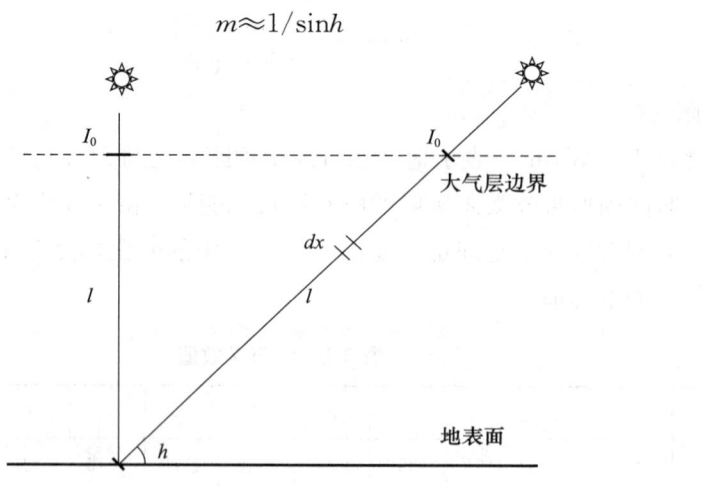

图 2-1　太阳光照

(2) 大气透明度 p。与地理位置和天气情况有关，如无准确资料，可近似按表 2-4 确定取值。

表 2-4 大气透明度

北纬	冬至	春分/秋分	夏至	按月份 (x) 的回归式
N25°	0.70	0.63	0.64	$p=0.0021x^2-0.0254x+0.7005$
N30°	0.74	0.67	0.61	$p=0.0038x^2-0.0471x+0.7707$
N35°	0.75	0.66	0.63	$p=0.0038x^2-0.0459x+0.7691$
N40°	0.75	0.68	0.64	$p=0.0033x^2-0.0409x°+0.772$
N45°	0.76	0.68	0.63	$p=0.0039x^2-0.0481x+0.787$

2.2.2 晴天室外光辐射模型

1. 直接辐射模型

法向太阳直接辐射指与太阳光线垂直的面上的直接辐射，在大气层边界，太阳辐射为 I_0，太阳直接辐射进入大气层后的衰减规律为：

$$\frac{dl}{dx}=-kl \tag{2-6}$$

式中，k 为大气消光系数。因此地表面处，法向太阳直接辐射照度为：

$$I_{DN}=I_0\times\exp(-kl) \tag{2-7}$$

l 为日地之间距离。太阳位于天顶时，地表处法向太阳直接辐射照度为：

$$I'_{DN}=I_0\times\exp(-kl)'\ (\exp(-k)=(I'_{DN}/I_0)^{\frac{1}{l}}) \tag{2-8}$$

因此，一般情况时地表面处法向太阳直接辐射照度可表达为：

$$I_{DN}=I_0\times(I'_{DN}/I_0)^{\frac{l}{l'}} \tag{2-9}$$

或

$$I_{DN}=I_0\times p^m \tag{2-10}$$

式中，p 是大气透明度，m 是大气质量。则水平面太阳直接辐射 I_{DH} 可以用下式表示

$$I_{DH}=I_{DN}\times\sinh \tag{2-11}$$

垂直面太阳直接辐射 I_{DV} 不仅与太阳高度角有关，还与表面方位角有关，其中 α 表示太阳方位角，ε 表示表面方位角，γ 表示太阳光线与表面法线在水平面内投影的夹角。因此 I_{DV} 可以用下式表示：

$$I_{DV}=I_{DN}\times\cosh\times\cos\gamma \tag{2-12}$$

其中

$$\gamma=\alpha-\varepsilon \tag{2-13}$$

现考虑方位角 ε、倾斜角 θ 表面上的太阳直接辐射 $I_{D\theta\varepsilon}$，当 $\cos\beta>0\cos\beta>0$ 时，

$$I_{D\theta\varepsilon}=I_{DN}\times\cos\beta \tag{2-14}$$

当 $\cos\beta\geqslant0$ 时，

$$I_{D\theta\epsilon}=0 \tag{2-15}$$

式中，I_{DN}表示地表处法向太阳直接辐射照度，β是太阳光线与表面法线的夹角，可表示为：

$$\cos\beta=\sin h\times\cos\theta+\cos h\times\sin\theta\times\cos(\alpha-\epsilon) \tag{2-16}$$

2. 散射辐射模型

到达地表附近的散射辐射I_d包括：被大气分子和悬浮颗粒散射的太阳辐射（天空散射）I_S，地面或建筑物等物体的反射的太阳辐射I_R，透过云层和由云层反射的太阳辐射I_C，大气长波辐射I_B，即：

$$I_d=I_S+I_R+I_C+I_B \tag{2-17}$$

其中I_S所占比重最大，假定晴天整个天空为等灰度的散射面，根据理论分析，在地表面水平面上的散射辐射为：

$$I_{dH}\approx I_{SH}=0.5\times I_0\times\sin h\times\frac{1-p^m}{1-1.4\ln p} \tag{2-18}$$

式中，I_{SH}表示水平地面上的天空散射辐射，由于散射辐射与太阳直射没有关系，因此与表面方位角无关，倾斜角为θ的表面上的天空散射辐射$I_{s\theta}$。

$$I_{s\theta}=I_{sH}\times\cos^2\frac{\theta}{2} \tag{2-19}$$

当倾斜角为$\theta=90°$时，此时倾斜面为垂直面：

$$I_{s\theta}=\frac{1}{2}I_{sH} \tag{2-20}$$

考虑地面及地面上物体对太阳光线的反射辐射，即采光面上有一部分来自地面及其物体对太阳光线的反射。太阳直接辐射和散射辐射在室外地面和周围建筑物上的反射系数R_r如下：

$$R_r=\rho\times\frac{1-\cos\theta}{2} \tag{2-21}$$

式中，ρ为室外地面对太阳辐射的平均反射率，一般为0.2，有雪覆盖时为0.6；θ为倾斜面与水平面夹角。

则地面或建筑物等物体的反射的太阳散射辐射$I_{R\theta}$可以表示为：

$$I_{R\theta}=I_H\times R_r \tag{2-22}$$

式中，I_H表示为地面上的总辐射：

$$I_H=I_{DH}+I_{SH} \tag{2-23}$$

因此，倾斜角为θ表面上的散射辐射为：

$$I_{d\theta}=I_{s\theta}+I_{R\theta} \tag{2-24}$$

3. 总辐射模型

总辐射是直接辐射与散射辐射之和，因此对于方位角ϵ、倾斜角θ表面上的太阳总

辐射 $I_{\theta\epsilon}$，可用下式表示：

$$I_{\theta\epsilon} = I_{D\theta\epsilon} + I_{d\theta} \tag{2-25}$$

式中，$I_{D\theta\epsilon}$ 和 $I_{d\theta}$ 分别表示方位角 ϵ、倾斜角 θ 表面上直接辐射和散射辐射。

2.2.3 一般天气室外光辐射模型

1. 云遮系数与云量的关系

到达地面的太阳辐射受多种因素的影响，如大气透明度和大气质量，此外云量和云状的实时变化对太阳辐射影响也至关重要，对于有云天气来说，地面接收太阳辐射的情况极为复杂，目前还没有好的解决办法。国外学者提出使用云遮系数法计算有云时地面太阳辐射，所谓云遮系数法就是用云量对晴天地面太阳辐射进行改进，作为有云天到达地面的太阳辐射。

云量 CC 指云遮蔽天空视野的成数。CC 的取值范围为 0~10。当 $0 \leqslant CC \leqslant 2$ 时，表示全晴或接近全晴天气，太阳辐射计算可完全按照晴天考虑；当 $2 \leqslant CC \leqslant 8$ 时，每天可能出现晴、多云、阴三种状态；当 $8 \leqslant CC \leqslant 10$，天气为多云或阴天。云遮系数（CCF）和云量的关系可表示为：

$$CCF = P + Q \times CC + R \times CC^2 \tag{2-26}$$

式中，P、Q、R 为与季节有关的常数，表 2-5 给出了对应的取值。

表 2-5 P、Q、R 的取值

季节	P	Q	R
春	1.06	0.012	−0.0084
夏	0.96	0.033	−0.0106
秋	0.95	0.030	−0.0108
冬	1.14	0.003	−0.0082

2. 光辐射与云量的关系

用云遮系数（CCF）对太阳总辐射进行改进之后的总辐射 $I_{C\theta\epsilon}$ 可以表示为：

$$I_{C\theta\epsilon} = I_{\theta\epsilon} \times CCF \tag{2-27}$$

有云时的直接辐射可表示为：

$$I_{CD\theta\epsilon} = I_{D\theta\epsilon} \times (1 - CC/10) \tag{2-28}$$

则有云时的散射辐射为：

$$I_{Cd\theta} = I_{C\theta\epsilon} - I_{CD\theta\epsilon} \tag{2-29}$$

式（2-29）中，$I_{C\theta\epsilon}$、$I_{CD\theta\epsilon}$ 和 $I_{Cd\theta}$ 分别表示有天空有云时倾斜角为 θ，方位角 ϵ 表面上的总辐射、直接辐射和散射辐射，$I_{\theta\epsilon}$ 和 $I_{D\theta\epsilon}$ 表示无云时的总辐射和直接辐射，CC 表示云量，CCF 表示云遮系数。

2.2.4 日光温室的光辐射模型

1. 日光温室光照环境模型构建

日光温室光照环境模型构建的总体思路：确定了日光温室内任意一点的太阳辐射照度，即明确了日光温室内的光照环境。为此，我们首先确定晴天室外任意一点的太阳辐射照度；然后确定一般天气下室外任意一点的太阳辐射照度；最后，通过室内任意一点与室外对应点的对应关系，确定室内任意一点的太阳辐射照度，这样就完成了日光温室光照环境模型的构建。

太阳辐射照度分为直接辐射与散射辐射两部分。就室内直接辐射而言，室内任意一点与室外对应点的对应关系通过光线逆向回溯法确定；就室内散射辐射而言，通过采用天空等辉度假设，按天空与屋面可视角度计算散射辐射。

2. 直接辐射模型

设室内计算点 P 的坐标为 (x_P, y_P) 采用逆向回溯的方法，即沿逆光线的方向，确定该点上接受的太阳直射光线通过的屋面对应的入射点 T 的坐标为 (x_T, y_T)，入射点坐标为太阳光线与屋面曲线的交点，由以下太阳光线方程与屋面曲线方程联立求得，相关图示如图2-2～图2-4所示。

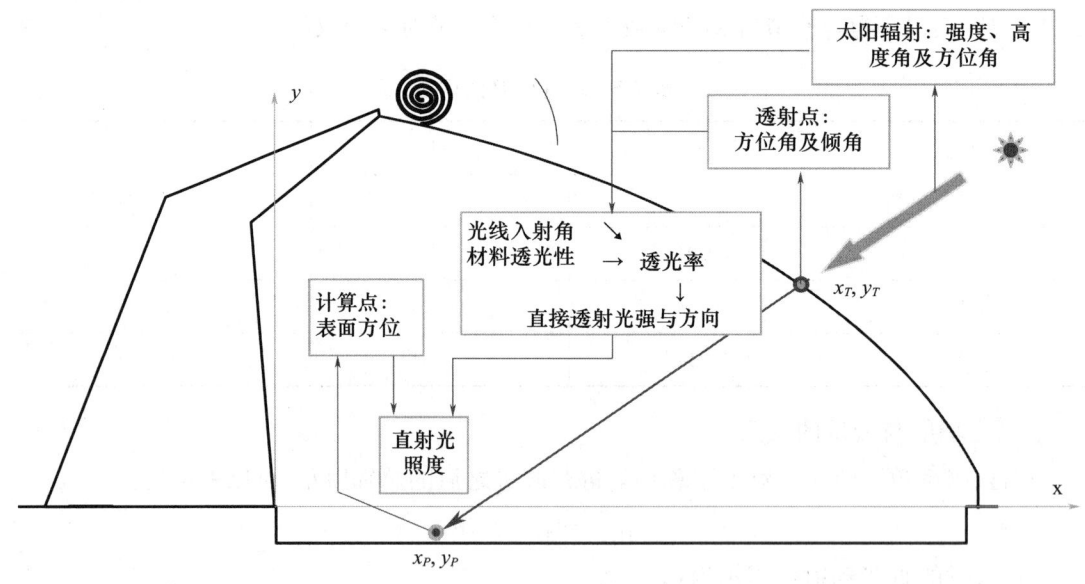

图 2-2 室内计算点的直接光辐射

入射点坐标 (x_T, y_T) 由联立方程求解

$$\begin{cases} y_T = F(x_T) & \text{层面曲线方程} \\ y_T = y_P + (x_T - x_P)\tan h_{xy} & \text{太阳光线方程} \end{cases}$$

(2-30)

(2-31)

直射光入射角

$$\cos\theta = \sin\beta\cos h\cos\gamma_r + \cos\beta\sin h \tag{2-32}$$

式中，γ_r 表示太阳光线与入射点 T 处屋面切平面的法线在水平面内投影的夹角。

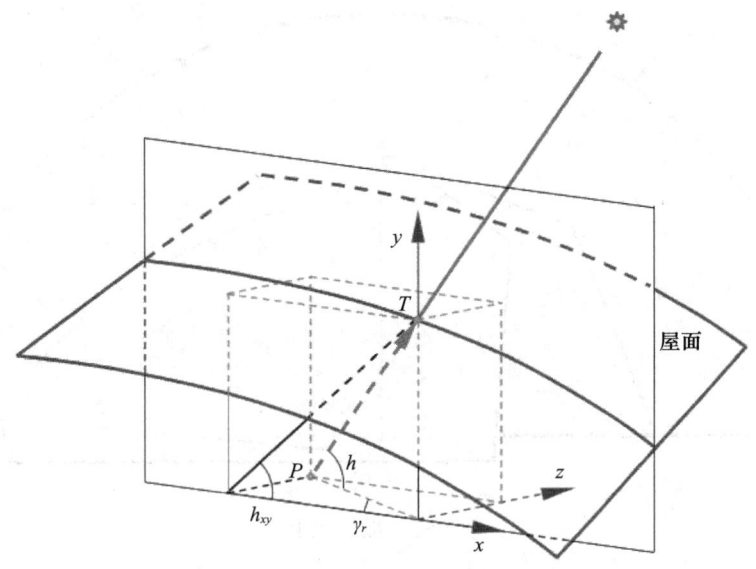

图 2-3　计算点与入射点的几何关系

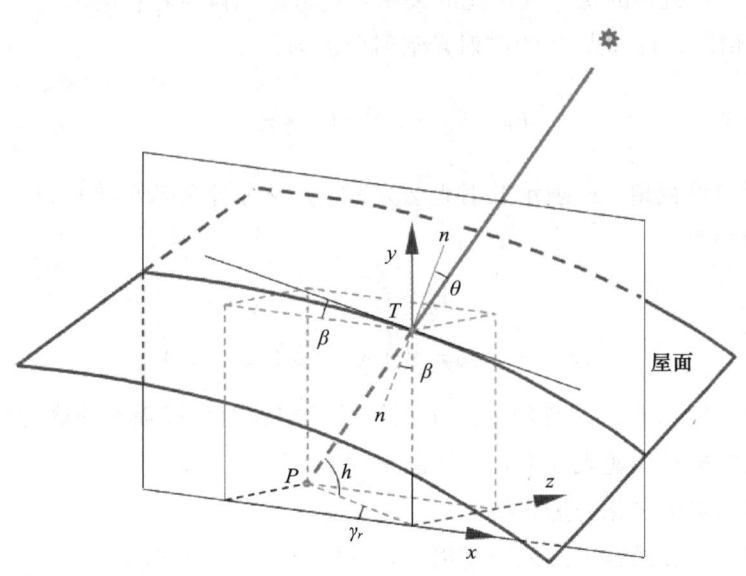

图 2-4　计算点与入射点的角度关系

直射光辐射照度：

对于室内某表面的任意计算点 P，根据室外平行于该表面的平面上的太阳直接光辐射 I_z，以及该点对应的屋面入射点 T 的直射透光率，并考虑覆盖材料的雾度对直射光辐射强度降低的影响，计算点 P 的直接光辐射照度为：

$$I_{zP}=\tau_{zT}I_z(1-H_{aze}) \tag{2-33}$$

式中，τ_{zT} 表示入射点 T 的透光率，H_{aze} 表示覆盖材料的雾度。

3. 散射辐射模型（图 2-5）

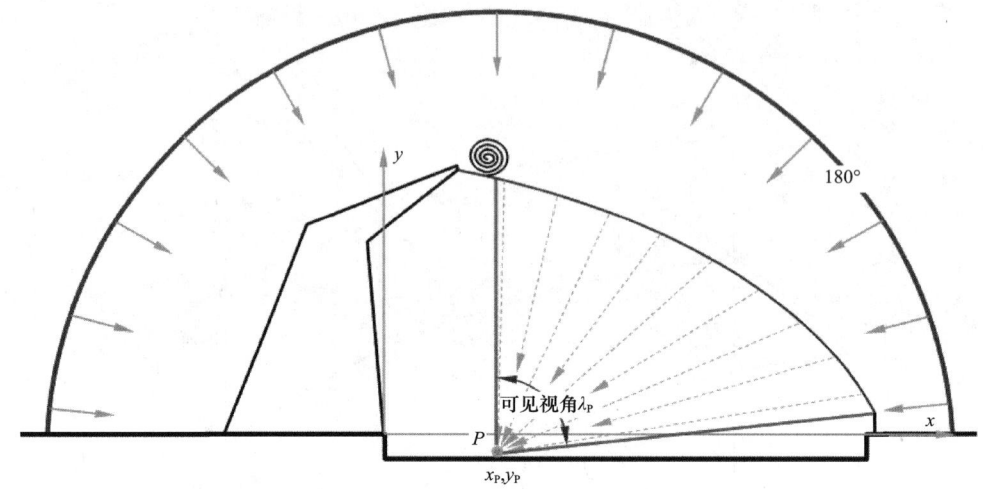

图 2-5 散射视角

采用天空等辉度假设，与在 P 点可见天空的视角占全天空视角半球面，或按半圆柱面考虑，为 180°视角的比例成正比的关系，再考虑因覆盖材料的散射一部分直射光转化为散射光的情况，计算点 P 的散射光辐射照度为：

$$I_{sP} = \frac{\lambda_P}{180}\tau_s I_s + H_{aze} \cdot \tau_{zT} I_z \tag{2-34}$$

式中，λ_P 表示可见视角，τ_s 表示散射光透光率，I_s 表示室外散射光照度。

4. 总辐射模型

$$I_P = I_{zP} + I_{sP} \tag{2-35}$$

$$\tau_{zT} = \tau_{z\theta}(1-\gamma_1)(1-\gamma_2)(1-\gamma_3) \tag{2-36}$$

式中，τ_{zT} 为与室内点 P 的室外对应点 T 处，覆盖材料对直接辐射的透光率；

γ_1 为温室结构材料遮光损失，一般温室为 0.05~0.15；

γ_2 为覆盖材料因老化的透光损失；

γ_3 为尘埃污染和结露水滴的透光损失，一般可达 0.15~0.3；

$$\tau_{z\theta} = \tau_{z_0}(1-0.93^{(90-\theta)})\left(1-\frac{\theta}{1000}\right) \tag{2-37}$$

式中，$\tau_{z\theta}$ 为干洁新覆盖材料对直接辐射透过率；与入射角 θ 有关；

τ_{z_0} 为入射角为 0°时，清洁新覆盖材料对直接辐射的透过率；

$$\cos\theta = \sin\beta \times \cos h \times \cos\gamma_r + \cos\beta \times \sin h \tag{2-38}$$

θ 为入射点 T 处屋面的太阳光线入射角；

β 为入射点 T 处屋面切平面与水平面的夹角；

γ_r 为太阳光线与入射点 T 处屋面切平面的法线在水平面内投影的夹角;

$$\gamma_r = \alpha - \varepsilon \tag{2-39}$$

α 为太阳方位角。太阳光线在水平面的投影与正南方向的夹角;

ε 为屋面切平面的方位角。

$$\cos\alpha = \frac{\sin h \sin\varphi - \sin\delta}{\cos h \cos\varphi} \tag{2-40}$$

2.3 日光温室光辐射测试设备的设计与开发

2.3.1 光辐射测试设备开发的意义

为了使日光温室室内光照环境测试数据更加准确,针对在光辐射测试实验过程中光辐射仪器没有合适支撑架的情况,开发了适合日光温室室内用的光辐射仪支撑架。

目前光辐射仪器随身附带的支撑架,主要针对温室外气象数据采集用,较重、不便移动,支撑架的最低高度为 1.5m,根本不适合用于温室室内的光照测试,而且支架上还安装有温度、湿度等多种探测仪,容易造成对光辐射传感器的遮挡。若不使用支撑架,光辐射传感器无法固定,造成测量的不稳定和不准确,基于此,开发出一种适合日光温室室内专用的光辐射仪支撑架,具有非常重要的现实意义。

2.3.2 设备的组成结构

光辐射仪支撑架是一种用于日光温室室内测量光辐射的专用辅助设备,如图 2-6~图 2-8 所示。该设备高为 0.4~2m,由光辐射传感器、角度调节组件、高度调节组件、数据采集箱和底座组件五部分组成。

光辐射传感器位于整个设备的顶部,其底端与角度调节组件上面的平面用螺母固定。

角度调节组件由上零件和下零件以及两个螺钉构成,如图 2-9 所示。上零件和下零件左右两侧都有两个圆形通孔,两个零件用两个螺钉穿过连接,调整角度时将螺钉拧松,调整两个零件的相对角度,再将螺钉拧紧,这样辐射仪传感器的角度就相对于地面改变了。上零件标有零位置标线,下零件标有刻度,通过对准标线和刻度,可以指示所需要的角度。角度的调整范围为 $-90°\sim+90°$。上零件的两个螺母焊接在其本体上,方便螺钉的拧紧和拧松,而且螺母不会丢失。角度调节组件的上零件设置有两个圆形孔,用于与光辐射仪传感器的孔连接,同时还设置一个小的 U 形过线孔,用于光辐射传感器的数据线穿过。

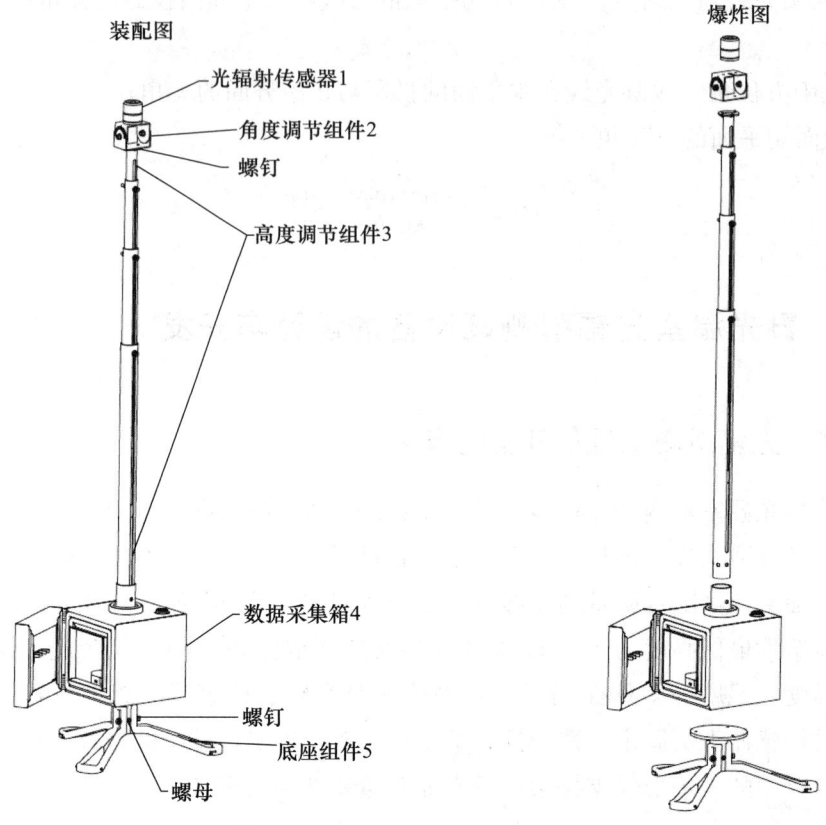

图 2-6　光辐射仪支撑架的装配图

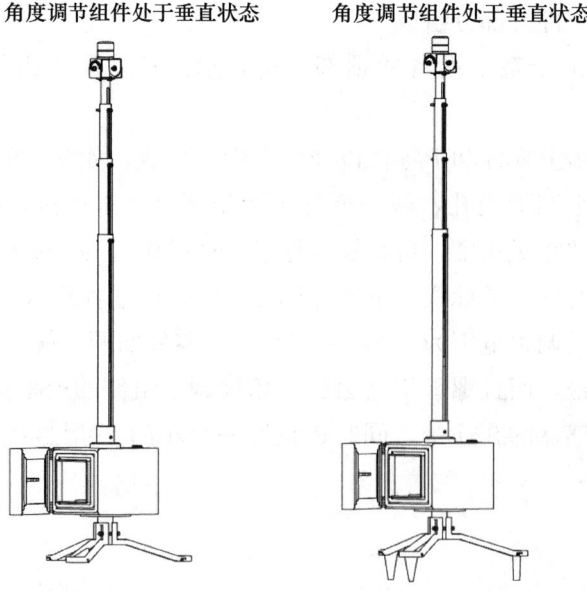

图 2-7　垂直状态下，光辐射仪支撑架在不同地面的支撑情况

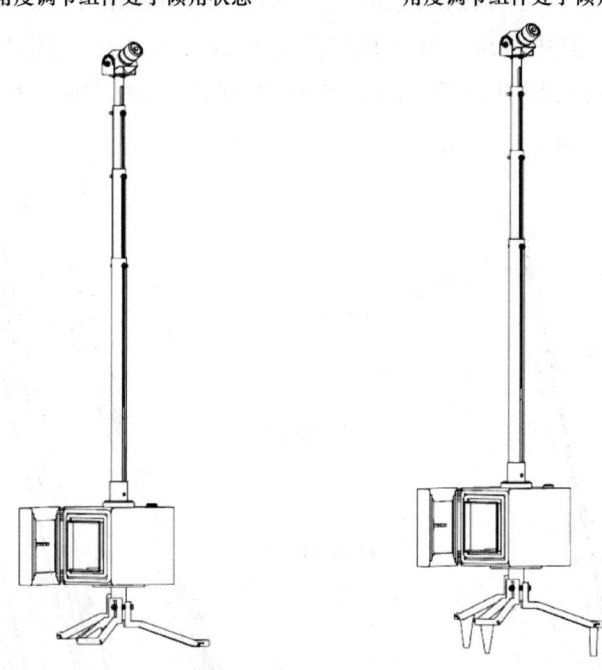

图 2-8　倾斜状态下，光辐射仪支撑架在不同地面的支撑情况

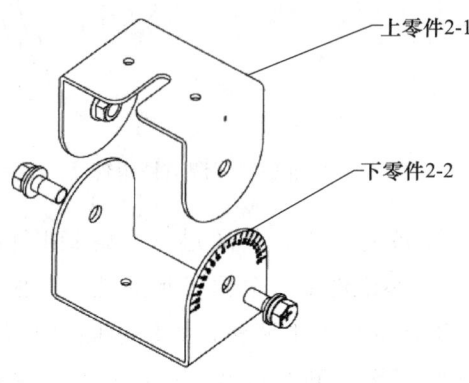

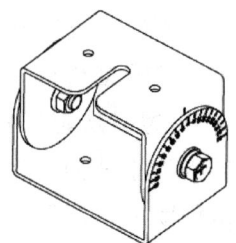

上下两零件处于垂直状态

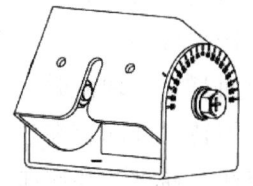

上下两零件处于倾角状态

图 2-9　角度调节组件

高度调节组件由顶杆、可调节杆及底杆组成，如图 2-10 所示。顶杆上方有一个平台，平台上有两个圆孔，用于与角度调节组件连接。顶杆上同样开有小的 U 形过线孔，如果不需要调整角度时，光辐射传感器也可以直接固定在顶杆上。顶杆、可调节杆以及底杆均为空心圆杆，其中可调节杆可根据需要安装 2~3 根。每根杆都有长圆形的调节孔，通过改变各杆间的相对位置，可以无级调节光辐射传感器在日光温室内的不同高度。

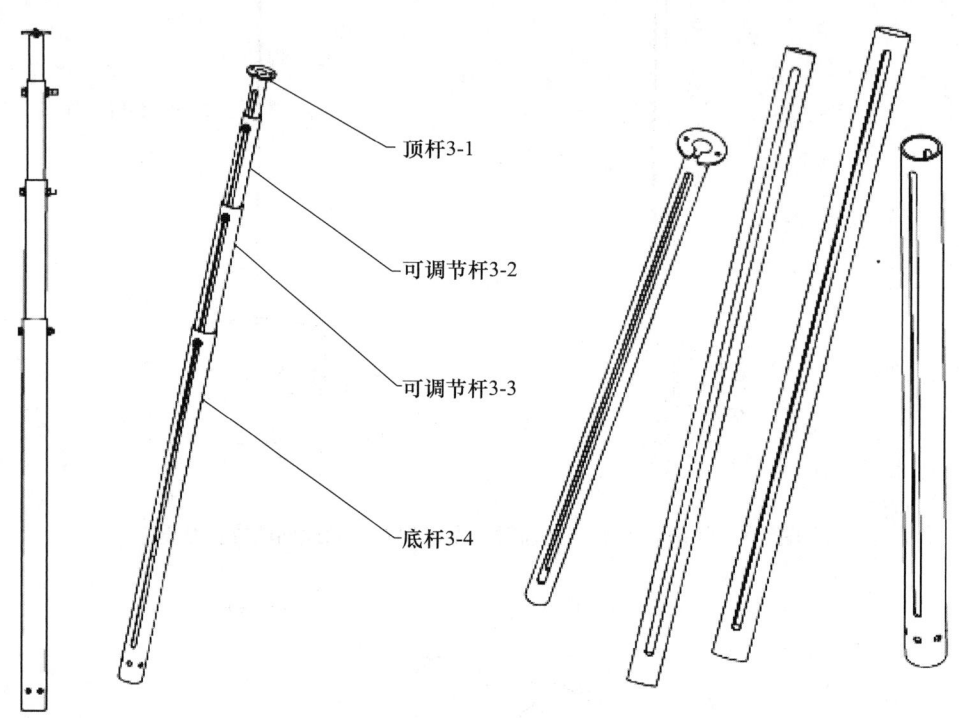

图 2-10　调节杆组件

底座组件位于整个设备的底部，其通过三个螺钉连接到数据采集箱的底部，如图 2-11 和图 2-12 所示。底座组件由一个倒 T 形立柱、三根底座支杆以及支脚转动件构成。底座支杆可以沿倒 T 形立柱上下调整，如果地面是平整的，三根底座支杆处于同一水平面；如果地面凸凹不平，可以调整三根底座支杆在竖直方向的位置，以保证倒 T 形立柱的上平面是水平的。支脚转动件侧面有两个轴，可以沿底座支杆进行旋转，底座支杆两侧有两个定位孔 1 和 2。当地面是混凝土地面或砖面时，支脚转动件位于与底座支杆平行的位置，将螺钉从定位孔 1 插入，从而将支脚转动件固定在位置 1 处。当地面是泥土地面时，将支脚转动件旋转到垂直状态，将螺钉从定位孔 2 插入，从而将支脚转动件固定在位置 2 处，这样支脚转动件可以插入泥土地面，保证整个装置的稳定性。通过调整底座支杆和支脚转动件，这个底座组件既能适应平整地面，也能适应凸凹不平的地面；既能适应混凝土地面或砖面的硬质地面，又能适应泥土等软质地面。

数据采集箱位于高度调节杆的正下方，其中心轴线与高度调节杆同轴，保证整个设备的稳定性，如图 2-13 和图 2-14 所示。数据采集箱由箱体、箱盖、箱体上部件、水平仪底座、环形水平仪、防水插头、工具支架、门锁、数据采集器和防水密封圈等十部分构成。箱体上部件为一圆管，焊接在箱体上，高度调节组件的底杆插入其中，通过螺钉固定。门锁安装在箱盖上，用于防盗。箱体和箱盖上都有两圈半圆形的凹槽，两条防水密封圈黏结在凹槽里，当箱盖合上时，整个数据采集箱是防水的，保证数据采集器处于干燥的环境中。箱盖内部还安装有工具支架，方便安装和拆卸设备时使用的螺丝刀等工具的放置，防止丢失。箱体上面还装有一个水平仪底座，该底座为圆环形状，并且开有半圆形凹槽，用于放置圆环形状的水平仪，通过观察环形水平仪内部气吧的位置，调节整个箱体使其保持水平。箱体装有防水插头，用于连接光辐射传感器和数据采集器之间的数据线，保证整个采集强防水。数据采集器由三部分组成，分别是采集器盒体、采集器上盖以及采集器电路板。

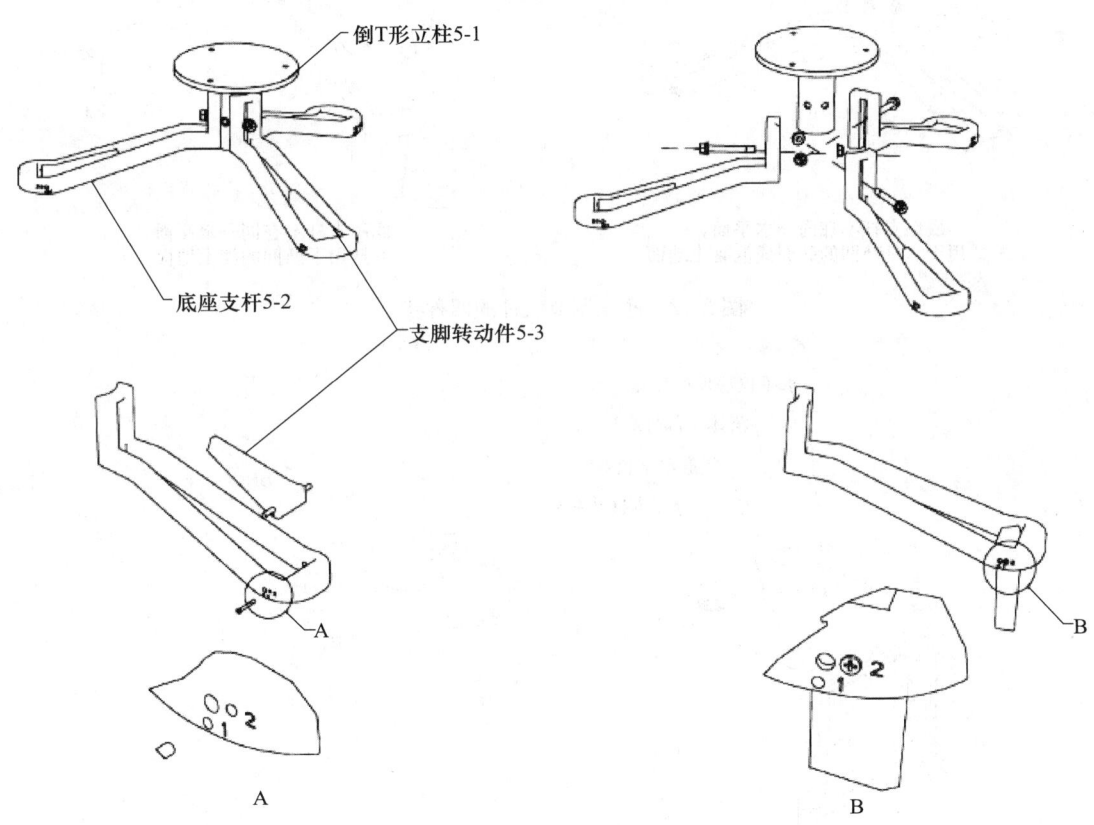

图 2-11　底座调节组件

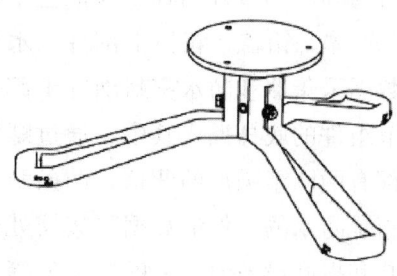
底座支杆在同一水平面，
适用于水平的砖面或混凝土地面

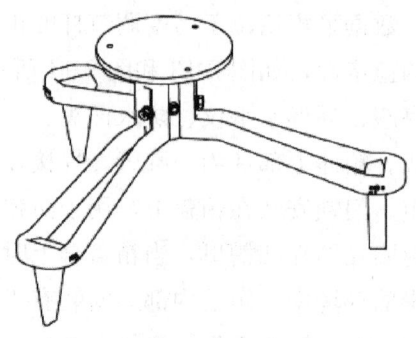
底座支杆不在同一水平面，
适用于水平的泥土地面

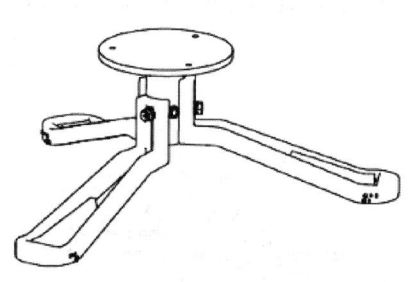
底座支杆不在同一水平面，
适用于水平凸凹的砖面或混凝土地面

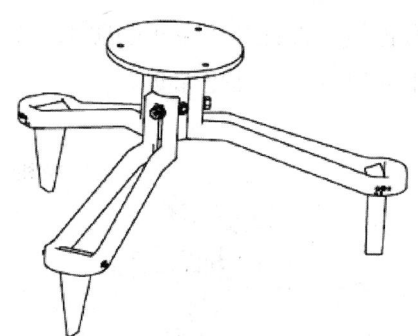
底座支杆不在同一水平面，
适用于凸凹的泥土地面

图 2-12　底座调节组件的四种状态

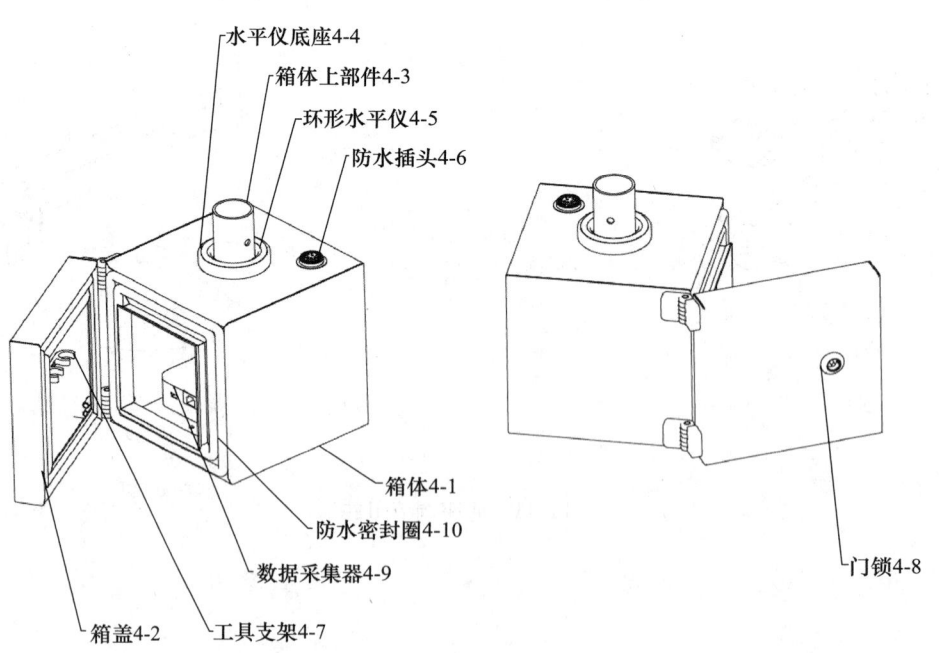

图 2-13　数据采集箱结构

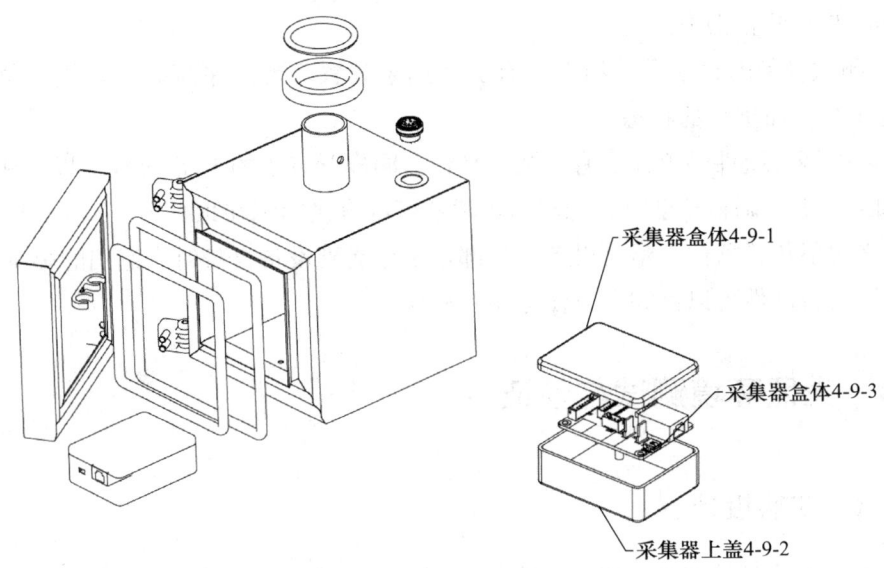

图 2-14 数据采集箱爆炸图

2.3.3 设备的独特之处

1. 该测试设备是用于测量日光温室内光辐射的专用设备，市场上目前还没有这类设备，属于原创设计。

2. 该测试设备的光辐射传感器的高度可以无级调节，可以方便地测量不同高度处的光辐射值。高度调节杆的调节孔为长圆形，可以调节至一定范围内的任意高度。

3. 该测试设备的光辐射传感器的角度可以调整，从而可以方便地测量同一高度处不同角度的光辐射值。调整范围为 $-90°\sim +90°$。角度调节组件标有刻度，能准确调整辐射仪的角度。

4. 角度调节组件有小 U 形缺口，方便光辐射传感器的数据线穿过，而无须将线拆掉后重新装上。

5. 该测试设备能适应各种复杂的地形。既能适应平整地面，也能适应凸凹地面。既能适应混凝土地面或砖面的硬质地面，又能适应泥土等软质地面。这对于需要在日光温室内频繁更换测量点的情况非常重要。

6. 该测试设备的数据采集箱的重心位于整个设备的中轴线上，并处于设备的底部，降低了系统的重心，使装置具有良好的稳定性。这可以使高度调节杆做得很细，使底部支架做得尽可能小，从而使整个设备轻巧灵活，便于频繁移动。通常类似的装置，数据箱都挂在竖杆的侧面，这样需要竖杆很粗壮，以防倾倒，这样会导致设备很重，不便于移动。

7. 该测试设备的数据采集箱通过两层防水密封圈密封，数据线通过防水插头连接，保证良好的密封效果，延长了数据采集器的使用寿命。

8. 该测试设备的数据采集箱门后有工具支架，方便放置安装或拆卸装置时使用的螺丝刀等工具，防止丢失。

9. 该测试设备的数据采集箱上方有支架用于放置环形水平仪，方便调节整个设备以保证处于与地面垂直的状态。

10. 高度调节组件的顶杆上有一圆形平台，同样开有小的 U 形过线孔以及两个圆形通孔，如果不需要调整角度时，光辐射传感器可以直接固定在顶杆上。

11. 光辐射传感器位于整个设备的顶部，不会受到设备自身对光遮挡的影响。

12. 该设备部件可以拆卸，方便运输和移动。

2.4 光照环境测试与验证

2.4.1 实验设计

为了对温室光环境模型的准确性进行验证，我们设计了试验方案。地点选在北京创新百善循环农业科技有限公司 B5 号日光温室进行。温室跨度 7.5m，墙高 2.3m，脊高 3.5m，长 100m。分别测试室内外地面上的总辐射，室内布点在温室中部，距后墙 3.75m、高 1.5m 处。室外布点在温室中部对应处，四周无遮挡。

测试仪器为 Onset computer corporation 公司的 HOBO micro station 辐射仪器。辐射仪的测定范围为 $0\sim1280W/m^2$，测定的光谱范围为 $300\sim1100nm$，测定的精确度为 $\pm10W/m^2$ 或 $\pm5\%W/m^2$，能正常使用的温度范围为 $-40\sim+75℃$。

测试分为夏冬两次，夏季时间为 2023 年 6 月 13 日上午 4 点 38 分至下午 4 点 38 分共 12h，辐射仪器每 10min 记录一次太阳辐射的数据。当日天气晴转阴，伴有雷阵雨，天气变化比较大。冬季时间为 2023 年 11 月 27 日上午 8 点整至下午 5 点共计 9h，辐射仪器每 30min 记录一次太阳辐射的数据。当日天气为阴天，试验实测示意如图 2-15 所示。

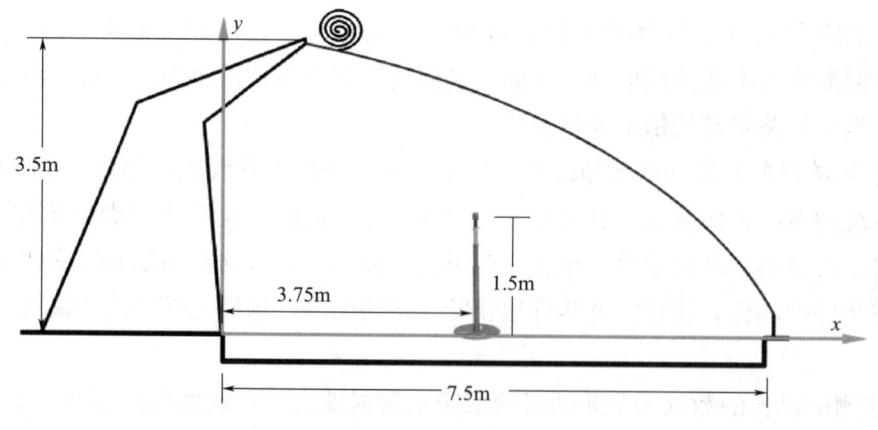

图 2-15 试验实测

2.4.2 结果与分析

将测得的室外光照数据输入软件,模拟计算出室内对应点的辐射照度,即为模拟值,另一组为光照仪器测得的实际值,即为实测值。将数据整理后绘制在同一图中,图 2-16 所示是 6 月 13 日温室地面辐射照度实测值与模拟值在不同时刻的变化图。

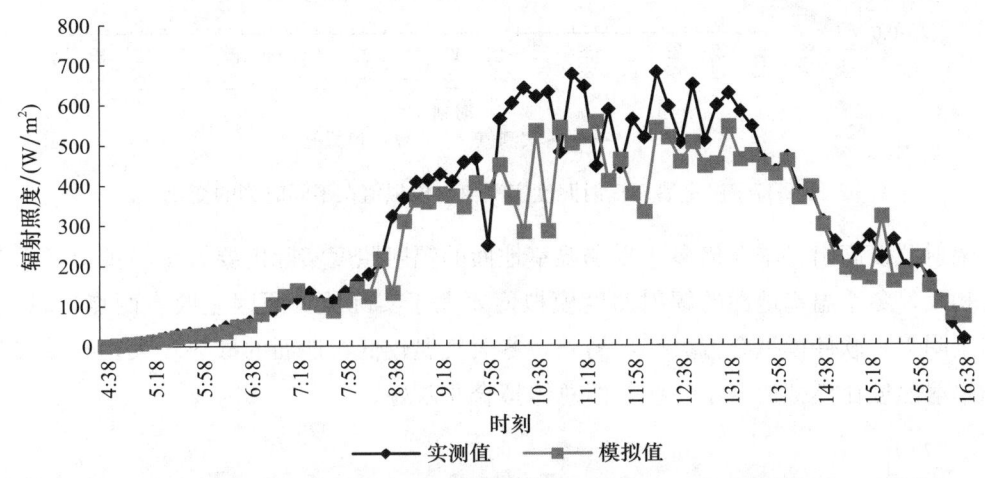

图 2-16　温室地面辐射照度实测值与模拟值在不同时刻的变化

从图 2-16 中可以看出,温室地面辐射照射实测值和模拟值随不同时刻的变化图都是一条类似开口向下的抛物线,在中间处,光辐射照度较大,两边较小。实测值与模拟值总体来说还是比较吻合的,实测值略高于同时刻的模拟值。分析其原因,则可能是因为在夏天,光照比较强烈,有较多的太阳光透过温室前屋面散射进入室内,导致温室地面的辐射照度实际值比模拟值大一些。还有一些时刻,模拟值与实测值相差较大,原因是当天天气变化较大,晴转阴,伴有雷阵雨,软件模拟不能及时地反映出当天的天气变化。总体来说,模拟还是较为准确的。

图 2-17 是 6 月 13 日温室墙面辐射照射实测值和模拟值随不同时刻的变化图,从图 2-17 中可以看出,不论是实测值还是模拟值,温室墙面 1.5m 高处的辐射照度在 10:30~12:30 这段时间内较大,其余时刻较小。墙面的实测值与模拟值相互咬合,实测值略高于同时刻的模拟值。原因是实验中取的测定点贴近墙面,光辐射仪器受到墙面的遮挡,不能全面接收太阳直射光,以散射辐射为主,是夏天,光照比较强烈,较多的太阳光转化为散射辐射,导致温室墙面的辐射照度实际值比模拟值大一些。个别时刻,模拟值与实测值相差较大,原因是当天天气变化较大。总体来说,软件模型对墙面辐射照度的模拟还是相当准确的。

图 2-18 是 11 月 27 日温室地面辐射照度实测值与模拟值在不同时刻的变化图。冬季的整体变化趋势与夏季相仿,中午时刻,辐射照度大,其他时刻较小。但也有很多不同点:首先,冬季温室地面的辐射照度要远小于夏季温室地面的辐射照度,夏季温室地

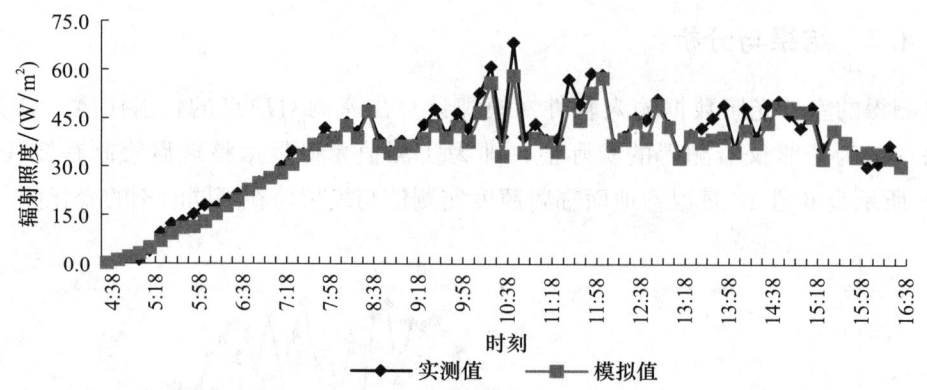

图 2-17 温室墙面辐射照度实测值与模拟值在不同时刻的变化

面的辐射照度高出冬季 9 倍多。夏季温室地面的辐射照度实际值要大于模拟值，而冬季正好相反，冬季温室地面的辐射照度模拟值要大于实际值。原因主要有两点，11 月 27 日为全阴天，软件模拟会偏大些，另外，冬天气温较低，地面的散热较大，导致实际的太阳辐射照度比模拟值要小一些。但总体拟合非常好。

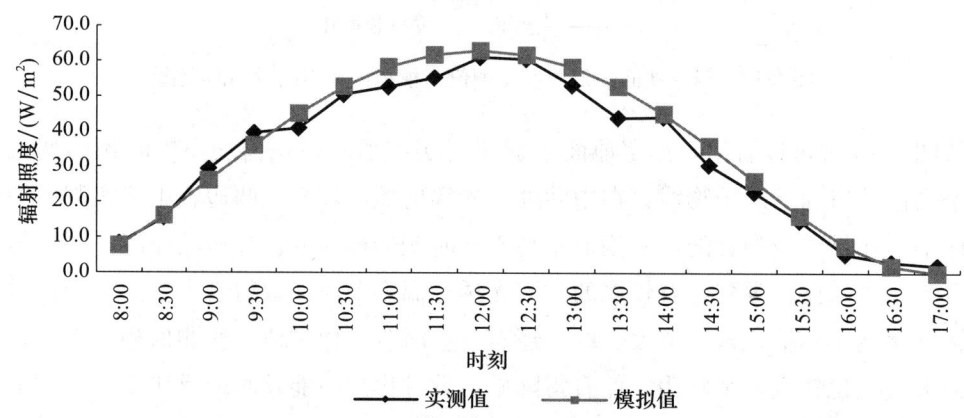

图 2-18 温室地面辐射照度实测值与模拟值在不同时刻的变化

图 2-19 是 11 月 27 日温室墙面辐射照度实测值与模拟值在不同时刻的变化图。与冬季温室地面变化趋势一样，温室墙面辐射照度的实测值整体略小于模拟值。原因也有两点，11 月 27 日为全阴天，软件模拟会偏大些，另外，冬天墙体的散热较大，导致实际的太阳辐射照度比模拟值要小一些。从图 2-19 中还可看出，夏季 16：30 左右，温室内部，无论地面还是墙体都能接受较大的太阳辐射照度，但冬季 16：30 左右，温室内部的太阳辐射照度极小，在 17：00 左右几乎为零了。因此，需要做好冬季温室的光照、保温防寒工作，以保证温室作物的正常生长。

2.4.3 温室光环境模型的准确性

设计试验方案对温室光环境模型的准确性进行验证，试验测试分为夏冬两次。夏季

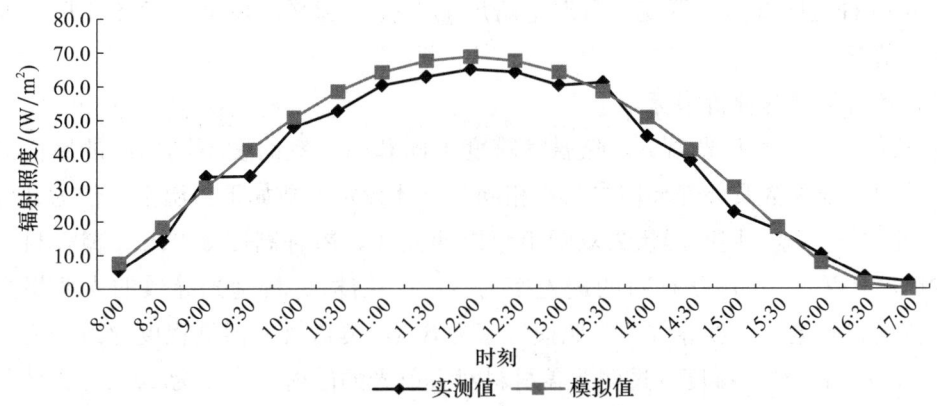

图 2-19 温室墙面辐射照度实测值与模拟值在不同时刻的变化

时间为：2023 年 6 月 13 日当日天气晴转阴，伴有雷阵雨，天气变化比较大。冬季时间为：2023 年 11 月 27 日，当日天气为阴天。选择这两种季节，多种天气，比较具有代表性，能很好地验证温室光环境模型软件在各种情况下的准确程度。结果表明：模型软件在任何情况下，都能较好地模拟温室内的实际光照环境，并得出一致的结论。夏季，实测值略大于模拟值，冬季，实测值略小于模拟值。相比之下，模型软件在冬季的模拟准确程度更高。而温室光环境正是主要考虑冬季的光照情况，从这点来说，温室光环境模型的准确性高，可以用于指导日光温室的科学建造和推广应用。

2.5 日光温室光照环境影响因素与分析评价

日光温室室内的光照环境影响因素众多，包括温室建设地点的地理方位、室外光辐射、温室朝向、建筑参数、屋面形状和覆盖材料等多种因素。本节选取六个对日光温室室内的光照环境有重要影响的因素开展系统研究。这些因素分别是温室跨度、屋脊高度、屋面倾角、温室方位角、屋面曲线形状和覆盖材料。

2.5.1 温室跨度对光照环境的影响

本节要研究不同温室跨度（8m，10m，12m）对日光温室室内光照环境的影响。由于日光温室光照环境影响因素众多，为了方便研究，需要固定其他一些影响因素，如温室方位、屋面形状、覆盖材料等，但温室跨度的变化，势必会引起屋脊高度和平均屋面倾角两者之一发生变化。

所以，本节研究不同温室跨度对日光温室室内光照环境的影响分两种情况来讨论。第一种是屋脊高度不变，由温室跨度的变化引起平均屋面倾角变化后日光温室内的光照情况。第二种是屋面倾角不变，由温室跨度的变化引起屋脊高度变化后日光温室内的光照情况。

1. 第一种是屋脊高度不变，由温室跨度的变化引起平均屋面倾角变化后日光温室内的光照情况

(1) 条件设定与评价指标

① 条件设定。本日光温室，除温室跨度不同和由温室跨度不同引起的屋面倾角不同外，其他建筑参数及外部环境参数均相同。具体设定参数如下：温室方位为北纬纬度40°，经度120°；温室屋面形状为双圆组合屋面曲线；屋脊高度3.94m；覆盖材料为聚氯乙烯膜（PVC），干洁新材料的透光率为85%，结构材料遮光导致的光照损失率为10%，覆盖材料老化程度导致的光照损失率为8%，覆盖材料污染程度导致的光照损失率为8%，覆盖材料的雾度（透明覆盖材料对直射光的散射作用）为10%。具体的时间段：12月22日真太阳时9时～15时。当日天空晴朗，云量为1。

② 评价指标。日光温室的光环境有五个评价指标，分别为前屋面平均透光率（%）、温室各表面指定时间段的平均辐射照度（W/m²）、单位温室长度内各表面累计的光辐射能量（MJ）、单位温室长度内的累计光辐射总能量（单位温室长度内地面、墙面和后屋面三者累计的光辐射能量之和，单位为MJ）和直散光比例（%）。

③ 屋面倾角的变化。当屋脊高度不变，温室跨度分别为8m、10m和12m时，平均屋面倾角分别为28.75°、23.11°和19.24°。

(2) 温室跨度对光照环境的影响

① 前屋面平均透光率（%）。

图2-20是前屋面的平均透光率随温室跨度的变化图，从图2-19中可以看出，当屋脊高度不变时，随着温室跨度的增加，前屋面的平均透光率越来越小，两者几乎呈线性负相关。这说明温室跨度的增加，不利于前屋面整体透光率的增加。其实质原因是：屋脊高度不变，而温室跨度增加时，屋面倾角变小，太阳辐射的入射角增加，导致前屋面整体透光率降低。

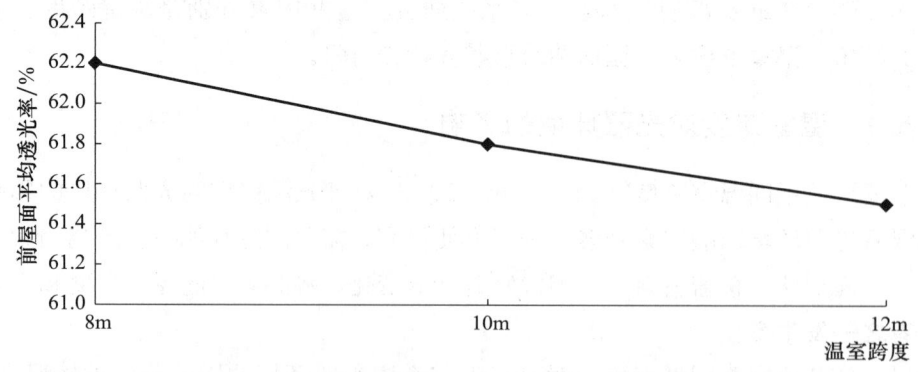

图2-20 前屋面平均透光率随温室跨度的变化

② 温室各表面指定时间段的平均辐射照度（W/m²）。

图2-21是温室各表面指定时间段（12月22日真太阳时9时～15时）的平均辐射照度随温室跨度的变化图，从图2-21中可以看出，屋脊高度不变，而温室跨度增加时，

温室地面的平均辐射照度呈增加的趋势,温室跨度从 8m 增加到 12m,温室地面的平均辐射照度增加了 7.5W/m²,这说明温室跨度的变化对温室地面的平均辐射照度起主导作用,并且呈正相关,温室跨度增加,温室墙面的平均辐射照度也增加,反之减少。屋脊高度不变、温室跨度增加时,温室墙面和后屋面的平均辐射照度呈减少的趋势,温室跨度从 8m 增加到 12m,温室墙面和后屋面的平均辐射照度分别减少了 9.6W/m² 和 2.4W/m²,温室跨度的增加对温室墙面的平均辐射照度影响最大,两者呈负相关。其实质原因是,当屋脊高度不变时,温室跨度增加,则屋面倾角减小,从而导致温室墙面的平均辐射照度减小。这说明温室跨度引起屋面倾角的变化对温室墙面和温室后屋面的平均辐射照度起主导作用,并且负相关。

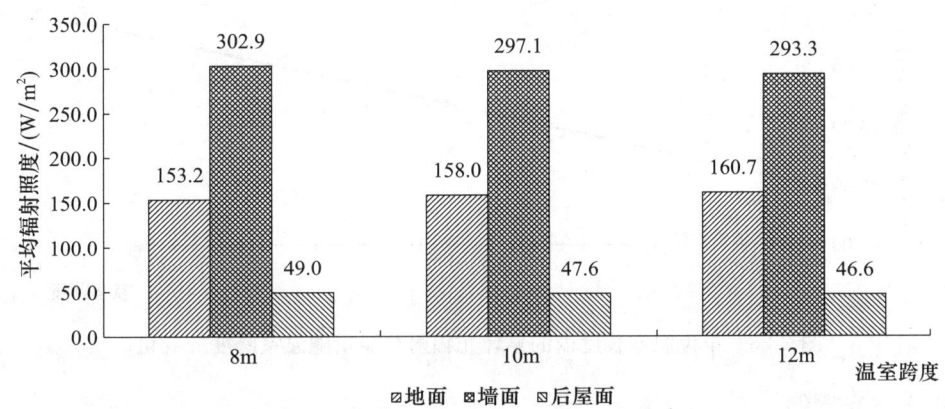

图 2-21 温室各表面指定时间段的平均辐射照度随温室跨度的变化

③ 单位温室长度内各表面累计的光辐射能量(MJ)。

图 2-22 是单位温室长度内温室各表面在指定时间段累计的光辐射能量随温室跨度的变化图。从图 2-22 中可以看出,当温室跨度增加时,温室地面的累计光辐射能量明显增加,而温室墙面和后屋面的累计光辐射能量微弱减少,温室后屋面的累计光辐射能量减少量最小。当温室跨度从 8m 增加到 12m 时,温室地面的累计光辐射能量增加了 15.19MJ,增加率为 57.39%,而温室墙面和后屋面的累计光辐射能量分别减少了

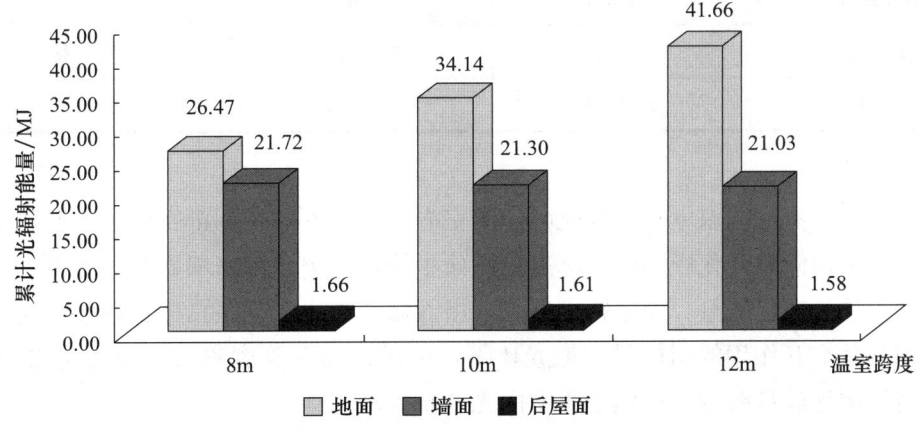

图 2-22 单位温室长度内各表面累计的光辐射能量随温室跨度的变化

0.69MJ 和 0.08MJ，减少量为 3.18% 和 4.82%。呈现这种变化趋势的实质原因是，温室地面的累计光辐射能量由温室跨度的变化主导，两者呈显著正相关，温室墙面和后屋面的累计光辐射能量由屋面倾角的变化主导，两者呈负相关，但总体变化不大。

④ 单位温室长度内的累计光辐射总能量（MJ）。

图 2-23 是单位温室长度内，温室在指定时间段内累计的光辐射总能量随温室跨度的变化图。从图 2-23 中可以看出，温室的光辐射总能量与温室跨度呈线性正相关。当温室跨度从 8m 增加到 12m 时，温室的光辐射总能量增加了 14.41MJ，增加量为 28.90%，其原因是温室跨度的变化对温室的光辐射总能量起主导作用。这说明当屋脊高度不变，适当增加温室的跨度，温室内总进光量增加。

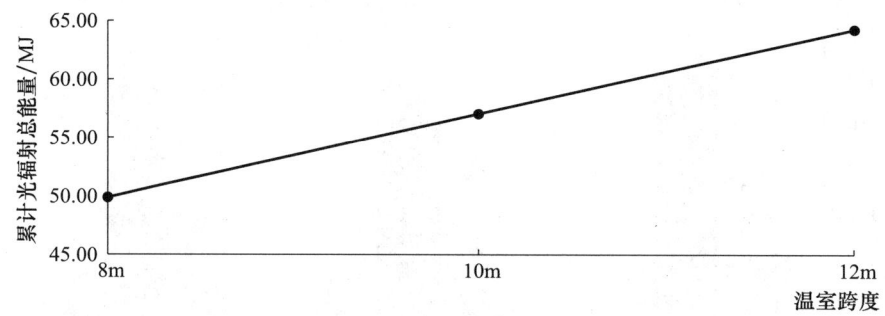

图 2-23　单位温室长度内的累计光辐射总能量随温室跨度的变化

⑤ 直散光比例（%）。

表 2-6 是直散光比例随温室跨度的变化情况。从表 2-6 中可以看出，随着温室跨度的增加，直散比越来越小，即温室内散射光的比例越来越高，其变化原因受到温室跨度和屋面倾角交互作用引起的。散射光比例高，则温室内光的均匀性增加，这对温室内作物的生长是有利的。这说明当屋脊高度不变时，适当增加温室的跨度，有利于温室内散射光比例的增加。

表 2-6　不同温室跨度的直散比

温室跨度	8m	10m	12m
直散比	74.7/25.3	73.1/26.9	71.7/28.3
比值	2.95∶1	2.72∶1	2.53∶1

（3）小结

当屋脊高度不变、温室跨度变化时，温室内的各项评价指标都发生了不同程度的变化。主要受屋面倾角变化影响的指标有前屋面平均透光率、温室墙面和后屋面的平均辐射照度和累计光辐射能量，温室跨度越大，屋面倾角越小，这些指标也越小。受温室跨度和屋面倾角交互作用的指标是直散光比例，但最终温室跨度越大，散射光比例越大，这说明适当增加温室跨度，有利于温室内光分布的均匀性。

主要受温室跨度变化影响的指标有地面的平均辐射照度、地面的累计光辐射能量和温室内的累计光辐射总能量，这些指标与温室跨度呈正相关，即温室跨度越大，这些指标的值就越大。尤其显著变化的是地面的累计光辐射能量和温室内的累计光辐射总能量，当温室跨度从8m增加到12m时，温室地面的累计光辐射能量增加了57.39%，温室内的累计光辐射总能量增加了28.90%。这说明当屋脊高度不变时，适当增加日光温室的跨度，温室地面进光量和温室内总进光量增加。事实上，在东北地区，已经建造有大跨度（12m左右）的日光温室，理论证明这是有一定科学依据的。

2. 第二种是屋面倾角不变，由温室跨度的变化引起屋脊高度变化后日光温室内的光照情况

(1) 条件设定与评价指标

① 条件设定。本日光温室，除温室跨度不同和由温室跨度不同引起的屋脊高度不同外，其他建筑参数及外部环境参数均相同。具体设定为，温室方位为北纬纬度40°，经度120°；温室屋面形状为双圆组合屋面曲线；屋面倾角为28.75°；覆盖材料聚氯乙烯膜（PVC），新材料的透光率为85%，结构材料遮光导致的光照损失率为10%，覆盖材料老化程度导致的光照损失率为8%，覆盖材料污染程度导致的光照损失率为8%，覆盖材料的雾度（透明覆盖材料对直射光的散射作用）为10%。具体的时间段：12月22日真太阳时9时～15时。当日天空晴朗，云量为1。

② 评价指标。日光温室的光环境有五个评价指标，分别为前屋面平均透光率（%）、温室各表面指定时间段的平均辐射照度（W/m²）、单位温室长度内各表面累计的光辐射能量（MJ）、单位温室长度内的累计光辐射总能量（单位温室长度内地面、墙面和后屋面三者累计的光辐射能量之和，单位为MJ）和直散光比例（%）。

③ 屋脊高度的变化。当屋面倾角不变，温室跨度分别为8m、10m和12m时，屋脊高度分别为3.94m、4.82m和6.03m。

(2) 温室跨度对光照环境的影响

① 前屋面平均透光率（%）。

图2-24是前屋面的平均透光率随温室跨度的变化图，从图2-24中可以看出，当屋面倾角不变时，随着温室跨度的增加，前屋面的平均透光率增大，两者呈线性正相关。这说明温室跨度的增加有利于前屋面整体透光率的增加，但总体增加的幅度非常有限，当温室跨度从8m增加到12m时，透光率的绝对值只增加了0.2%，可以看作没有大的增加，这说明前屋面的平均透光率主要受到屋面倾角的支配，屋面倾角不变，透光率略微增加，几乎不变。

② 温室各表面指定时间段的平均辐射照度（W/m²）。

图2-25是温室各表面指定时间段（12月22日真太阳时9时～15时）的平均辐射照度随温室跨度的变化图，从图2-25中可以看出，当屋面倾角不变而温室跨度增加时，温室地面和墙面的平均辐射照度呈增加的趋势，但增加的幅度非常小，温室跨度从8m增加到12m，温室地面和墙面的平均辐射照度分别增加了3.0W/m²、2.9W/m²，增加

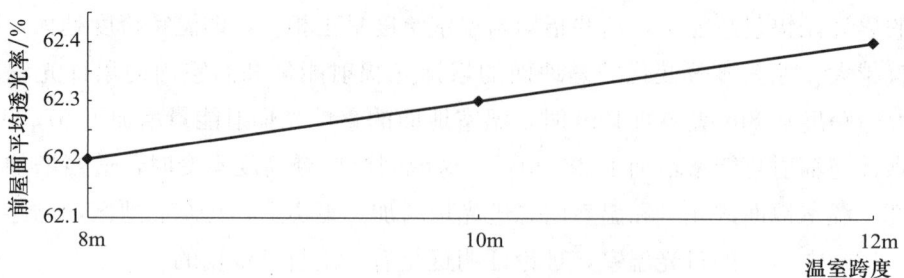

图 2-24　前屋面平均透光率随温室跨度的变化图

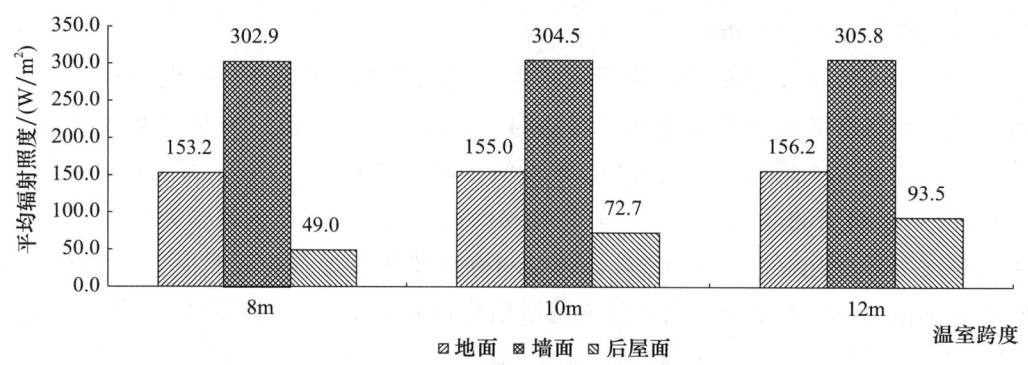

图 2-25　温室各表面指定时间段的平均辐射照度随温室跨度的变化图

率分别为 1.96%、0.96%，这说明温室跨度的变化对温室地面和墙面的平均辐射照度的影响非常小，主要受到屋面倾角不变的影响。当屋面倾角不变而温室跨度增加时，温室后屋面的平均辐射照度增加非常显著，当温室跨度从 8m 增加到 12m，温室后屋面的平均辐射照度增加了 90.82%，这说明温室跨度的变化对温室后屋面的平均辐射照度起主导作用，两者显著正相关。

③ 单位温室长度内各表面累计的光辐射能量（MJ）。

图 2-26 是单位温室长度内温室各表面在指定时间段累计的光辐射能量随温室跨度的变化图。从图 2-26 中可以看出，当温室跨度增加时，温室地面、墙面和后屋面的累计光辐射能量都明显增加。10m、12m 的温室跨度比 8m 的温室跨度，温室地面的累计光辐射能量分别增加了 7.01MJ、14.01MJ，增加率分别为 26.5%、52.9%；温室墙面的累计光辐射能量分别增加了 6.17MJ、12.23MJ，增加率分别为 28.4%、56.3%；温室后屋面的累计光辐射能量分别增加了 1.15MJ、2.44MJ，增加率分别为 69.3%、147.0%。当温室跨度增加时，温室地面和墙面的平均辐射照度增加幅度非常小，但温室地面和墙面的累计光辐射能量增加却非常大，这主要是温室跨度增加，即温室单位面积增加的缘故。这说明温室跨度与温室各表面的累计进光量显著正相关。

④ 单位温室长度内的累计光辐射总能量（MJ）。

图 2-27 是单位温室长度内，温室在指定时间段内累计的光辐射总能量随温室跨度的变化图。从图 2-27 中可以看出，温室的光辐射总能量与温室跨度呈线性正相关。当

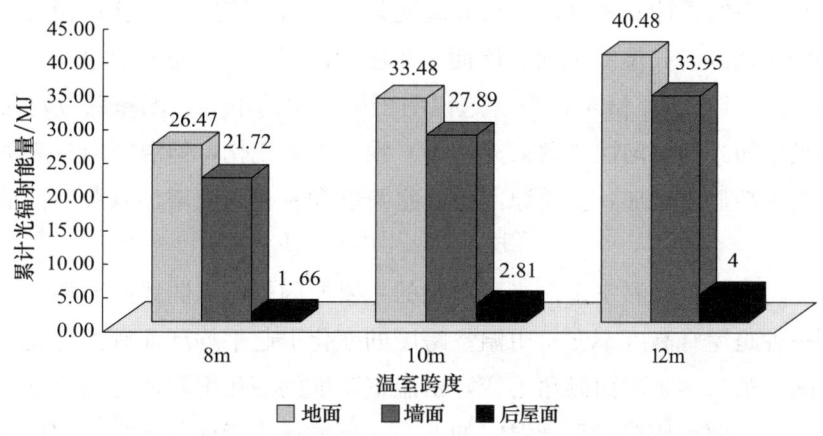

图 2-26 单位温室长度内各表面累计的光辐射能量随温室跨度的变化图

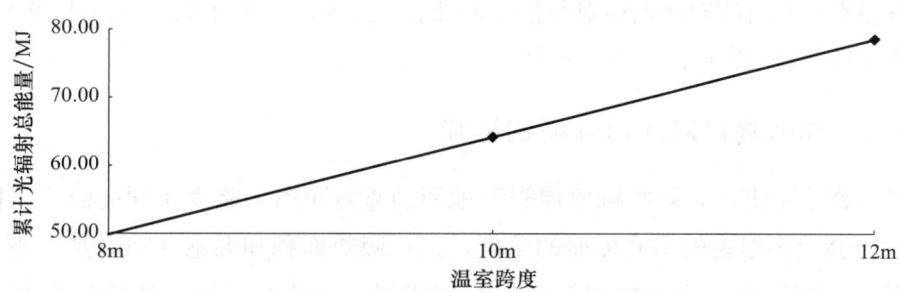

图 2-27 单位温室长度内的累计光辐射总能量随温室跨度的变化图

温室跨度从 8m 增加到 12m 时，温室的光辐射总能量增加了 28.67MJ，增加量为 57.5%，其原因是，温室跨度的变化对温室的光辐射总能量起主导作用。这说明当屋面倾角不变时，适当增加温室的跨度，温室内总进光量增加。

⑤ 直散光比例（%）。

表 2-7 是直散光比例随温室跨度的变化情况。从表 2-7 中可以看出，随着温室跨度的增加，直散比呈现略微减小的趋势，这说明温室跨度的变化对直散比的影响不大。直射比主要受到屋面倾角不变的制约。

表 2-7 不同温室跨度的直散比

温室跨度	8m	10m	12m
直散比	74.7/25.3	74.5/25.5	74.4/25.6
比值	2.95∶1	2.92∶1	2.91∶1

（3）小结

当屋面倾角不变，温室跨度变化时，温室内的各项评价指标都发生了不同程度的变化：前屋面平均透光率、温室地面和墙面的平均辐射照度、直散比变化不大，略微增加，主要受到屋面倾角不变的制约；温室后屋面的平均辐射照度、温室各表面的累计光辐射能量和温室内的累计光辐射总能量显著变化，与温室跨度呈显著正相关。当温室跨度从 8m 增加到 12m 时，温室地面、墙面、后屋面的累计进光量和总进光量分别增加了 52.9％、56.3％、147.0％和 57.5％。这说明当屋面倾角不变、温室跨度增加时，虽然温室内的透光率和光的均匀性（散射光比例）没有太大变化，但温室内各表面的累计进光量和总进光量却显著增加，主要原因是温室跨度和屋脊高度增加以及屋面曲线的变化引起的。

不同温室跨度对日光温室室内光照环境的主要原因是屋面曲线的变境，其影响有两种情况：第一种是屋脊高度不变，由温室跨度的变化引起平均屋面倾角变化，日光温室内的光照情况。第二种是屋面倾角不变，由温室跨度的变化引起屋脊高度变化，日光温室内的光照情况。两种情况对日光温室的五个光环境评价指标分别为：前屋面平均透光率、温室各表面指定时间段的平均辐射照度、单位温室长度内各表面累计的光辐射能量、单位温室长度内的累计光辐射总能量和直散光比例。影响程度和主导因素虽不同，但温室跨度增加，温室内总进光量增加。

2.5.2 屋脊高度对光照环境的影响

脊高也称温室高度，是指温室屋脊至地面的垂直距离。跨度相同的温室，降低温室的脊高，会减小温室的采光屋面的角度，造成吸热面积和温室空间不足，不利于采光、增温和作物生育；适当增加脊高，有利于温室采光、增温、作物生育和人工操作；但如果温室过高，会增加建筑温室的成本，而且还会因散热面积过大而影响保温。

本节要研究不同屋脊高度（3.54m、3.94m 和 4.34m）对日光温室室内光照环境的影响。由于日光温室光照环境影响因素众多，为了方便研究，需要固定其他一些影响因素，如温室方位、屋面形状、覆盖材料等，但屋脊高度的变化，势必会引起温室跨度和平均屋面倾角两者之一发生变化。

所以，本节研究不同屋脊高度对日光温室室内光照环境的影响，要分两种情况来讨论。第一种是温室跨度不变，由屋脊高度的变化引起平均屋面倾角变化后日光温室内的光照情况。第二种是屋面倾角不变，由屋脊高度的变化引起温室跨度变化后日光温室内的光照情况。

1. 第一种是温室跨度不变，由屋脊高度的变化引起平均屋面倾角变化后日光温室内的光照情况

（1）条件设定与评价指标

① 条件设定。本日光温室，除屋脊高度不同和由屋脊高度不同引起的屋面倾角不同外，其他建筑参数及外部环境参数均相同。具体设定为，温室方位为北纬纬度 40°，经度 120°；温室屋面形状为双圆组合屋面曲线；温室跨度 8m；覆盖材料聚氯乙烯膜（PVC），"干洁"新材料的透光率为 85％，结构材料遮光导致的光照损失率为 10％，覆

盖材料老化程度导致的光照损失率为8%，覆盖材料污染程度导致的光照损失率为8%，覆盖材料的雾度（透明覆盖材料对直射光的散射作用）为10%。具体的时间段为12月22日真太阳时9时～15时。当日天空晴朗，云量为1。

② 评价指标。日光温室的光环境的五个评价指标分别为：前屋面平均透光率（%）、温室各表面指定时间段的平均辐射照度（W/m²）、单位温室长度内各表面累计的光辐射能量（MJ）、单位温室长度内的累计光辐射总能量（单位温室长度内地面、墙面和后屋面三者累计的光辐射能量之和，单位为MJ）和直散光比例（%）。

③ 屋面倾角的变化。当温室跨度不变，屋脊高度分别为3.54m、3.94m和4.34m时，平均屋面倾角分别为26.17°、28.75°和31.80°。

(2) 屋脊高度对光照环境的影响

① 前屋面平均透光率（%）。图2-28是前屋面的平均透光率随屋脊高度的变化图，从图2-28中可以看出，当温室跨度不变时，随着屋脊高度的增加，前屋面的平均透光率越来越大，两者线性正相关。这说明屋脊高度的增加，有利于前屋面整体透光率的增加。其实质原因是：温室跨度不变，而屋脊高度增加时，屋面倾角变大，太阳辐射的入射角减小，导致前屋面整体透光率增大。尽管如此，但增加的幅度有限，当屋脊高度从3.54m增加到4.54m时，前屋面的整体透光率绝对值才增加了0.4%，所以当温室跨度不变，靠增加屋脊高度的办法来提高屋面的透光率是非常困难的。

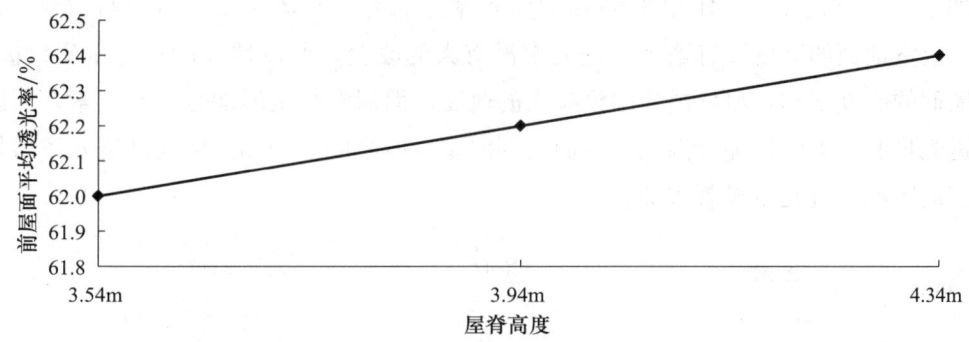

图2-28　前屋面平均透光率随屋脊高度的变化图

② 温室各表面指定时间段的平均辐射照度（W/m²）。图2-29是温室各表面指定时间段（12月22日真太阳时9时～15时）的平均辐射照度随屋脊高度的变化图，从图2-29中可以看出，当温室跨度不变，而屋脊高度增加时，温室各表面的平均辐射照度都有不同程度的增加。温室地面的平均辐射照度增加的趋势非常缓慢，温室墙面其次，而温室后屋面的平均辐射照度增加得非常明显。当屋脊高度从3.54m增加到4.34m时，温室地面、墙面和后屋面的平均辐射照度分别增加了0.4W/m²、26.5W/m²和94.1W/m²，增加率分别为0.3%、9.4%和804.3%。其原因是，温室地面的平均辐射照度几乎没有太大变化，主要是受屋面倾角变化小、透光率变化小的制约；而温室墙面和后屋面的平均辐射照度增加较为明显，主要是受屋脊高度的增加引起的，特别是温

室后屋面的平均辐射照度与屋脊高度的变化呈显著正相关。

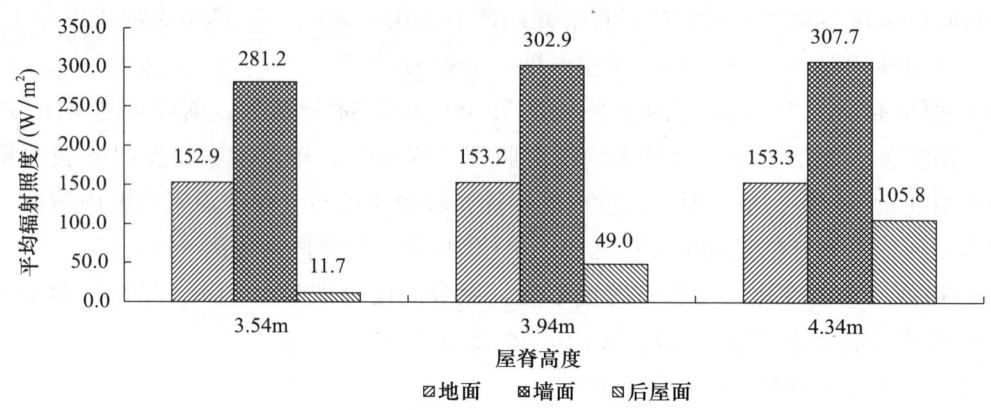

图 2-29　温室各表面指定时间段的平均辐射照度随屋脊高度的变化图

③ 单位温室长度内各表面累计的光辐射能量（MJ）。图 2-30 是单位温室长度内各表面在指定时间段累计的光辐射能量随屋脊高度的变化图，与温室各表面的平均辐射照度随屋脊高度的变化趋势一致。从图 2-30 中可以看出，当屋脊高度增加时，温室地面的累计光辐射能量略微增加，温室墙面其次，温室后屋面的累计光辐射能量显著增加。当屋脊高度从 3.54m 增加到 4.34m 时，温室地面、墙面和后屋面的累计光辐射能量分别增加了 0.07MJ、1.90MJ 和 3.88MJ，增加率分别为 0.3%、9.4% 和 1141.2%。其原因是，温室地面的跨度没有增加、透光率没有大的改变，所以地面的进光量变化极小，温室墙面的高度增加，尽管透光率没有大的改变，但屋脊高度增加是主导因素，所以墙面的进光量有较大的增加。温室后屋面受到温室墙面高度增加和温室局部透光率增加的双重正向影响，进光量显著增加。

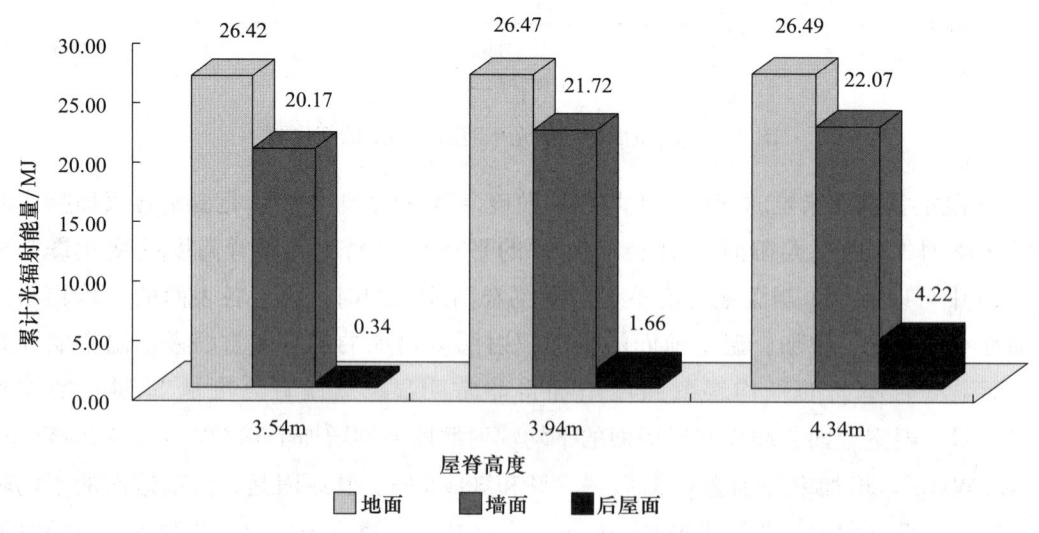

图 2-30　单位温室长度内各表面累计的光辐射能量随屋脊高度的变化图

④ 单位温室长度内的累计光辐射总能量（MJ）。图 2-31 是单位温室长度内，温室在指定时间段内累计的光辐射总能量随屋脊高度的变化图。从图 2-31 中可以看出，温室的光辐射总能量与屋脊高度线性正相关。当屋脊高度从 3.54m 增加到 4.34m 时，温室内的光辐射总能量增加了 5.85MJ，增加量为 12.5%，其原因是屋脊高度的变化对温室的光辐射总能量起主导作用。这说明当温室跨度不变时，适当增加温室的脊高，温室内总进光量增加。

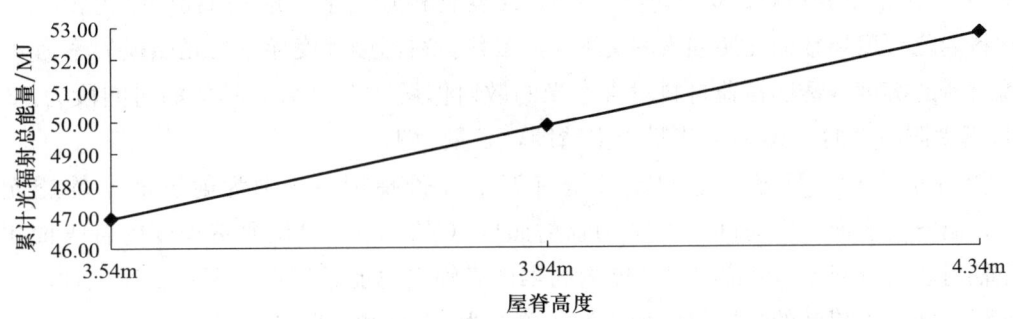

图 2-31　单位温室长度内的累计光辐射总能量随屋脊高度的变化图

⑤ 直散光比例（%）。表 2-8 是直散光比例随屋脊高度的变化情况。从表 2-8 中可以看出，随着屋脊高度的增加，直散比呈现出明显增加的趋势，这说明屋脊高度的增加，不利于温室内散射光比例的增加，即当温室跨度不变时，不增加屋脊高度时要慎重，不然，会加剧温室内光的不均匀性。

表 2-8　不同屋脊高度的直散比

屋脊高度	3.54m	3.94m	4.34m
直散比	74.1/25.9	74.7/25.3	75.1/24.9
比值	2.86∶1	2.95∶1	3.02∶1

（3）小结

当温室跨度不变，屋脊高度变化时，温室内的各项评价指标都发生了不同程度的变化：前屋面平均透光率、温室地面的平均辐射照度和累计进光量略微增加，主要受到屋面倾角的制约；温室墙面、后屋面的平均辐射照度和累计进光量和温室内的累计光辐射总能量显著变化，与屋脊高度显著正相关。当屋脊高度从 3.54m 增加到 4.34m 时，温室墙面、后屋面的累计进光量和温室的总进光量分别增加了 9.4% 和 1141.2% 和 12.5%。这说明适当增加屋脊高度，温室内累计进光量增大。但随着屋脊高度的增加，散射光比例呈明显减少的趋势，加剧了光的不均匀性。所以综合考虑，当温室跨度不变时，屋脊高度可以适度增加，但要严格限定在一定的区间范围内，不然会加剧温室内光的不均匀性，反而不利于温室内作物的整齐生长。

2. 第二种是屋面倾角不变，由屋脊高度的变化引起温室跨度变化后日光温室内的光照情况。

（1）条件设定与评价指标

① 条件设定。本日光温室，除屋脊高度不同和由屋脊高度不同引起的温室跨度不同外，其他建筑参数及外部环境参数均相同。具体设定为：温室方位为北纬40°，东经120°；温室屋面形状为双圆组合屋面曲线；屋面倾角28.75°；覆盖材料聚氯乙烯膜（PVC），"干洁"新材料的透光率为85%，结构材料遮光导致的光照损失率为10%，覆盖材料老化程度导致的光照损失率为8%，覆盖材料污染程度导致的光照损失率为8%，覆盖材料的雾度（透明覆盖材料对直射光的散射作用）为10%。具体的时间段为12月22日真太阳时9时～15时。当日天空晴朗，云量为1。

② 评价指标。日光温室的光环境有五个评价指标，分别为前屋面平均透光率（%）、温室各表面指定时间段的平均辐射照度（W/m²）、单位温室长度内各表面累计的光辐射能量（MJ）、单位温室长度内的累计光辐射总能量（单位温室长度内地面、墙面和后屋面三者累计的光辐射能量之和，单位为MJ）和直散光比例（%）。

③ 温室跨度的变化。当屋面倾角不变，屋脊高度分别为3.54m、3.94m和4.34m时，温室跨度分别为7.27m、8.00m和8.73m。

（2）屋脊高度对光照环境的影响

① 前屋面平均透光率（%）。图2-32是前屋面的平均透光率随屋脊高度的变化图，从图2-32中可以看出，当屋面倾角不变时，随着屋脊高度的增加，前屋面的平均透光率略微增大。这说明屋脊高度的增加，有利于前屋面整体透光率的增加，但总体增加的幅度非常有限，当屋脊高度从3.54m增加到4.34m时，透光率的绝对值只增加了0.1%，这说明前屋面的平均透光率主要受到屋面倾角的支配，屋面倾角不变，透光率几乎不变。

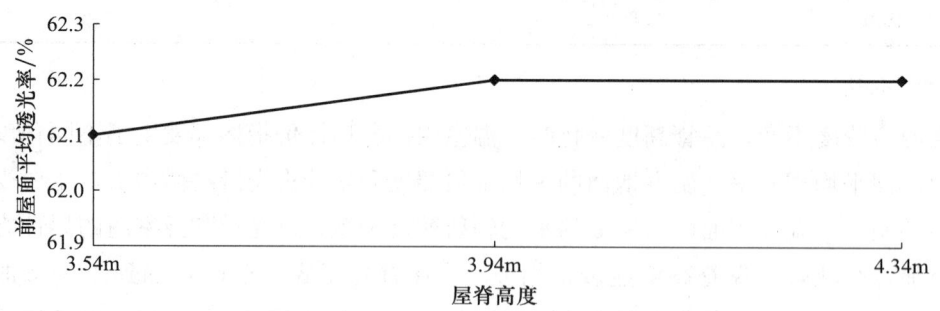

图2-32　前屋面平均透光率随屋脊高度的变化图

② 温室各表面指定时间段的平均辐射照度（W/m²）。图2-33是温室各表面指定时间段（12月22日真太阳时9时～15时）的平均辐射照度随屋脊高度的变化图，从图2-33中可以看出，同一屋脊高度下，墙面的平均辐射照度最大，地面其次，后屋面最小。当屋面倾角不变，而屋脊高度增加时，温室各表面的平均辐射照度均呈增加的趋

势，但地面和墙面增加的幅度比较小，后屋面增加的幅度比较大。当屋脊高度从3.54m增加到4.34m时，温室地面、墙面和后屋面的平均辐射照度分别增加了7.2W/m²、21.6W/m²和92.3W/m²，增加率分别为4.78%、7.62%和7.38倍，这说明屋脊高度的变化对温室各表面的平均辐射照度起主导作用，两者显著正相关。

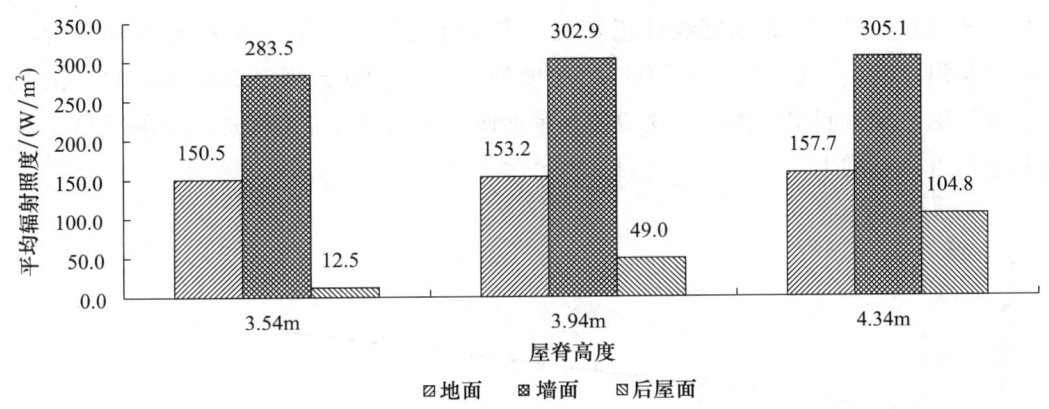

图2-33 温室各表面指定时间段的平均辐射照度随屋脊高度的变化图

③ 单位温室长度内各表面累计的光辐射能量（MJ）。图2-34是单位温室长度内各表面在指定时间段累计的光辐射能量随屋脊高度的变化图。从图2-34中可以看出，同一屋脊高度下，温室地面累计的光辐射能量最大，地面其次，后屋面最小。当屋脊高度增加时，温室地面、墙面和后屋面的累计光辐射能量都有不同程度的增加，当屋脊高度从3.54m增加到4.34m时，温室地面、墙面和后屋面的累计光辐射能量分别增加了5.71MJ、1.55MJ和3.83MJ，增加率分别为24.2%、7.6%和10.6倍。温室地面的平

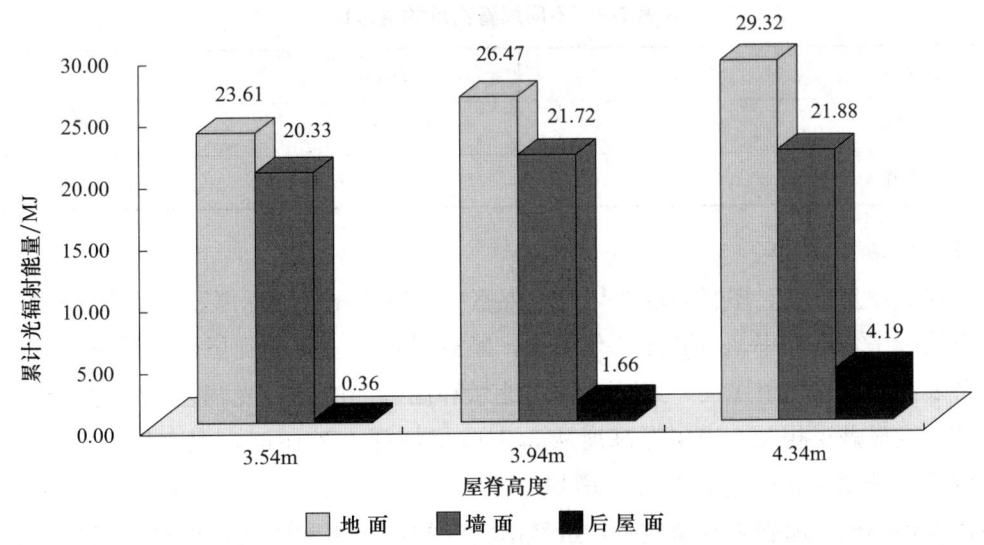

图2-34 单位温室长度内各表面累计的光辐射能量随屋脊高度的变化图

均辐射照度增加率为4.78%，但累计进光量增加率却为24.2%，实质原因是由屋脊高度增加引起温室跨度的增加造成的。温室墙面的变化主要是由屋脊高度变化引起的，而温室后屋面的变化则是屋脊高度和温室跨度共同作用引起的。

④ 单位温室长度内的累计光辐射总能量（MJ）。图2-35是单位温室长度内，温室在指定时间段内累计的光辐射总能量随屋脊高度的变化图。从图2-35中可以看出，温室的光辐射总能量与屋脊高度线性正相关。当屋脊高度从3.54m增加到4.34m时，温室的光辐射总能量增加了11.09MJ，增加量为25.0%，其原因是屋脊高度的变化对温室的光辐射总能量起主导作用。这说明当屋面倾角不变时，适当增加温室的脊高，温室内积累的进光量增大。

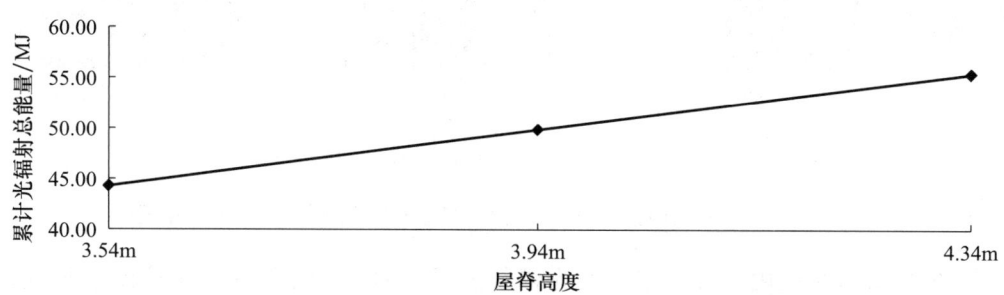

图2-35　单位温室长度内的累计光辐射总能量随屋脊高度的变化图

⑤ 直散光比例（%）。表2-9是直散光比例随屋脊高度的变化情况。从表2-9中可以看出，随着屋脊高度的增加，直散比呈现略微减小的趋势，这说明屋脊高度的变化对直散比的影响不大。直射比主要受到屋面倾角不变的制约。

表2-9　不同屋脊高度的直散比

屋脊高度	3.54m	3.94m	4.34m
直散比	74.8/25.2	74.7/25.3	74.5/25.5
比值	2.97∶1	2.95∶1	2.92∶1

（3）小结

当屋面倾角不变、屋脊高度变化时，温室内的各项评价指标都发生了不同程度的变化：前屋面平均透光率、直散比变化不大，略微增加，主要受到屋面倾角不变的制约；温室各表面的平均辐射照度、累计光辐射能量和温室内的累计光辐射总能量变化较大，与屋脊高度显著正相关。当屋脊高度从3.54m增加到4.34m时，温室地面、墙面、后屋面的累计进光量和总进光量分别增加了24.2%、7.6%、10.6倍和25.0%。这说明当屋面倾角不变、屋脊高度增加时，虽然温室内的透光率和光的均匀性（散射光比例）没有太大变化，但温室内各表面的累计进光量和总进光量却显著增加，主要原因是由屋脊高度和温室跨度增加以及屋面曲线的变化引起的。

不同屋脊高度对日光温室室内光照环境的影响有两种情况：第一种是温室跨度不变，由屋脊高度的变化引起平均屋面倾角变化后日光温室内的光照情况。第二种是屋面倾角不变，由屋脊高度的变化引起温室跨度变化后日光温室内的光照情况。虽然这两种情况对日光温室的五个光环境评价指标（前屋面平均透光率、温室各表面指定时间段的平均辐射照度、单位温室长度内各表面累计的光辐射能量、单位温室长度内的累计光辐射总能量和直散光比例）的影响程度和主导因素不同，但关键结论是一致的，即屋脊高度的增加，温室内总进光量增加。但考虑到建筑成本、安全性及温室内光的均匀性，应使屋脊高度严格控制在一定的区间范围内。

2.5.3 屋面倾角对光照环境的影响

本节研究不同屋面倾角（26°、28°、30°、32°）对日光温室室内光照环境的影响。由于日光温室光照环境影响因素众多，为了方便研究，需要固定其他影响因素，如温室方位、屋面形状、覆盖材料等，但屋面倾角的变化，势必会引起温室跨度和屋脊高度两者之一发生变化。

所以，不同屋面倾角对日光温室室内光照环境的影响要分两种情况来讨论。第一种是温室跨度不变，由屋面倾角的变化引起屋脊高度变化后日光温室内的光照情况。第二种是屋脊高度不变，由屋面倾角的变化引起温室跨度变化后日光温室内的光照情况。

1. 第一种是温室跨度不变，由屋面倾角的变化引起屋脊高度变化后日光温室内的光照情况。

（1）条件设定与评价指标

① 条件设定。本日光温室，除屋面倾角不同和由屋面倾角不同引起的屋脊高度不同外，其他建筑参数及外部环境参数均相同。具体设定为，温室方位为北纬纬度40°，东经经度120°；温室屋面形状为双圆组合屋面曲线；温室跨度8m；覆盖材料为聚氯乙烯膜（PVC），"干洁"新材料的透光率为85%，结构材料遮光导致的光照损失率为10%，覆盖材料老化程度导致的光照损失率为8%，覆盖材料污染程度导致的光照损失率为8%，覆盖材料的雾度（透明覆盖材料对直射光的散射作用）为10%。具体的时间段为12月22日真太阳时9时~15时。当日天空晴朗，云量为1。

② 评价指标。日光温室的光环境有五个评价指标，分别为前屋面平均透光率（%）、温室各表面指定时间段的平均辐射照度（W/m^2）、单位温室长度内各表面累计的光辐射能量（MJ）、单位温室长度内的累计光辐射总能量（单位温室长度内地面、墙面和后屋面三者累计的光辐射能量之和，单位为MJ）和直散光比例（%）。

③ 屋脊高度的变化。当温室跨度不变，屋面倾角分别为26°、28°、30°和32°时，屋脊高度分别为3.51m、3.82m、4.41m和4.47m。

（2）屋面倾角对光照环境的影响

① 前屋面平均透光率（%）。图2-36是前屋面的平均透光率随屋面倾角的变化图，从图2-36中可以看出，当温室跨度不变时，随着屋面倾角的增加，前屋面的平均透光率越来越大。这说明屋面倾角的增加有利于前屋面整体透光率的增加，其原因是温室跨度不变，屋面倾角变大，太阳辐射的入射角减小，导致前屋面整体透光率增大。尽管如此，但增加的幅度有限，特别是当屋面倾角从28°增加到32°时，前屋面的整体透光率绝对值才增加了0.2%，所以当温室跨度不变，靠增加屋面倾角的办法来提高屋面的透光率是非常有限的。

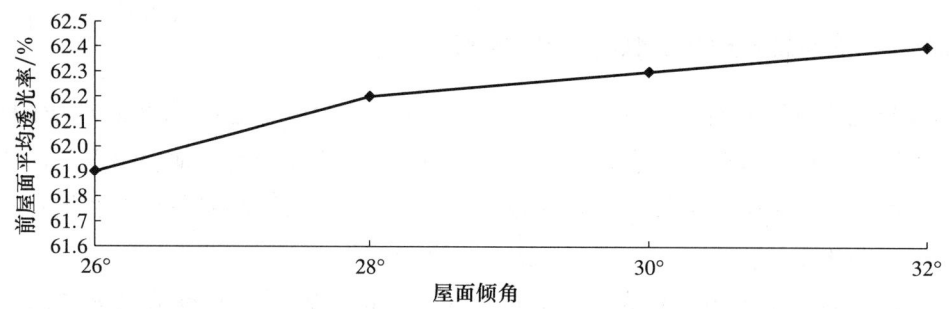

图2-36　前屋面平均透光率随屋面倾角的变化图

② 温室各表面指定时间段的平均辐射照度（W/m²）。图2-37是温室各表面指定时间段（12月22日真太阳时9时～15时）的平均辐射照度随屋面倾角的变化图，从图2-37中可以看出，当温室跨度不变，而屋面倾角增加时，温室各表面的平均辐射照度都有不同程度的增加。温室地面的平均辐射照度增加的趋势非常缓慢，温室墙面其次，而温室后屋面的平均辐射照度增加得非常明显。当屋面倾角从28°增加到32°时，温室地面、墙面和后屋面的平均辐射照度分别增加了 0.4W/m²、30.5W/m² 和 109.7W/m²，增加率分别为0.3%、10.9%和9.46倍。其原因是，温室地面的平均辐射照度几乎没有太大变化，主要是受透光率变化小的制约；而温室墙面和后屋面的平均辐射照度增加较为明显，其实质是由于屋面倾角变大后屋脊高度增加引起的，特别是温室后屋面的平均辐射照度与屋脊高度的变化显著正相关。

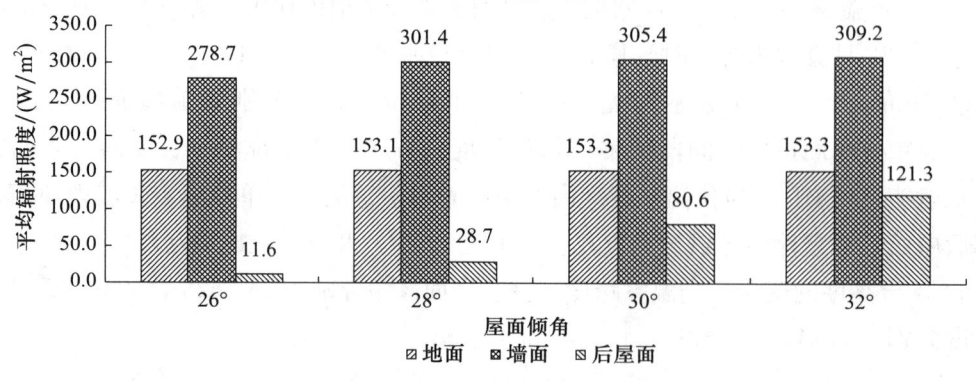

图2-37　温室各表面指定时间段的平均辐射照度随屋面倾角的变化图

③ 单位温室长度内各表面累计的光辐射能量（MJ）。图 2-38 是单位温室长度内各表面在指定时间段累计的光辐射能量随屋面倾角的变化图，与温室各表面的平均辐射照度随屋面倾角的变化趋势一致。从图 2-38 中可以看出，同一屋面倾角下，温室地面的累计光辐射能量最大，墙面其次，后屋面最小。当屋面倾角增加时，温室地面的累计光辐射能量略微增加，温室墙面其次，温室后屋面的累计光辐射能量增加最为显著。当屋面倾角从 28°增加到 32°时，温室地面、墙面和后屋面的累计光辐射能量分别增加了 0.06MJ、2.18MJ 和 4.77MJ，增加率分别为 0.2%、10.9% 和 14.5 倍。其原因是，温室地面的跨度和单位面积没有增加、透光率没有大的改变，所以地面的进光量变化极小；在温室跨度不变的情况下，屋面倾角变大，导致温室墙面的高度增加，尽管透光率没有大的改变，但墙体高度增加是主导因素，所以墙面的进光量有较大的增加。温室后屋面受温室墙体高度增加和温室局部透光率增加的双重正向影响，进光量显著增加。

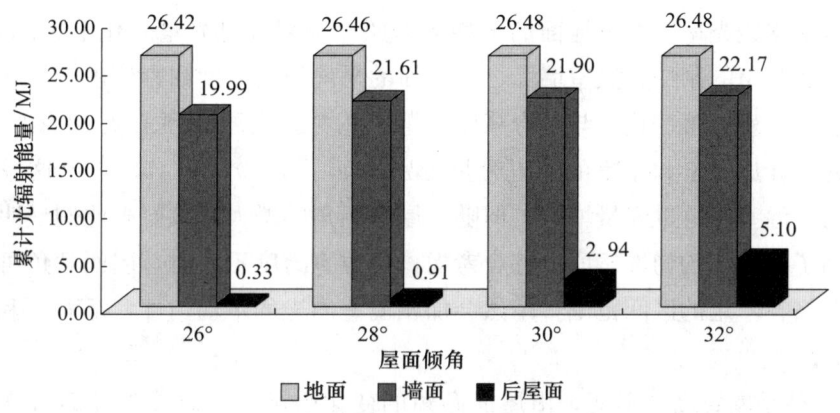

图 2-38　单位温室长度内各表面累计的光辐射能量随屋面倾角的变化图

④ 单位温室长度内的累计光辐射总能量（MJ）。图 2-39 是单位温室长度内，温室在指定时间段内累计的光辐射总能量随屋面倾角的变化图。从图 2-39 中可以看出，温室的光辐射总能量与屋面倾角线性正相关。当屋面倾角从 28°增加到 32°时，温室内的光辐射总能量增加了 7.02MJ，增加量为 15.0%，其实质原因是屋脊高度增加对温室的光辐射总能量增加起主导作用。这说明当温室跨度不变时，适当增大屋面倾角，温室内总进光的积累量增大。

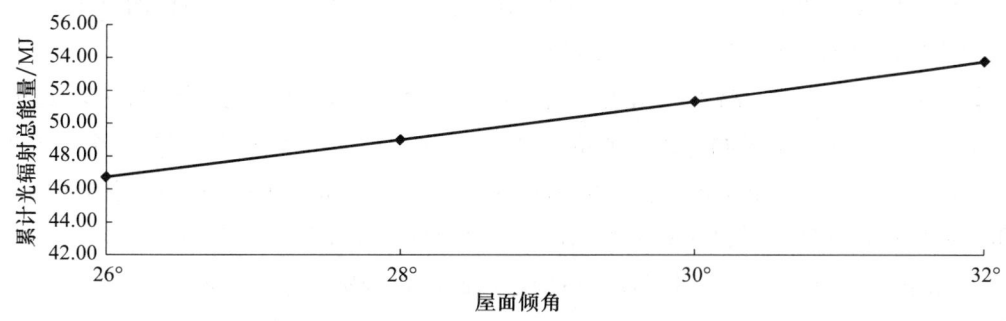

图 2-39　单位温室长度内的累计光辐射总能量随屋面倾角的变化图

⑤ 直散光比例（%）

表 2-10 是直散比随屋面倾角的变化情况。从表 2-10 中可以看出，随着屋面倾角的增大，直散比呈现明显增加的趋势，这说明屋面倾角增大，不利于温室内散射光比例的增加，即当温室跨度不变时，不能只考虑增大屋面倾角，不然，会加剧温室内光的不均匀性。

表 2-10 不同屋面倾角的直散比

屋面倾角	26°	28°	30°	32°
直散比	74.1/25.9	74.5/25.5	74.9/25.1	75.2/24.8
比值	2.86∶1	2.92∶1	2.98∶1	3.03∶1

当温室跨度不变、屋面倾角变化时，温室内的各项评价指标都发生了不同程度的变化：前屋面平均透光率、温室地面的平均辐射照度和累计进光量变化不大，略微增加，主要受到屋面倾角的制约；温室墙面、后屋面的平均辐射照度和累计进光量和温室内的累计光辐射总能量显著变化，与屋脊高度显著正相关。当屋面倾角从 28°增加到 32°时，温室墙面的累计进光量和温室的总进光量分别增加了 10.9% 和 15.0%。这说明适当增加屋面倾角，温室内总进光量增大，但随着屋面倾角的增大，散射光比例呈明显减少的趋势，加剧了光的不均匀性。所以综合考虑，当温室跨度不变时，屋面倾角可以适当增大，但要严格在一定的区间范围，不然会加剧温室内光的不均匀性，反而不利于温室内作物的整齐生长。

2. 第二种是屋脊高度不变，由屋面倾角的变化引起温室跨度变化后日光温室内的光照情况。

（1）条件设定与评价指标

① 条件设定。本日光温室，除屋面倾角不同和由屋面倾角不同引起的温室跨度不同外，其他建筑参数及外部环境参数均相同。具体设定为，温室方位为北纬 40°，东经 120°；温室屋面形状为双圆组合屋面曲线；温室脊高 3.94m；覆盖材料为聚氯乙烯膜（PVC），"干洁"新材料的透光率为 85%，结构材料遮光导致的光照损失率为 10%，覆盖材料老化程度导致的光照损失率为 8%，覆盖材料污染程度导致的光照损失率为 8%，覆盖材料的雾度（透明覆盖材料对直射光的散射作用）为 10%。具体的时间段：12 月 22 日真太阳时 9 时~15 时。当日天空晴朗，云量为 1。

② 评价指标。日光温室的光环境有五个评价指标，分别为前屋面平均透光率（%）、温室各表面指定时间段的平均辐射照度（W/m^2）、单位温室长度内各表面累计的光辐射能量（MJ）、单位温室长度内的累计光辐射总能量（单位温室长度内地面、墙面和后屋面三者累计的光辐射能量之和，单位为 MJ）和直散光比例（%）。

③ 温室跨度的变化。当温室脊高不变，屋面倾角分别为 26°、28°、30°和 32°时，温室跨度分别为 8.87m、8.22m、7.65m 和 7.15m。

(2) 屋面倾角对光照环境的影响

① 前屋面平均透光率（%）。图 2-40 是前屋面的平均透光率随屋面倾角的变化图，从图 2-40 中可以看出，当温室脊高不变时，随着屋面倾角的增加，前屋面的平均透光率越来越大。这说明屋面倾角的增加，有利于前屋面整体透光率的增加，其原因是屋面倾角变大，太阳辐射的入射角减小，导致前屋面整体透光率增大。尽管如此，增加的幅度有限，特别是当屋面倾角从 28°增加到 30°时，前屋面的整体透光率几乎没有变化，所以当温室脊高不变，靠增加屋面倾角的办法来提高屋面的透光率是非常困难的。

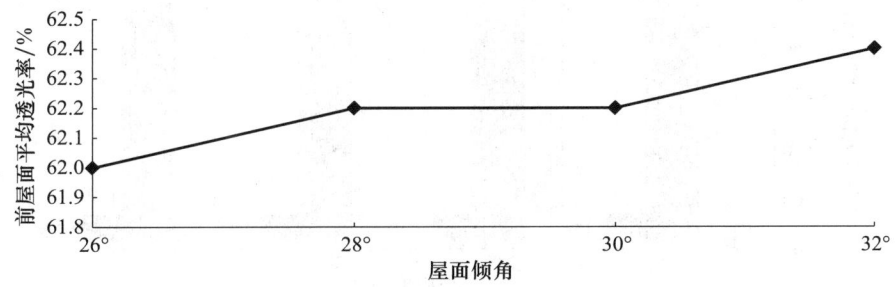

图 2-40 前屋面平均透光率随屋面倾角的变化图

② 温室各表面指定时间段的平均辐射照度（W/m^2）。图 2-41 是温室各表面在指定时间段（12 月 22 日真太阳时 9 时～15 时）的平均辐射照度随屋面倾角的变化图，从图 2-41 中可以看出，当温室脊高不变，而屋面倾角增加时，温室各表面的平均辐射照度都有不同程度的变化。温室地面的平均辐射照度呈现缓慢减小的趋势，温室地面和后屋面的平均辐射照度呈现微弱增加的趋势。当屋面倾角从 28°增加到 32°时，温室地面、墙面和后屋面的平均辐射照度变化量分别为 $-5.8W/m^2$、$6.2W/m^2$ 和 $1.5W/m^2$，增加率分别为 -3.7%、2.1% 和 3.1%。原因是，温室地面的平均辐射照度有所减小，主要是受温室跨度缩短的制约；而温室墙面和后屋面的平均辐射照度略微增加，其实质是受屋面倾角变大、透光率增加的影响。

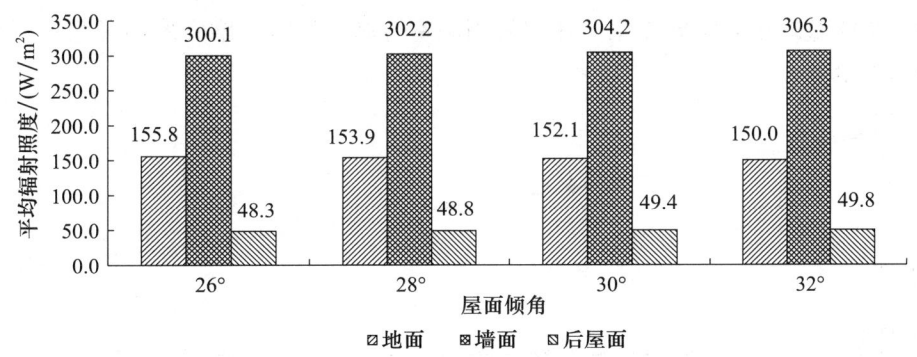

图 2-41 温室各表面指定时间段的平均辐射照度随屋面倾角的变化图

③ 单位温室长度内各表面累计的光辐射能量（MJ）。图 2-42 是单位温室长度内各表面在指定时间段累计的光辐射能量随屋面倾角的变化图。从图 2-42 中可以看出，同一屋面倾角下，温室地面的累计光辐射能量最大，墙面其次，后屋面最小。当屋面倾角增加时，温室地面的累计光辐射能量明显减小，而温室墙面和后屋面的累计光辐射能量略微增加。当屋面倾角从 28°增加到 32°时，温室地面、墙面和后屋面的累计光辐射能量分别变化了－6.68MJ、0.44MJ 和 0.05MJ，变化率分别为－22.4％、2.0％和 3.1％。

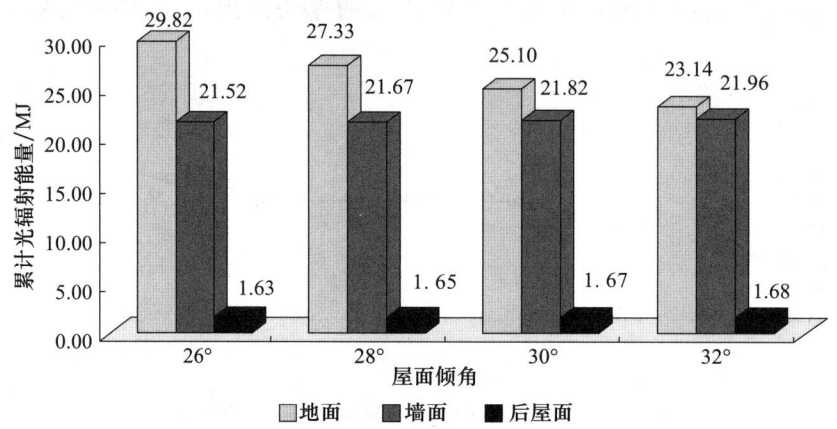

图 2-42　单位温室长度内各表面累计的光辐射能量随屋面倾角的变化图

其原因是，当屋面倾角增大时，虽然温室地面的平均辐射照度变化不大，但温室地面的跨度明显减小，导致地面的进光量明显减小，即温室跨度是温室地面的累计光辐射能量变化的主要因素；温室墙面和后屋面的累计光辐射能量略微增大，是由于受到屋面倾角增大、透光率略微增大的影响，即屋面倾角是温室墙面和后屋面累计光辐射能量的主要因素。

④ 单位温室长度内的累计光辐射总能量（MJ）。图 2-43 是单位温室长度内，温室在指定时间段内累计的光辐射总能量随屋面倾角的变化图。从图 2-43 中可以看出，温室的光辐射总能量与屋面倾角线性负相关。当屋面倾角从 28°增加到 32°时，温室内的光辐射总能量减少了 6.19MJ，减少百分比为 11.7％，其实质原因是温室跨度缩短对温室的光辐射总能量减小起主导作用。这说明当温室脊高不变时，增大屋面倾角，温室内总进光的积累量减少。

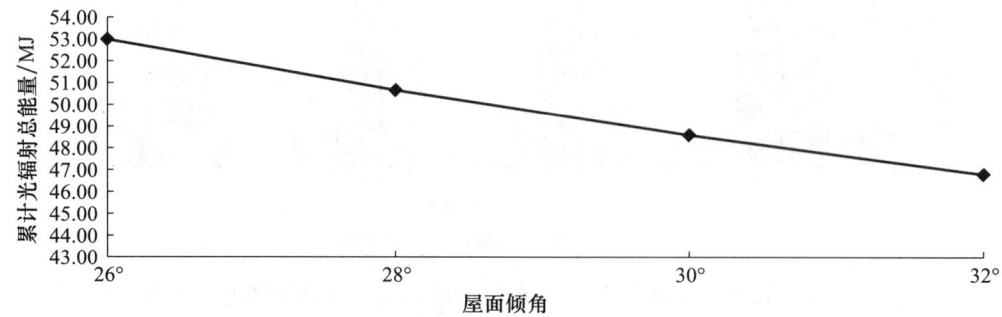

图 2-43　单位温室长度内的累计光辐射总能量随屋面倾角的变化图

⑤ 直散光比例（％）。表 2-11 是直散光比例随屋面倾角的变化情况。从表 2-11 中可以看出，随着屋面倾角的增大，直散比呈现明显增加的趋势，这说明屋面倾角增大，不利于温室内散射光比例的增加，即当温室脊高不变时，增大屋面倾角会加剧温室内光的不均匀性。

表 2-11 不同屋面倾角的直散比

屋面倾角	26°	28°	30°	32°
直散比	74.0/26.0	74.5/25.5	75.0/25.0	75.4/24.6
比值	2.85∶1	2.92∶1	3.00∶1	3.07∶1

(3) 小结

当温室脊高不变、屋面倾角变化时，温室内的各项评价指标都发生了不同程度的变化：前屋面平均透光率、温室墙面和后屋面的平均辐射照度和累计进光量变化不大，略微增加，主要受到屋面倾角的制约；温室地面的累计进光量和温室内的累计光辐射总能量显著变化，与屋面倾角显著负相关。当屋面倾角从 28°增加到 32°时，温室地面的累计进光量和温室的总进光量分别减少了 22.4％和 11.7％，同时温室内散射光比例减小，这说明当温室脊高不变，增加屋面倾角，温室内总进光量减少，且加剧了光的不均匀性，不利于温室作物的生长。所以不建议在温室脊高不变的情况下增大屋面倾角。

本节研究不同屋面倾角对日光温室室内光照环境的影响，分两种情况来讨论。结论是：当温室跨度不变，屋面倾角增大，有利于温室内总进光量的积累，但同时加剧了温室内光的不均匀性；当屋脊高度不变，屋面倾角增大，温室内总进光的积累量减少，同时也加剧了温室内光的不均匀性。总之，屋面倾角应保持在一定范围内变化，否则将不利于温室内作物的整齐生长。

2.5.4 温室方位角对光照环境的影响

1. 条件设定与评价指标

① 条件设定。本日光温室，除温室方位角不同外，其他建筑参数及外部环境参数均相同。具体设定为：温室位置为北纬 40°，东经 120°；温室屋面形状为双圆组合屋面曲线；温室跨度 8m，屋脊高度 3.94m；覆盖材料为聚氯乙烯膜（PVC），"干洁"新材料的透光率为 85％，结构材料遮光导致的光照损失率为 10％，覆盖材料老化程度导致的光照损失率为 8％，覆盖材料污染程度导致的光照损失率为 8％，覆盖材料的雾度（透明覆盖材料对直射光的散射作用）为 10％。当日是指 12 月 22 日，具体的时间段为真太阳时 9 时～15 时。当日天空晴朗，云量为 1。

设定温室方位角变化共五种情况，分别为南偏东 10°、南偏东 5°、正南方向、南偏西 5°和南偏西 10°，分别记为：East10°、East5°、0°、West5°和 West10°。

②评价指标。日光温室的光环境的五个评价指标分别为：前屋面平均透光率（％）、温室各表面指定时间段的平均辐射照度（W/m²）、单位温室长度内各表面累计的光辐射能量（MJ）、单位温室长度内的累计光辐射总能量（单位温室长度内地面、墙面和后屋面三者累计的光辐射能量之和，单位为MJ）和直散光比例（％）。

2. 温室方位角对光照环境的影响

①前屋面平均透光率（％）。图2-44是前屋面平均透光率随方位角的变化图，从图2-44中可以看出，温室方位角的变化对温室的前屋面平均透光率影响不大，温室方位为南偏东5°、正南方向和南偏西5°时，温室总平均透光率均为62.20％，而南偏东10°和南偏西10°时，温室前屋面平均透光率均为62.10％，两组数据的绝对值仅相差0.10％，这说明只要温室经纬度确定，温室方位虽在一定程度内变化，但温室的前屋面平均透光率基本保持不变。

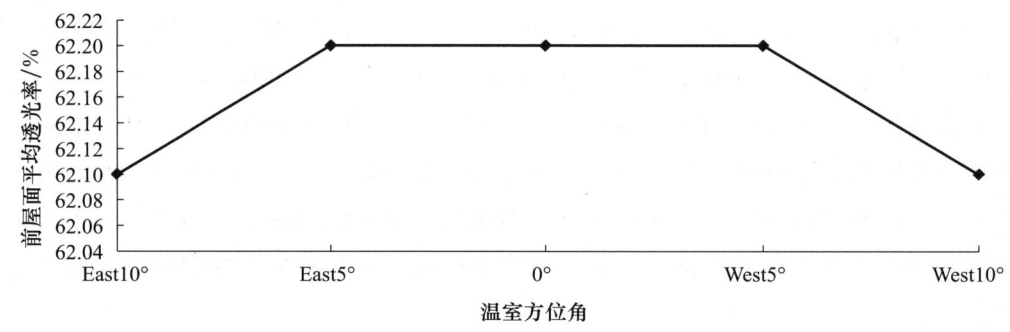

图2-44 前屋面平均透光率随温室方位角的变化图

②温室各表面指定时间段的平均辐射照度（W/m²）。图2-45是温室各表面指定时间段（12月22日真太阳时9时～15时）的平均辐射照度随温室方位角的变化图，从图2-45中可以看出，在同一温室方位角下，温室墙面的平均辐射照度最大，墙面其次，后屋面最小。不同的温室方位角，温室各表面在指定时间段的平均辐射照度变化也不大，在正南方向，温室地面、墙面和后屋面的平均辐射照度均取得最大值，但比各自的最小值只分别大0.1W/m²、4.8W/m²和2.5W/m²，百分比分别为0.07％、1.61％和5.38％。这说明温室方位角在一定范围内变化时，温室各表面在指定（正午时刻）对称的时间段内平均辐射照度变化极小。

③单位温室长度内各表面累计的光辐射能量（MJ）。图2-46是单位温室长度内各表面在指定时间段累计的光辐射能量随温室方位角的变化图。从图2-46可以看出，在同一温室方位角下，温室地面的累计光辐射能量最大，墙面其次，后屋面最小。不同的温室方位角，温室各表面在指定时间段的累计光辐射能量变化也不大，在正南方向，温室地面、墙面和后屋面的累计光辐射能量均取得最大值，但只比各自的最小值分别大0.01MJ、0.34MJ和0.09MJ，百分比分别为0.04％、1.59％和5.73％。这说明温室方位角在一定范围内变化时，温室各表面在指定（正午时刻）对称的时间段内累计光辐射

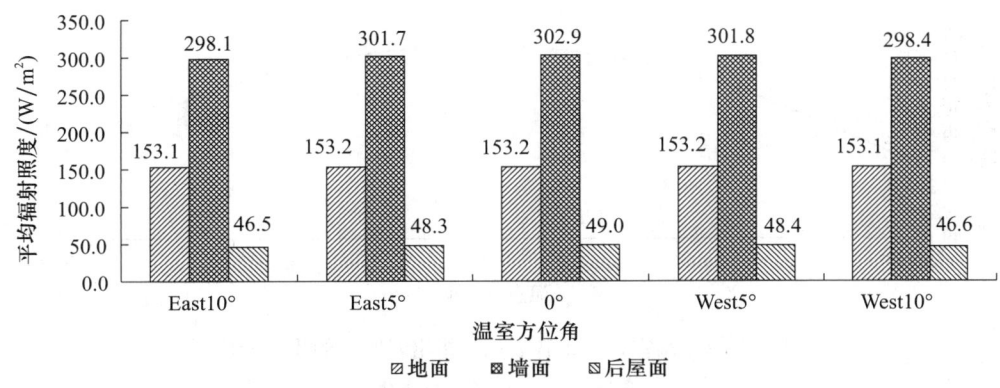

图 2-45 温室各表面指定时间段的平均辐射照度随温室方位角的变化图

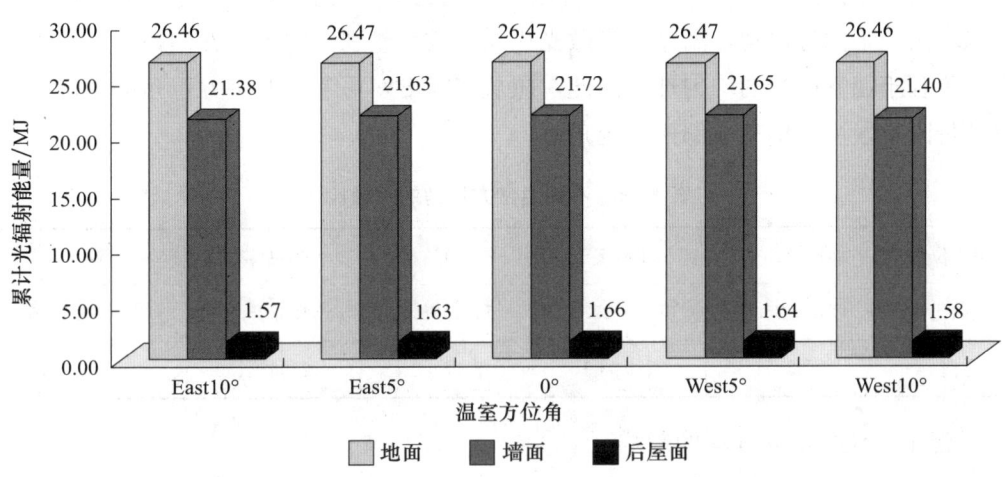

图 2-46 单位温室长度内各表面累计的光辐射能量随温室方位角的变化图

能量变化极小。但在实际生产中，温室内作物接收太阳辐射的时间段并不是以正午时刻为对称点的，因此，温室内的进光量与何时揭帘及温室方位角密切相关。若日光温室揭帘时间早，则下午盖帘时间也早，这样温室内上午的进光量就大，下午的进光量小，为了保证温室内充足的进光量，应在正南方向基础上适当偏东；若日光温室揭帘时间晚，则下午盖帘时间也晚，这样温室内下午的进光量就大，上午的进光量小，为了保证温室内充足的进光量，应在正南方向基础上适当偏西。

④ 单位温室长度内的累计光辐射总能量（MJ）。图 2-47 是单位温室长度内各表面在指定时间段累计的光辐射总能量随温室方位角的变化图。从图 2-47 可以看出，温室各表面在指定的对称（以正午时刻为对称点）时间段内累计光辐射能量变化也不大，在正南方向，日光温室累计光辐射总能量最大，但只比最小值大 0.45MJ。实际生产中，温室内累计进光量的时间段并非以正午时刻为对称点，因此，与温室何时揭帘密切相关。若揭帘早，为了保证温室内尽可能多进光，尤其是冬季，则应适当南偏东，若揭帘晚，为了保证温室内尽可能多进光，则应适当南偏西。

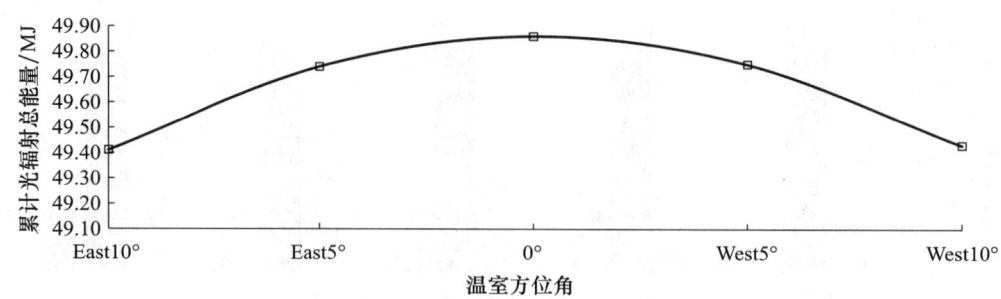

图 2-47　单位温室长度内各表面在指定时间段的累计光辐射
总能量随温室方位角的变化图

⑤ 直散光比例（%）。表 2-12 是直散光比例随温室方位角的变化情况。从表 2-12 中可以看出，不同方位角，温室的直散光比只有微小差别，在正南方向略大。直射光比例大，不利于温室内光的均匀性，因此，应从实际出发，考虑温室方位角的情况，结合上述评价因素，适当偏东或偏西一定角度。

表 2-12　不同温室方位角的直散比

温室方位角	East10°	East5°	0°	West5°	West10°
直散比	74.5/25.5	74.6/25.4	74.7/25.3	74.6/25.4	74.5/25.5
比值	2.92:1	2.94:1	2.95:1	2.94:1	2.92:1

3. 温室方位角对光环境的影响

不同日光温室方位角（南偏东 10°、南偏东 5°、正南方向、南偏西 5°和南偏西 10°）对日光温室光环境的影响结果表明：在以正午时刻为对称的时间段内，温室光环境的各项评价指标（前屋面平均透光率、温室各表面指定时间段的平均辐射照度、单位温室长度内各表面累计的光辐射能量、单位温室长度内的累计光辐射总能量和直散光比例）变化均不大，在正南方向，日光温室累计进光量最大，但只比最小值大 0.45MJ。实际生产中，由于受到日光温室揭帘时间的影响，温室内接受太阳辐射的时间段并不是以正午时间为对称点的，这样就造成了上下午温室接受太阳辐射总量的不对称性。因此，温室方位角要根据揭帘时间进行调整，以保证温室最大限度地接收太阳辐射。具体调整方案：若揭帘时间早，则温室方位角应适当南偏东，若揭帘时间晚，温室方位角应适当南偏西。

2.5.5　屋面曲线形状对光照环境的影响

以日光温室光环境模拟预测软件为工具，模拟研究了不同屋面形状类型对日光温室内光环境的影响，结果表明，双圆、椭圆和直线圆弧组合这三种不同的屋面形状，对日光温室内光环境的影响非常小，椭圆屋面光辐射累计量相对大一些，但也只有

0.048%的差别。因此，从光环境角度看，温室建造时无须过多考虑屋面形状的影响。

太阳辐射是作物在日光温室中进行光合作用的唯一光源，也是形成"温室效应"的重要热源。日光温室设计首先要考虑的问题是如何最大限度地合理利用太阳辐射，其影响因素众多，如地理方位、室外光照和温室朝向等，屋面形状也是重要因素之一。在同一地点，若同时建造不同屋面形状的日光温室进行光环境研究几乎无法实现，借助模拟软件进行研究则优势突出。轩维艳通过数学方法结合计算机模拟得出，温室采光随采光屋面弧度的加大，采光效果变差。孙忠富等模拟计算了温室内各表面的直射光透过量。焦丽通过对采光量的计算和分析，证明优化的曲面可以使温室采光量大大增加。但由于光照在温室内传播规律的复杂性以及影响因素众多，研究者提出的模型很难动态反映出温室内各表面的光照分布变化。

本研究借助日光温室光环境模拟预测软件进行研究。本软件参考了国内外温室光照环境模拟和分析方面的研究文献资料，将日光温室室内光照环境的模型和模拟方法综合集成，构建完整的日光温室内光照环境的模型，实现了将复杂的、工作量巨大的模拟计算方法，转化为可以方便使用的辅助设计工具，使模型更加系统、完整、准确和接近实际。

1. 条件设定与评价指标

（1）条件设定

本研究中的日光温室，除屋面形状不同，其他建筑参数及外部环境参数均相同。具体设定为，温室方位为北纬40°，东经120°；温室跨度8m，屋脊高度3.94m；覆盖材料为聚氯乙烯膜（PVC），干洁新材料的透光率为85%，结构材料遮光导致的光照损失率为10%，覆盖材料老化程度导致的光照损失率为8%，覆盖材料污染程度导致的光照损失率为8%，覆盖材料的雾度（透明覆盖材料对直射光的散射作用）为10%。研究的具体时刻为12月22日（冬至）真太阳时正午12时。具体的时间段为12月22日真太阳时9时～15时。当日天空晴朗，云量为1。

（2）评价指标

日光温室的光环境评价指标为累计光合有效辐射能量，即在指定时间段内，温室内各表面以及温室总体（地面、墙面以及后屋面三者合计）接受的对植物光合作用有效（波长在400～700nm）的太阳辐射能量，单位为MJ。

2. 不同屋面形状

温室的屋面曲线段是特定曲线的一部分。双圆组合屋面确定的关键是两个圆的圆心、半径和上下段圆弧连接点的坐标（图2-48）；椭圆屋面确定的关键是椭圆的圆心坐标、长半轴长和短半轴长（图2-49）；直线圆弧组合屋面确定的关键是直线方程、圆方程及连接点的坐标（图2-50）。

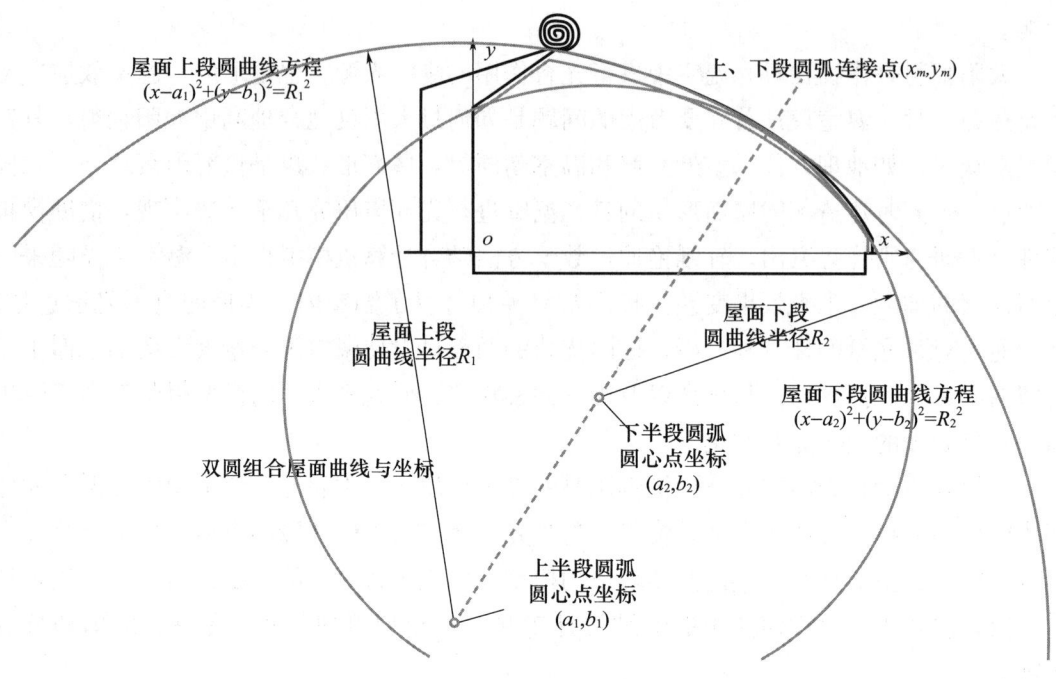

图 2-48 双圆组合屋面

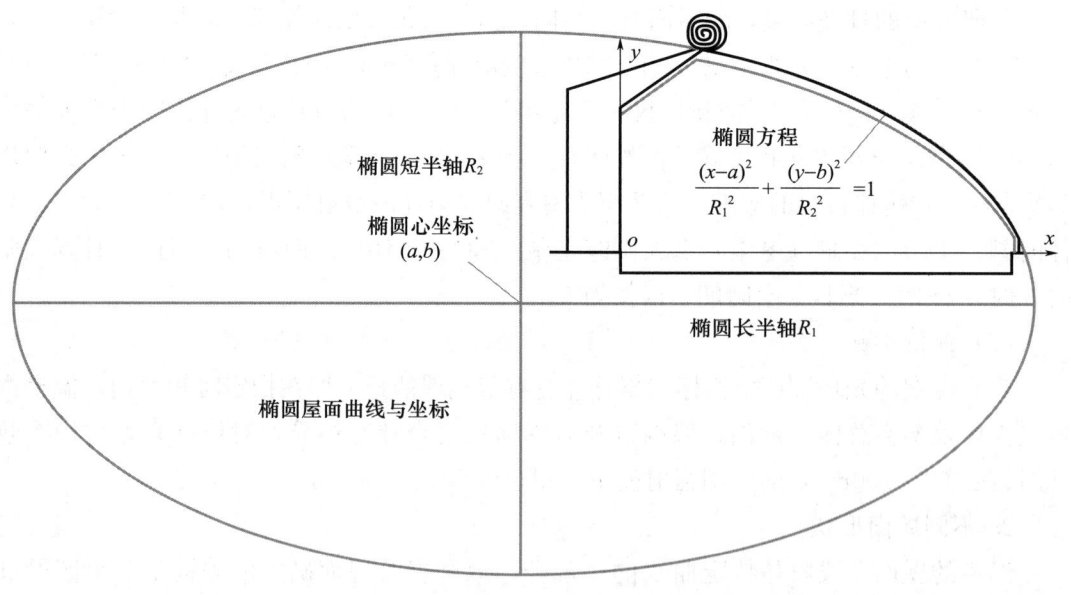

图 2-49 椭圆屋面

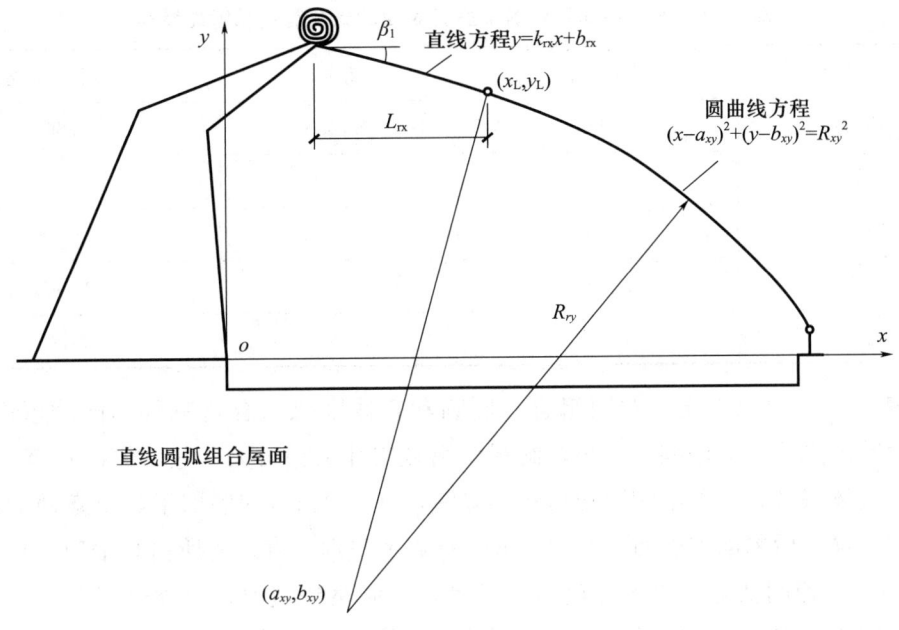

图 2-50 直线圆弧组合屋面

日光温室除屋面形状不同，其他结构均相同，放在同一坐标中就可以清晰地看到日光温室的整体轮廓（图 2-51）。

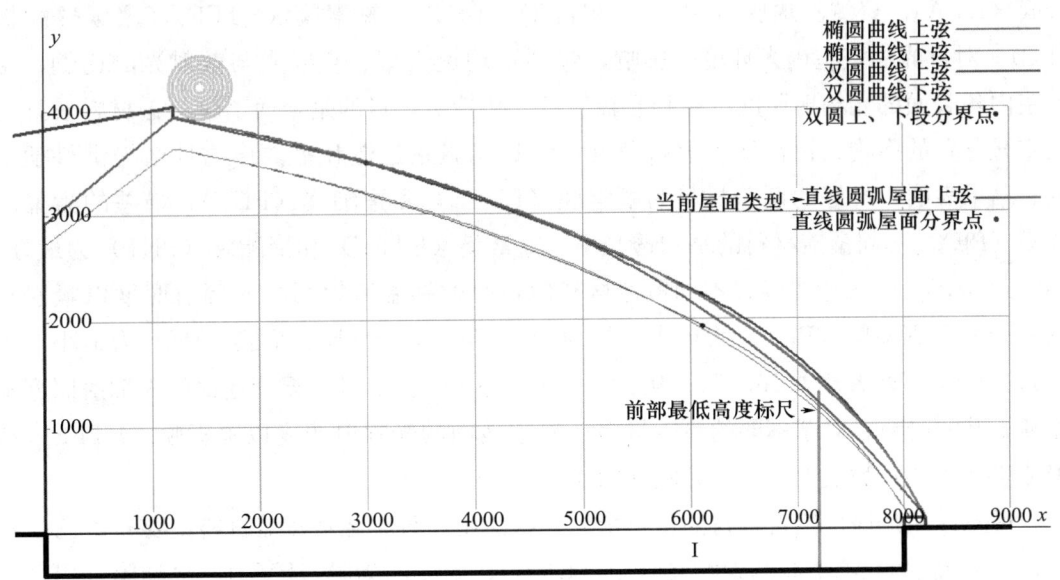

图 2-51 不同屋面形状的日光温室图

3. 屋面形状对日光温室光环境的影响

通过日光温室光环境模拟预测软件复杂计算后，得到不同屋面形状的日光温室各表面的累计光合有效辐射能量的分布情况（表 2-13）。

表 2-13 不同屋面形状的温室各表面的光合有效辐射能量表

辐射能量/MJ	双圆组合	椭圆	直线圆弧组合
后屋面	0.69	0.70	0.65
墙面	9.15	9.15	9.17
地面	11.14	11.14	11.14
总计	20.98	20.99	20.95
直射光/%	74.7	74.6	74.6

从表 2-13 中可以看出，双圆组合、椭圆和直线圆弧组合这三种不同的屋面形状，对日光温室内光环境的影响非常小，椭圆屋面光累计量相对大一些，但也只有 0.048% 的差别。具体来说，三种不同屋面形状的温室，在一天 6h 的照射下，温室地面的光累计量完全一样，后屋面和墙面只有 0.05MJ 的微小差别，直射光所占总辐射的比例相差只有 0.01%。说明从温室内光环境角度考虑，在温室建造时，无须过多考虑屋面形状的影响，因为不同形状的屋面，光辐射累计分布的情况差别很小。

2.5.6 覆盖材料参数对光照环境的影响

本小节系统研究 6 种不同的覆盖材料 [聚乙烯膜（PE）、乙烯-醋酸乙烯酯共聚物复合膜（EVA）、聚氯乙烯膜（PVC）、聚酯膜（PET）、氟素膜（ETFE）、聚碳酸酯板（PC）] 对日光温室室内光环境的影响，包括平均透光率、直射光与散射光的比例、温室室内各表面的光辐射照度分布和光辐射日变化情况，目的是全面了解覆盖材料对日光温室光分布的影响，旨在从光辐射角度，为日光温室建造和室内作物种植提供科学依据。结果表明，最好的覆盖材料为氟素膜（ETFE）和聚酯膜（PET），最差的为聚乙烯膜（PE）。不同覆盖材料的平均透光率，氟素膜（ETFE）和聚酯膜（PET）为最好，均达到 67.5%；太阳光经过不同覆盖材料后，照射到温室地面的光辐射照度以氟素膜（ETFE）和聚酯膜（PET）为最大，均为 131.8W/m²，以聚乙烯膜（PE）为最小，为 114.2W/m²，两者相差 15.4%；从 11 月 22 日至 11 月 24 日，温室地面的光辐射照度呈逐渐上升的趋势。对于不同的覆盖材料，温室地面的光辐射照度以氟素膜（ETFE）和聚酯膜（PET）为最大，聚乙烯膜（PE）为最小。

透光性能是评价覆盖材料的重要指标，目前用作日光温室覆盖材料主要有聚乙烯膜（PE）、乙烯-醋酸乙烯酯共聚物复合膜（EVA）、聚氯乙烯膜（PVC）、聚酯膜（PET）、氟素膜（ETFE）、聚碳酸酯板（PC）、聚烯烃膜（PO）等，各有其优缺点。王楠等对 24 种典型日光温室透光覆盖材料的分光透过率进行了测试，结果表明，在 400～2300nm 波长范围内，所有材料的辐射透过率均在 80% 以上，EVA 膜的透过率优于 PE 膜。丁小明等选用 PE 膜、浮法玻璃和 PC 板，测试比较这三种典型的覆盖材料透过率和光合有效辐射（PAR）透过率，结果表明，PE 膜几乎不受影响，浮法玻璃相差 2%

左右，PC板差异达2%～3.7%。陈强等通过对相同结构日光温室覆盖PO膜与PE膜后冬季室内温光环境的监测，结果表明，PO膜覆盖的温室透光率较PE膜高4.5%～4.7%。所有这些研究全部集中在对覆盖材料本身的特性上，而没有研究太阳光透过不同的覆盖材料后，日光温室内部的光照环境发生了怎样的变化和分布规律。事实上，日光温室内的光照环境受到建筑方位、屋面形状和覆盖材料等多种因素的影响。轩维艳、李晓豁、佟国红、孙忠富等提出了日光温室光照度计算模型或模拟方法。由于光照在温室内传播规律的复杂性以及影响因素众多，研究者提出的模型很难动态反映温室内各表面的光照分布变化。中国农业大学农业部重点实验室将各种模型和模拟方法综合集成，首次创造性地提出采用光线逆向回溯的方法和天空等辉度假设，构建日光温室光辐射环境模型，使模型更加系统、完整、准确和接近实际。本节以该模型为基础，编制模拟软件，重点展开不同覆盖材料对日光温室室内光照环境的影响研究。

本研究与以往相关研究的不同之处在于，以往的相关研究大多集中在对覆盖材料本身特性的研究，如覆盖材料的透光率、红蓝光透过比等。虽然覆盖材料自身特性对太阳光透过后的变化情况起到决定作用，但研究太阳光透过覆盖材料之后如何对日光温室的墙面、地面、后屋面等内部各面、各点产生影响也同样重要，因为这关系到温室室内各面、各点的种植作物对光的吸收，从而最终影响作物的生长收成和温室的经济效益。因此研究不同覆盖材料对日光温室室内光分布的影响是重要且具有实际意义的。

1. 条件设定

为了研究清楚不同覆盖材料对日光温室室内光照环境的影响，将与温室相关的其他一些条件固定下来。

设定：温室方位北纬40°、东经120°；温室跨度8m、屋脊高度3.94m；屋面类型为双圆曲线。太阳光辐射的指定时刻为11月22日中午12:00，当日云量为6，日变化为11月22日、23日、24日三天。

2. 覆盖材料对温室内光环境的影响

借助中国农业大学农业部重点实验室的光辐射模型，并编制软件，系统研究聚乙烯膜（PE）、乙烯-醋酸乙烯酯共聚物复合膜（EVA）、聚氯乙烯膜（PVC）、聚酯膜（PET）、氟素膜（ETFE）、聚碳酸酯板（PC）这6种不同的覆盖材料对日光温室室内光环境的影响，包括平均透光率、直射光与散射光的比例、温室室内各表面的光辐射照度分布和光辐射日变化情况。

（1）平均透光率

根据光辐射模型编制的软件，得到不同覆盖材料温室的透光率，如图2-52所示。

从图2-52中可以看出，不同覆盖材料的平均透光率，氟素膜（ETFE）和聚酯膜（PET）为最好，均达到67.5%，其次是聚碳酸酯板（PC）、聚氯乙烯膜（PVC）和乙烯-醋酸乙烯酯共聚物复合膜（EVA），聚乙烯膜（PE）最差，这是由覆盖材料本身的性能决

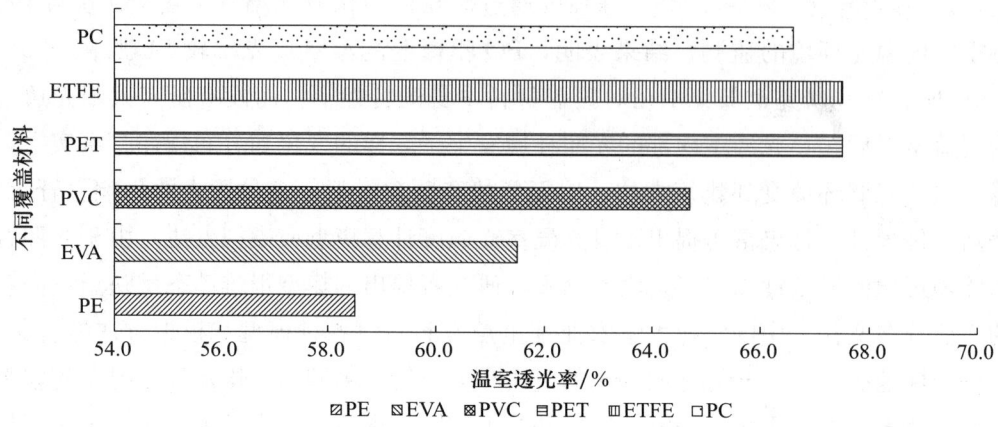

图 2-52　不同覆盖材料温室的透光率

定的。

(2) 直射光与散射光的比例

太阳光分为直射光和散射光，它们透过温室覆盖材料后，会投射到温室的各个空间表面，包括地面、墙面和后屋面，但由于温室作物主要种植在温室地表，所以地面的直射光和散射光的比例对温室作物的生长影响最大，因此，本研究只考虑太阳光经过不同覆盖材料后投射到地面的直射光与散射光的比例情况。

表 2-14 可以看出，太阳光经过不同覆盖材料到达地面后，直射光和散射光几乎各占一半。透过聚碳酸酯板（PC）、氟素膜（ETFE）和聚酯膜（PET）到达地面的直射光比例较高，达 55.3%，而透过聚乙烯膜（PE）到达地面的直射光比例最小，为 48.1%。这说明不同覆盖材料对日光温室地面的直射光和散射光比例影响不大。

表 2-14　地面直射光与散射光的比例

覆盖材料	PE	EVA	PVC	PET	ETFE	PC
直射光/散射光	48.1/51.9	51.1/48.9	54.1/45.9	55.3/44.7	55.3/44.7	55.3/44.7

(3) 温室内各表面的光辐射照度分布

太阳光透过覆盖材料照射到温室的地面、墙面和后屋面，在冬季，我们希望温室各表面的光辐射照度相对越大越好，墙面和后屋面的光辐射照度大，则转化为热辐射的效率高，可以提高温室内部的温度，为温室作物的生长提供温室支持，温室地面的光辐射照度大，则温室作物在单位时间单位面积可用来光合作用的能量就多，可提高生长效率。

从图 2-53 中可以看出，太阳光经过不同覆盖材料后，照射到温室地面的光辐射照度以氟素膜（ETFE）和聚酯膜（PET）为最大，均为 131.8W/m²，以聚乙烯膜（PE）为最小，为 114.2W/m²，两者相差 15.4%。太阳光经过不同覆盖材料后，到达墙面和后屋面的光辐射照度变化相对较小，但也以氟素膜（ETFE）和聚酯膜（PET）为最大。从光辐射照度分布角度看,最好的覆盖材料是氟素膜(ETFE)和聚酯膜(PET)。

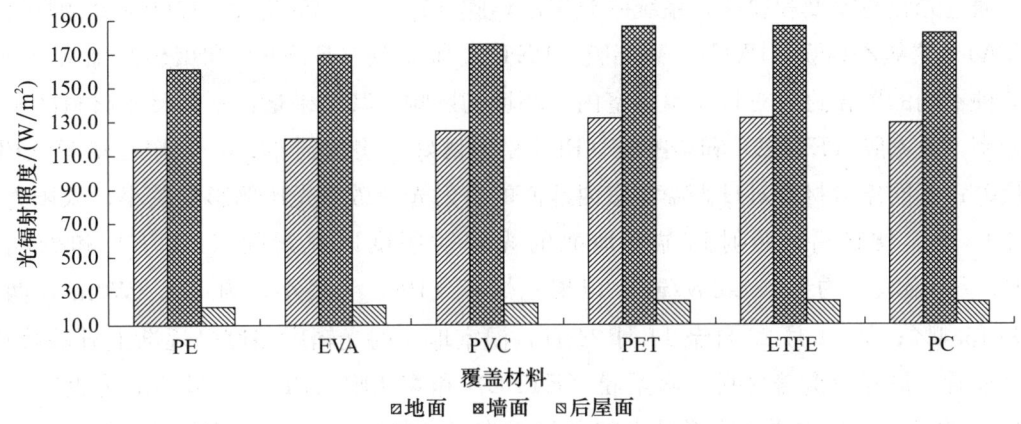

图 2-53　不同覆盖材料温室内各表面的光辐射照度分布

(4) 光辐射日变化情况

利用光辐射模型和软件,计算每日太阳光经过不同覆盖材料后到达地面的光辐射照度情况,日变化是指 11 月 22 日、11 月 23 日和 11 月 24 日,当日云量分别为 6、4 和 2。每日计算太阳光辐射的有效时间,即从 8:00 至 16:00,每 1h 记录一次数据,最后绘制光辐射日变化情况图(图 2-54)。

从图 2-54 中可以看出,每种覆盖材料的光辐射日变化情况都呈开口向下的抛物线,每日的最大光辐射照度在中午 12 点,从 11 月 22 日至 11 月 24 日,光辐射照度呈逐渐上升的趋势。对于不同的覆盖材料,温室地面的光辐射照度以氟素膜(ETFE)和聚酯膜(PET)为最大,聚乙烯膜(PE)为最小,11 月 24 日中午 12 点,氟素膜(ETFE)的光辐射照度比聚乙烯膜(PE)高出 9.7%。

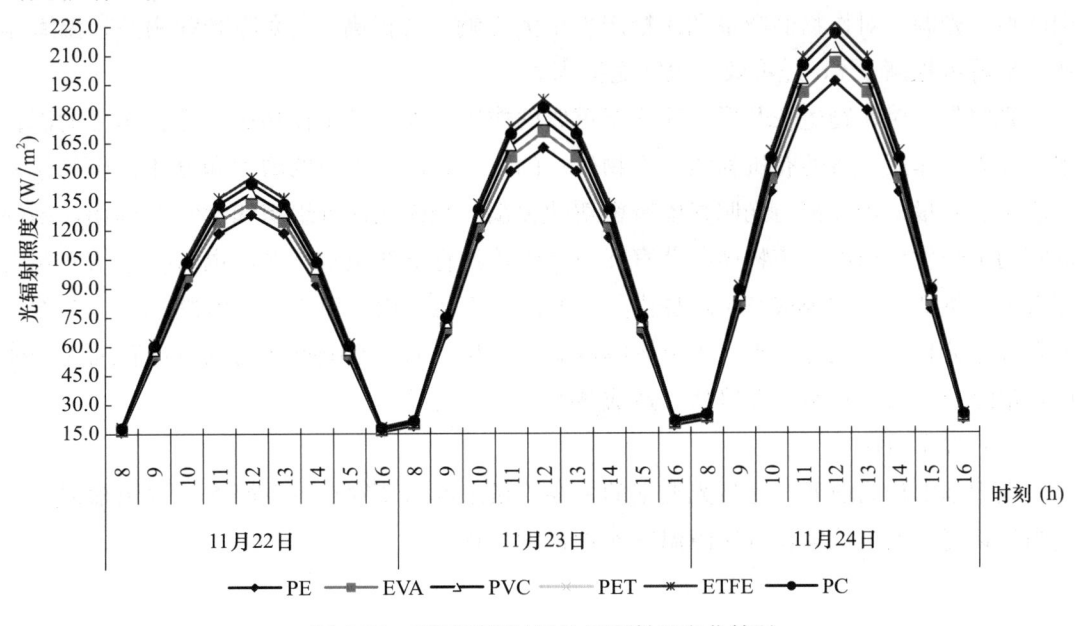

图 2-54　不同覆盖材料的光辐射日变化情况

3. 结论

通过光辐射模型和软件，系统研究聚乙烯膜（PE）、乙烯-醋酸乙烯酯共聚物复合膜（EVA）、聚氯乙烯膜（PVC）、聚酯膜（PET）、氟素膜（ETFE）和聚碳酸酯板（PC）这 6 种不同的覆盖材料对日光温室室内光环境的影响。其结果是：不同覆盖材料的平均透光率，氟素膜（ETFE）和聚酯膜（PET）为最好，均达到 67.5%，聚乙烯膜（PE）为最差；不同覆盖材料对日光温室室内地面的直射光和散射光比例影响较小；太阳光经过不同覆盖材料后，照射到温室地面的光辐射照度以氟素膜（ETFE）和聚酯膜（PET）为最大，均为 131.8W/m²，以聚乙烯膜（PE）为最小，为 114.2W/m²，两者相差 15.4%；从 11 月 22 日至 11 月 24 日，温室地面的光辐射照度呈逐渐上升的趋势。综合来看，最好的覆盖材料为氟素膜（ETFE）和聚酯膜（PET），最差的为聚乙烯膜（PE）。这种结果最主要的原因是由覆盖材料本身的特性决定的，温室结构和不同的空间表面也是影响结果的因素之一。

2.6 日光温室光照实践与三农服务

2.6.1 日光温室光辐射辅助设备使用培训手册

1. 太阳光对日光温室内作物的作用

太阳光对温室内作物种植和产出的重要原因是太阳辐射是日光温室室内作物生长的基本能量来源。主要有两大用处：

（1）光合作用

太阳辐射作为光源，制约着温室作物的光合作用，是植物在日光温室中进行光合作用的唯一光源，对作物的产量和质量产生重大影响。每提高 1% 太阳光利用率，温室作物产量就可提高 1%，经济效益也随之提高。

光照强度对作物生长及形态建成有重要的作用。因为光是作物进行光合作用的能量来源，光合作用合成的有机物质是作物生长的物质基础。细胞的增大和分化，作物体积的增长、质量的增加都与光照强度有密切的关系。光还能促进组织和器官的分化，制约器官的生长发育速度；植物体各器官和组织保持发育上的正常比例，也与一定的光照强度有关。例如，作物种植过密，株内行间光照就不足，由于植株顶端的趋光性，茎秆的节间会过分拉长，这样一来，不但影响分蘖或分枝，而且影响群体内绿色器官的光合作用，最终会导致茎秆细弱而倒伏，造成减产。

（2）温室效应

太阳辐射作为热源，是日光温室的主要能量来源，特别是冬春两季，太阳辐射为温室内作物提供温度保障，以保障温室作物正常生长。

2. 常见果蔬作物对太阳光的需求情况

由于蔬菜的原产地不同，气候适应性不同，对光照强度和长度的要求也不同，可以分为长日照蔬菜类、短日照蔬菜类、中日照蔬菜类三类。

长日照类蔬菜包括大白菜、甘蓝、胡萝卜、芹菜、菠菜、莴苣、大葱、大蒜等，要求每天日照长度在 12h 以上才能开花结果，只有在春季日照下才能抽薹开花；短日照类蔬菜包括豇豆、菜用大豆的晚熟品种、刀豆、扁豆、茼蒿、苋菜等，要求每天日照长度在 14 小时以下，才能开花结果，在长日照条件下就不开花或延迟开花；中日照类蔬菜包括菜豆、菜用大豆的早熟品种、黄瓜、番茄、辣椒等，对日照长短要求不严。

常见蔬菜举例说明如下：

(1) 茄子

茄子属喜光作物，对光照强度和长度要求较高。光饱和点 4 万～5 万 lx，光补偿点为 2000lx。

(2) 番茄

番茄是喜光性作物，生长发育需要充足的光照，光饱和点为 7 万 lx，光补偿点为 2000lx。每天日照时数 12～14h，光照强度达 4 万～5 万 lx 为番茄理想的光照条件。

(3) 辣椒

辣椒为中光性作物。光照时间长或短都能进行花芽分化和开花。但在较短的日照条件下，开花较早些。辣椒光饱和点为 3 万 lx，补偿点为 1500lx，过强的光照对辣椒生长发育不利，特别是在高温、干旱、强光条件下，根系发育不良，易发生病毒病。过强的光照还易引起果实日烧病。可见辣椒不需要太长时间的光照。

(4) 黄瓜

黄瓜大多属于短日照作物，当日照数不超过 10h，可以提前开花结果。黄瓜比其他果菜类较耐弱光，但幼苗对光的反应敏感。黄瓜喜光而耐阴，育苗时光照不足，则幼苗徒长，难以形成壮苗；结瓜期光照不足，则易引起化瓜。强光下其群体的光合作用效率高，生长旺盛，产量明显提高；在弱光下叶片光合作用效能低，特别是下层叶感光微弱，光合能力受到抑制，但呼吸消耗并不减弱，造成减产严重。黄瓜在一天内有 60%～70% 的光合作用是在上午生成的，所以在设施环境栽培中，上午应有充足的光照，并提高温度，这样有利于提高光合作用强度，对提高黄瓜产量是十分有利的。黄瓜的光饱和点一般为 5.5～6.0 万 lx，光补偿点为 2000lx，最适光照度为 2.0 万～6.0 万 lx，1 万 lx 以下则生长发育不良。黄瓜每天上下午的光合作用产量是不同的，早晨日出后光合作用迅速增强，中午 12 点以前的光合作用产量占当天光合作用总产量的 60%～70%，所以需提高瓜的产量，应尽量改善上午的光合作用条件。生产上如果采用棚室栽培，应尽量减少草苫覆盖的时间，并经常清洁棚膜。

3. 太阳光在日光温室室内的分布

温室内的光照环境不同于露地，由于是人工建造的保护设施，里面的光照条件受温室方位，结构类型，透光屋面大小、形状，透明覆盖材料的特性及洁净程度等多种因素的影响。

（1）光照强度

温室内的光照强度比自然光弱，这是因为自然光是透过透明屋面覆盖材料才能进入温室内，这个过程中会由于覆盖材料吸收、反射，覆盖材料内表面结露的水珠折射、吸收等而降低透光率。尤其在寒冷的冬季、早春或阴雪天，透光率只有自然光的50%～70%，如果透明覆盖材料不清洁，使用时间长而染尘、老化，会使透光率甚至不足自然光强的50%。

（2）光照时数

温室内的光照时数是指受光时间的长短，温室内的光照时数一般比露地要短，因为在寒冷季节为了防寒保温，覆盖的保温被、草帘揭盖时间直接影响温室内光照时数。

（3）光质

由于受透明覆盖材料性质、成分、颜色等的影响，温室内光组成（光质）就与露地不同。光质影响蔬菜的着色、品质等，例如紫外光促进维生素C的合成，红外光控制开花及果实颜色。因为在温室内光质被削弱，所以温室生产的瓜、果、菜的颜色风味都比露地差。

（4）光分布

温室内由于受墙体与骨架结构、立柱、栽培作物种类等的影响，温室内不同部位光分布有差异，水平分布呈现南部强，中间次之，北部最弱现象；垂直分布呈上强下弱的特点。光分布的不均匀性使作物的生长也不一致。

4. 光辐射辅助设备的用途

光辐射辅助设备的用途就是：能够精确获取日光温室室内各个地方的光辐射强度，即光分布情况。清楚了这些情况，就能根据温室内光的分布情况来种植相应的作物，或者针对作物的需求来加强或减弱光的强度。只有精确获取，才能知道究竟要加强多少，减少多少。

5. 光辐射辅助设备的组成

光辐射辅助设备主要由光辐射传感器、光辐射数据采集仪和光辐射仪支撑架三部分组成。光辐射传感器就是接收光辐射的传感探头，光辐射数据采集仪是收集和存储这些辐射数据的设备，光辐射仪支撑架是固定光辐射传感器的设备。前两者都是市场直接购买，由于没有日光温室室内专用的支撑架，可以自己设计和加工制造。

目前的光辐射仪支撑架主要针对温室外气象数据采集使用，支撑架的最低高度1.5m；获取温室内光辐射时常常要将光辐射传感器放置在1.5m以下的各点，光辐射仪自带支架无法做到。光辐射辅助设备使用时要求光辐射传感器探头竖直向上,而且周围10m范围没有遮挡,而目前的气象设备往往携带多种探测仪,支撑架主杆对光辐射仪有遮挡,导致测量出现偏差。现在光辐射辅助设备往往高度固定,体型笨重,远远不能满足精确获取日光温室室内各处的光辐射分布这一要求,从而导致农户在温室作物种植时不能充分合理地利用太阳光,造成日光温室产出较低,经济效益不显著。

本开发出的日光温室光辐射辅助设备,结构简单,轻巧灵便,使用方便,可拆可装,能够精确获取日光温室各处的光辐射分布,从而指导农户科学合理地利用太阳光,精准种植,起到增产增效的作用。

该设备是用于精确获取日光温室各处光辐射分布的专用设备,目前市面上还没有这类设备,属于原创设计和开发。

6. 光辐射仪支撑架的安装与使用说明

温室室内用光辐射仪支撑架,包括底杆、可调节杆,均为空心结构,如图2-55所示。

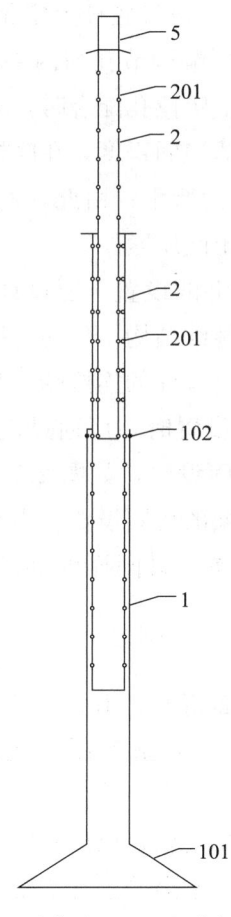

1—底杆;101—锥形底座;102—定位孔;2—可调节杆 201—调节孔;5—光辐射仪。

图2-55 温室室内用光辐射仪支撑架结构

其中，底杆底端设计有空心锥形底座，用于支撑架的放置。锥形底座与底杆间可设计为一体化结构，或与底杆间设计为通过螺纹固定安装的可拆卸结构。底杆顶端对侧开有定位孔。可调节杆可为2～3根，层层嵌套设置，且位于最内层的调节杆顶端设计有安装平面，用来安装光辐射仪，安装平面上设计有豁口，供光辐射仪的数据线穿过。

上述每根可调节杆侧壁上相对位置沿轴向开有等间距的调节孔，调节孔数量为10～20个。通过各层可调节杆上不同水平位置的调节孔间配合，以及各层可调节杆上不同水平位置的调节与底杆上定位孔间配合，由螺钉穿过，通过螺母拧紧，实现各层可调节杆与底杆间竖直方向上的调节定位，实现支撑架高度可调，进而实现光辐射仪在日光温室内的不同高度的调节。上述各个调节杆顶端位置周向上设计有环形限位台，用于支撑架高度调节时对可调节杆的握持，防止调节过程中内层可调节杆顶端陷入外层可调节杆内。

为了使支撑架适应日光温室内的光辐射测量，使支撑架可调节高度范围在0.4～2m。当各层可调节杆顶端位置调节孔均与底杆上定位孔配合时，支撑架高度为0.4m；当各层可调节杆满足外层可调节杆顶端调节孔与内层可调节杆底端调节孔配合，同时，最外层可调节杆底端调节孔与底杆上定位孔配合时，支撑架高度为2m。

为了加强支撑架与水泥地面间的稳固程度，在底杆底端锥形底座上部侧壁上设计有进料斗，与底杆内部连通，如图2-56所示；由此，通过进料斗，可向锥形底座内部填充砂石，将锥形底座与砖面或混凝土间压紧。

为使支撑架同时适应泥土地面上的设置，还设计有空心定位杆，定位杆一端为尖端，作为定位端；另一端设计有外螺纹结构，作为连接端；同时，在底杆底端锥形底座底端中心位置设计有螺纹孔；通过定位杆的连接端与螺纹孔配合拧紧固定；实现定位杆与支撑架的连接；进而在支撑架上设置时，可通过定位杆的尖端将定位杆插入泥土地面，实现支撑架与泥土地面间的稳固设置，如图2-57所示，且同样可以通过进料斗向锥形底座内部填充砂石，实现支撑架的稳固设置。当上述结构拆下定位杆后，即可实现支撑架在砖面或混凝土地面上的设置，且同样可以通过进料斗向锥形底座内部填充砂石，实现支撑架的稳固设置。

光辐射仪支撑架的优点：

（1）高度可调节至接近温室地面高度0.4m，而目前的支撑架最低为1.5m；

（2）可以适应更加复杂的地况，且适于泥土地面或水泥地面上的设置，且稳定性强；

（3）光辐射仪安装方便，无须将光辐射仪信号线拆掉后重新装上；

（4）光辐射仪位于支撑架顶部，不会受到支撑架自身对光遮挡的影响。

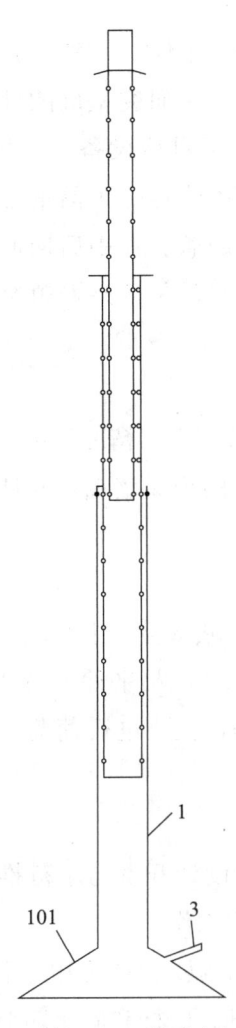
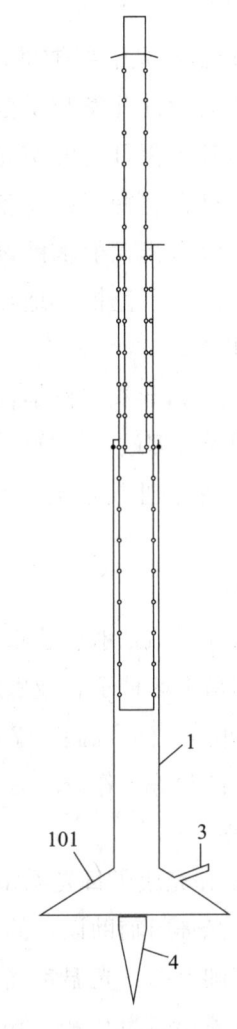

1—底杆；101—锥形底座；
3—定位杆。

图 2-56　温室室内用光辐射仪
支撑架底部组成

1—底杆；101—锥形底座；3—定位杆；
4—进料斗。

图 2-57　支撑架与泥土地面间
的稳固设置

2.6.2　实践效果与三农服务

1. 实践目标

① 借助日光温室光辐射辅助设备，开展光辐射利用技术服务。日光温室光辐射辅助设备能够精确获取日光温室各处的光辐射分布，从而指导农户科学合理地利用太阳光，精准种植，起到增产增效的作用。

② 示范推广。在昌平丈头村进行示范推广，为当地培养农业技术员。为日光温室生产经营主体提供提高光利用效率和提升日光温室经济效益的合理化建议。

2. 实践效果

① 完成日光温室光辐射辅助设备的设计开发与示范推广。完成了两种日光温室光辐射辅助设备的设计开发与示范推广。一种是已有一定研究基础的日光温室光辐射辅助设备，称为基础版日光温室光辐射辅助设备。由于对该设备有一定的研究基础，因此，前期主要进行这种辅助设备的示范推广，示范推广地点为昌平区种子站试验基地。另一种日光温室光辐射辅助设备是上述设备的升级版。在中后期，主要进行了此种设备的示范推广，示范推广地点为昌平种子站和位于昌平区兴寿镇秦城村的北京东方硕果农业合作社。

② 现场培训。指导农户科学合理地利用太阳光。

在昌平区种子管理站，指导农户科学合理地利用太阳光，精准种植，节能节本、增产增效。培养15名农业技术员。共进行三次较大规模的现场培训，共计培训65人次，取得较好效果。

3. 对接基地

北京昌平区种子站是承担北京市主要农作物品种区域试验、生产试验；承担各层级科研项目；承担昌平区种子企业农作物品种质量鉴定工作。昌平种子站试验基地占地总面积150亩（10ha），标准温室17栋，标准大棚12栋，主要进行葡萄、草莓等新品种引进培育、科学试验等工作。

4. 实践成果

① 主要开展和完成了日光温室光辐射辅助设备的设计开发与示范推广工作。完成了两种日光温室光辐射辅助设备的设计开发与示范推广工作。

基于院级基础上的日光温室光辐射辅助设备（基础版），主要由支撑架和光辐射仪两部分组成。支撑架高为0.4~2m，由顶杆、可调节杆、底杆和底座四部分组成。可调节杆为空心圆杆，根据需要可安装2~3根。每根杆有10~20个调节孔，根据需要，可以灵活调节光辐射传感器在日光温室内的不同高度。光辐射仪位于支撑架顶端，以保证光辐射不受遮挡，其底端与顶杆平台用螺钉固定。顶杆平台设置一个小的过线孔，方便辐射传感器数据线穿过，底座呈倒"T"形，其圆形基座与地面固定。

升级版日光温室光辐射辅助设备主要由光辐射仪采集器、高度调节组件、角度调节组件、数据采集箱和底座组件五部分构成。它具有结构简单，使用方便，可更大范围调节其高度、角度，能适用于多种温室室内的地面状况，对光辐射无遮挡的特点。

② 现场培训。指导农户科学合理地利用太阳光。

指导农户科学合理地利用太阳光，精准种植，节能节本、增产增效。培养15名农业技术员。为了指导昌平丈头村昌平种子站农技人员和生产经营者更好地利用日光温室内的太阳光，提高生产效率，编制了《日光温室光环境利用&光辐射辅助设备使用》

(第一版），和《日光温室冬季雾霾光环境利用应对措施》分发给他们，并进行现场培训。用农民听得懂、学得会的通俗语言为他们讲述了太阳光对日光温室内作物的用处、常见果蔬作物对太阳光的需求情况、太阳光在日光温室室内的分布、光辐射辅助设备的用处和日光温室冬季雾霾光环境利用应对措施。通过培训，生产者们明白了如何更高效地利用太阳光，针对日光温室光分布的不均匀性安排作物生产。培训取得了较好效果，也得到丈头村及基地领导认可。共进行三次较大规模的现场培训，培训共计65人次，取得较好效果。

5. 解决的重点问题

精确获取日光温室室内各处的光辐射照度并加以科学分析，有效提高日光温室的光利用效率对日光温室经营主体增产增收至关重要。

目前，光辐射辅助设备主要都在温室外使用，且高度固定，体型笨重，根本无法满足精确获取日光温室室内各处的光辐射分布这一要求，造成农户在温室作物种植时，随意性大，不能充分合理地利用太阳光，造成日光温室作物产出减少10%以上，农户经营日光温室经济效益不显著，积极性不高，甚至有部分村镇存在废弃日光温室的现象，粗放式利用光能进行生产的方式远远背离了北京精准农业的种植要求。

针对这一问题开发出两种日光温室用光辐射辅助设备，它以光辐射仪支撑架为核心，结构简单，使用方便，成本低，能够精确获取日光温室各处的光辐射分布，从而指导农户科学合理地利用太阳光，精准种植，起到增产增效的作用。

6. 经济效益、社会效益和生态效益

（1）经济效益

提高日光温室的太阳光利用效率5%~10%，单栋日光温室每年预期提升经济效益（0.24~0.48）万元。

在昌平丈头村进行示范推广，精准获取日光温室室内的光分布情况，指导农户根据日光温室室内的光分布情况科学合理地利用太阳光。使用日光温室光辐射辅助设备帮助农户提高日光温室的太阳光利用效率5%~10%，相应作物产出提升4%~8%，按每栋日光温室每年平均最低收益6万元计算，单栋日光温室每年可提升经济效益（0.24~0.48）万元，按农业合作社平均拥有日光温室30栋计算，预计每年可增加（7.2~14.4）万元，增产增收效果显著。

（2）社会效益

培养15名农业技术员学会使用日光温室光辐射辅助设备，并能根据日光温室室内的光分布情况科学合理地利用太阳光，采取恰当的种植措施，达到增加日光温室经济效益的目标。

（3）生态效益

合理利用光照，有助于日光温室生产效率和土地利用率的提高。从而使温室作物生长更趋合理。

7. 创新点

（1）技术创新

日光温室光辐射辅助设备具有结构简单、使用方便、对光辐射无遮挡、成本低的特点。目前市面上还没有此设备，属于技术创新。

（2）工作方法创新

① 学生参与。在实施过程中，共计带动都市农业装备专业学生6名参与，提升了他们的科研能力。

② 编制了《日光温室光环境利用 & 光辐射辅助设备使用》《日光温室冬季雾霾光环境利用应对措施》手册，规范和提升了培训内容。

③ 三位一体现场培训。由于日光温室生产者80%左右是50岁以上的农民，文化水平较低，大部分初中以下，接收新技术、新知识能力较差，本团队在日光温室里面现场培训时，一面让成员现场演示设备的使用方法，一面让培训者们拿着培训手册看和学，一面现场通俗讲解，这样的三位一体现场培训取得了较好的效果。

该实施达到对日光温室光环境实现精准控制的目的，具有节能、节本、增产、增效的优势，符合北京市对精准农业的环控要求。相关信息如图2-58～图2-61所示。

图2-58　光辐射辅助设备使用现场培训

图 2-59　光辐射辅助设备在日光温室中的运行状态

图 2-60　学生在日光温室安装光辐射辅助设备

图 2-61　杨文雄副教授在丈头村对农民进行光辐射辅助设备安装与使用现场培训

3 温室温度环境CFD模拟技术与实践

3.1 CFD模拟技术现状

3.1.1 计算流体力学介绍

计算流体力学（Computational Fluid Dynamics，CFD）是20世纪60年代起伴随计算机技术迅速崛起的学科。至今，CFD作为一种模拟仿真工具已成为一个功能强大的设计工具，广泛地应用于研究各种传递过程包括流体流动、传热和传质等。CFD模拟的输出结果包括流体的速度和方向、压力、温度和浓度在空间和时间上的分布。CFD技术的应用早已超越传统的流体力学和流体工程的范畴，如航空航天、船舶、动力、水利等，而扩展到化工、核能、冶金、建筑、环境等许多相关领域中去了。在近几年来，CFD应用于园艺领域的研究，被用来模拟温室室内的气候环境。

计算流体力学运用电子计算机，应用各种离散化的数学方法，对实际情况下的流体力学问题进行计算机模拟、分析研究及数值试验，在一定程度上可代替现实情况下耗资巨大的流体力学试验。由计算机进行数值求解控制流体流动的微分方程，得到流体所在流场在连续区域的离散分布，近似模拟出流体流动情况。CFD是流体力学的一个分支，而CFD软件通常是指商业化的CFD程序，CFD软件可供研究人员对实际流体力学问题进行仿真模拟，对存在的问题进行研究和分析。目前比较常用的CFD软件有Fluent、CFX、Star-CD、Phoenics和flow-3D等。

3.1.2 CFD模拟技术在设施农业的应用现状

温室室内环境受外部环境的影响，温室环境控制的预判、控制策略尤为重要。CFD的预测结果和实验的数据吻合良好，这表明CFD是研究温室内气候环境的有力工具。一些研究已经显示CFD能对不同的温室情况和控制方面（如通风口的开放大小和位置，不同的风速等）进行比较，这就是CFD模拟优于测量的方面，而且实验测量费用昂贵，耗时长。如果一个模型被验证是可行的，那么影响温室内部气候的许多方面都可以容易地实现模拟研究，并能对它们的作用进行比较。有了CFD模型，将产生一个"虚拟的真实"的模拟。

设施农业是现代化农业的重要组成部分，是北京市郊区新的经济增长点。市政府各部门安排专项资金扶持设施农业发展，区域化布局、专业化生产、特色化种植的整体格局初步形成，已成为北京市都市型现代农业的主要产业形态。2008年北京市把设施农业作为都市型现代农业的重点工程加速推进，北京市2024年国民经济和社会发展统计公布数据表明，设施农业播种面积44.8万亩（1亩≈0.0667ha），实现产值59.5亿亩。设施农业是一个高耗能的农业产业，全世界每年农业生产能耗量的35%用于温室加温，能耗费用占温室生产总费用的15%～40%，节能已经成为全球范围内近年来设施农业研究工作的重点，设施农业节能和作物生长双重约束下的环境控制方法是设施农业环境调控领域的热点，而设施内全场信息可视化是其中的关键性问题。

温室内部环境调节过程是一个具有复杂传热传质过程的流体力学问题，因易受环境因素的影响而具有空间分布差异特征，由于温室环境监控的需要，需要了解温室内湿热空气整体气流场和温度场信息，实现环境全场可视化已成为现代温室环境测控系统中的关键问题。近年来，随着计算机技术的日新月异，复杂流动问题的模拟计算迅速发展，计算流体力学越来越受到重视。通过这种"数值试验"可以充分认识流动规律，使设计者以最快、最经济的途径，在满足多种约束条件下获得最佳的方案，大幅减少实验室和测试等实体试验研究工作量。由于温室原型试验观测困难、设计理论还不完善、实现全场观测困难等问题，因而采用数值试验已成为现代温室环境调控理论中不可缺少的部分。CFD分析在温室环境研究领域只有十几年的历史，1989年Okushima等第一次用CFD方法来研究温室的通风情况，尽管他们的结果表明与试验数据没有联系，但为研究温室内部环境系统提供了一条新的思路与方法；直到1996年Bot等运用CFD模拟与在一个双跨的温室内由声波气流速度仪所测得的数据对比，结果拟合得很好，这项技术才在温室模拟研究中开始大量使用；Montero等在比例模型中对温差引起的通风进行了分析；Haxire等（2000）模拟了植物叶面积对不同气流速度下风压的影响；Lee等在1998年对4.5连跨双层充气聚乙烯膜的圆拱形屋面温室的自然通风状况进行了模拟。童莉对机械通风下的华北型连栋温室内温度和速度场进行了CFD模拟；李永欣对国内较为常用Venlo型温室的自然通风进行了CFD模拟。但目前这些模型的很多输入参数值都是早期测定和固定不变的，而在现实世界和自然条件下，这些参数值往往随时间而改变。这种以不变的输入参数值来预测万变的动态系统的传统方法通常会产生很大误差，甚至会预测和控制得失败。这种模型运行和输入数据不能同步协调的缺陷，已经严重地阻碍了人类对复杂动态变化系统的模拟预测。美国国家科学基金会于2000年提出了一个全新的模拟预测分析系统——动态数据驱动应用系统（Dynamic Data Driven Application System，DDDAS），以动态运作方式，集实时模拟、实时测量、自动反馈和控制管理于一体可有效克服传统模拟存在的问题，但驱动系统过于复杂，目前还难以在温室环境模拟领域应用，但它给我们提供了一条思路进行温室环境的动态模拟。借助温室传感器实时监测数据驱动温室环境CFD模拟模型，实现温室环境实时动态模拟。

温室内的环境（温度场、湿度场和通风速率等）主要受建筑物的几何形状和通风口配置（包括尺寸和布置）、风机的出风量影响，同时外部气候因素如风速、风向、温室尺寸、作物密度和特殊设备的存在（如遮阳设备和防虫网等）等也会对温室内部微环境产生影响，为了优化温室温度、湿度调控措施，为作物提供适宜的生长环境，对温室内部微环境进行准确模拟十分重要。

3.2 温室环境调控措施

3.2.1 温室温度调控措施

1. 加温

随着外界气温的下降，用人工加温的方法补充设施内放出的热量，才能使其内部维持一定的温度。我国北方地区，在严寒的冬季为了维持保护设施内一定的温度水平，以保证作物的正常生长，须进行补充加温，尤其是不能进行外覆盖保护的大型现代化温室，须全程加温。为了既能使保护设施内的作物正常生长发育，又节省能源、降低成本、提高经济效益，在加温设计上必须满足如下要求。加温设备的容量应经常保持室内的设定温度（地温、气温）；设备和加温费要尽量少；保护设施内温度空间分布均匀，时间变化平稳；遮阴少，占地少，便于栽培作业。

各种园艺植物均有对温度的生育下限要求，因此，室内设计温度常以不低于生育下限温度为准；关于室外设计气温，多采用数年一遇的低温，或用当地近 30 年中 4 年连续最低气温的平均值。

增温主要依靠增加透光量和人工加温来完成，增加透光量的具体做法见增加光照的措施部分，人工加温的主要方法有以下几种。

(1) 火炉加温

用炉筒或烟道散热，将烟排出设施外。主要燃烧无烟煤，通过炉筒或烟道的热辐射作用提高室内气温。该法结构简单、成本较低，多见于简易温室及小型加温温室，但其预热时间较长，难以控制，费工费力。加温条件下，平均室温 20~30℃，最低 15~20℃，平均地温 15~20℃。

(2) 水暖锅炉采暖加温

水暖锅炉采暖的基本原理是采用燃烧加温烧开热水，热水由锅炉流出，通过钢管道散热，如图 3-1 所示，水温逐渐下降，最后以低温热水自动进入锅炉，又经过继续加温将温水烧开，往复循环。此法加温均匀性好，但费用较高，主要用于玻璃温室以及其他大型温室和连栋塑料大棚中。一般情况下可增温 10℃左右。

图 3-1　钢管型散热器

（3）热风炉加温

用带孔的送风管道将热风送入设施内，如图 3-2 所示，加温快，也比较均匀，主要用于连栋温室或连栋塑料大棚中。从设备费用来看，热风采暖比水暖配管采暖更为经济划算。暖风炉设置在温室大棚内时，要注意室内新鲜空气的补充，供给热风炉燃烧用的空气量，每送出 10000J 热量每小时约需要 $4.78m^3$ 的空气。对于需要较高采暖温度的作物，用热风采暖时产量和品质不如用热水采暖好。

图 3-2　送风管输送热风

（4）明火加温

在设施内直接点燃干木材、树枝等易于燃烧且生烟少的燃料进行加温。其加温成本低,升温也比较快,但容易发生烟害。该法对燃烧材料以及燃烧时间的要求比较严格,主要作为临时应急加温措施,用于日光温室以及普通大棚中。

(5) 火盆加温

用火盆盛烧透了的木炭、煤炭等,将火盆均匀排入设施内或来回移动火盆进行加温。其方法简单,容易操作,并且生烟少,不易发生烟害,但加温能力有限,主要用于育苗床以及小型温室或大棚的临时性加温。

(6) 电加温

主要使用电炉、电暖器以及电热线等,利用电能对设施进行加温,具有加温快、无污染且温度易于控制等优点,但也存在着加温成本高、受电源限制较大以及易漏电等一系列问题,主要用于小型设施的临时性加温和育苗床的加温。

2. 保温

温室内散热有3种途径:经过覆盖材料的围护结构(墙体、透明屋面)传热;通过缝隙漏风的换气传热;与土壤热交换的地中传热。这三种传热量分别占总散热量的70%~80%,10%~20%和10%以下。温室散热使单层不加温温室和塑料大棚的保温能力比较弱。即使温室密闭性很好,其夜间气温最多也只比外界气温高2~3℃。在有风的晴夜,还会出现室内气温低于外界气温的逆温现象。在生产实践中,采用保温措施可以有效地降低温室的热损失,提高温室温度,节约能源。温室保温技术应用非常广泛,常采取如下措施进行保温。

(1) 增强设施的保温能力

设施的保温结构要合理,场地安排、方位与布局等也要符合保温要求。如适当降低园艺设施的高度,缩小夜间保护设施的散热面积,有利于提高设施内昼夜的气温和地温。

(2) 用保温性能优良的材料覆盖保温

如覆盖保温性能好的塑料薄膜;覆盖编织密、干燥、疏松、厚度适中的草苫等。

(3) 减少缝隙散热

设施密封要严实,薄膜破孔以及墙体的裂缝等要及时堵塞严实。通风口和门关闭要严,门的内、外两侧应张挂保湿帘。

(4) 减少通风换气量

(5) 多层覆盖

多层覆盖材料主要有塑料薄膜、草苫、破被、无纺布等。

① 塑料薄膜。覆盖形式主要有地面覆盖、小拱棚、保温幕以及覆盖在棚膜或草苫上的浮膜等。一般覆盖一层薄膜可提高温度2~3℃。

② 草苫。覆盖一层草苫通常能提高温度5~6℃。生产上多覆盖单层草苫,较少覆盖双层草苫,必须增加草苫时,也多采取加厚草苫来代替双层草苫。不覆盖双层草苫的主要原因是便于草苫管理。草苫数量越多,管理越不方便,特别是不利于自动卷放

草苫。

③ 纸被。多用作临时保温覆盖或辅助覆盖，覆盖在棚膜上或草苫下。一般覆盖一层纸被能提高温度3～5℃。

④ 无纺布。主要用作保温幕或直接覆盖在棚膜上、草苫下。

(6) 在设施的四周设立风障

一般多于设施的北部和西北部设风障，多风地区设风障的保温效果较为明显。

(7) 保持较高地温

主要措施有以下几种。

① 覆盖地膜。最好覆盖透光率较高的无滴地膜，保持土壤中蓄积的热量。

② 合理浇水。低温期应于晴天上午浇水，不在阴雪天及下午浇水。一般当设施内地下10cm地温低于10℃时不得浇水，低于15℃要慎重浇水，只有20℃以上时浇水才安全。另外，低温期要尽量浇预热的温水或温度较高的地下水，不浇冷凉水；要浇小水、浇暗水，不浇大水和明水。

③ 挖防寒沟。在设施的四周挖宽30cm左右、深与当地冻土层相当的沟，内填干草或稻壳，上用塑料薄膜封盖，减少设施内的土壤热量散失，可使设施四周5cm地温增加4℃左右。单屋面温室多在南侧挖防寒沟。

3. 降温

我国多数地区夏季气候炎热，长江流域及其以南地区，7、8月平均气温可达28℃以上，每年最高气温≥30℃的天数在60d以上，最高气温≥35℃的酷热天气日数在15d以上。在黄河流域及其以北不少地区，7、8月平均气温可达25℃以上，每年最高气温≥30℃的天数在50d以上。因此温室夏季生产如何降温是我国温室需解决的突出问题。

设施内降温最简单的途径是遮阳和通风，但在温度过高时，依靠自然通风和机械通风，室内气温最多降至接近室外气温水平，不能满足园艺作物生育要求，必须进行人工降温。常见降温方法有以下几种。

(1) 遮光降温法

遮光20%～30%时，室温相应可降低4～6℃。在与温室大棚屋顶部相距40cm左右处张挂遮光幕，对温室降温很有效。考虑塑料制品的耐候性，一般塑料遮阳网都做成黑色或墨绿色，也有的做成银灰色。室内用的白色无纺布保温幕透光率70%左右，该保温幕也可做遮光幕用，可降低棚温2～3℃。在室外挂遮光幕，降温效果比挂在室外差。

(2) 屋面流水降温法

流水层可吸收投射到屋面的太阳辐射8%左右，并能用水吸热冷却屋面，室温可降低3～4℃。采用此方法时需考虑安装费和清除玻璃表面的水垢污染问题。水质硬的地区需对水质进行软化处理后再用。

(3) 蒸发冷却法

使空气先经过水的蒸发冷却降温后再送入室内,达到降温的目的。

① 湿垫排风法。在温室进风口内设 10cm 厚的纸垫窗或棕毛垫窗,不断用水将其淋湿,温室另一端用排风扇抽风,使进入室内空气先通过湿垫窗被冷却后再进入室内。当冷风通过室内距离过长时,室温分布常常不均匀,而且外界湿度大时降温效果差。

② 细雾降温法。在室内高处喷直径小于 0.05mm 的浮游性细雾,用强制通风气流使细雾蒸发达到全室降温目的,喷雾适当时可均匀降温。

③ 屋顶喷雾法。在整个屋顶外面不断喷雾湿润,使屋面下冷却了的空气向下对流。降温效果不如通风换气与蒸发冷好。

①和③法水质不好时,蒸发后留下的水垢会堵塞喷头和湿垫,需进行水处理,水质未处理时纸质湿垫用几年即严重积垢而失效。

(4) 强制通风降温

大型连栋温室因其容积大,需利用强制通风系统进行降温。强制通风是利用风机将电能或机械能转化为风能,强迫空气流动进行通风以降低室内温度,一般能达到室外温差5℃左右的效果。

3.2.2 温室湿度调控措施

1. 降低空气湿度方法

温室内常见的是降低空气湿度,保持温室内相对干燥。主要措施有以下几种。

(1) 通风换气

温室内高湿主要是由于密闭所致。为了防止室温过高或湿度过大,在不加温的温室里进行通风,其降温效果显著。一般采用自然通风,可通过调节风口大小、位置和通风时间达到降低室内湿度的目的,但通风量不易掌握,而且室内降湿不均匀。一般高温期间温室的通风量较大,各部位间的通风排湿效果差异较小,而低温期间则由于通风不足,容易出现通风死角。在有条件时,可强制通风,由风机功率和通风时间计算出通风量,以便于控制。

温室的通风排湿效果最佳时间是中午,此时温室内外的空气湿度差异最大,湿气容易排出。其他时间也要在保证温度要求的前提下,尽量延长通风时间。温室排湿时,要特别注意加强以下 5 个时期的排湿:浇水后的 2~3d 内、叶面追肥和喷药后的 1~2d 内、阴雨(雪)天、日落前后的数小时内(相对湿度大,降湿效果明显)、早春(温室蔬菜的发病高峰期,应加强排湿)。

(2) 减少地面水蒸发

① 地膜覆盖。畦面用地膜覆盖,在地膜下起垄或开沟浇水,地膜覆盖能保持土壤湿润,减少灌水、降低空气湿度、提高地温,防止土壤水分向室内蒸发,可以明显降低

空气湿度,是冬季温室生产不可缺少的措施。大型温室在浇水后的几天里,应升高温度,保持32~35℃的高温,加快地面的水分蒸发,降低地表湿度。不适合覆盖地膜的温室以及育苗床在浇水后应向畦面撒干土压湿。对裸露的地面应勤松土。

② 畦间覆草。畦间供人作业的过道可覆盖稻草,既可起到防止土壤水分蒸发的作用,又可吸收空气中的水分,从而可明显降低空气湿度。

③ 不织布覆盖。不织布具有透光、透气、吸湿和保温的作用,用不织布扣小拱棚或进行浮面覆盖,不但保温,而且可透气吸湿,降低拱棚内的空气湿度。

(3) 加温除湿

空气相对湿度与温度负相关,温度升高相对湿度可以降低。寒冷季节,室内出现低温高湿情况,又不能放风,就要应用辅助设备,提高温度,降低空气相对湿度,并能防止叶面结露。

(4) 控制灌水

低温季节(连阴天)不能通风换气时,应尽量控制灌水,最好选在阴天过后的晴天进行,并保证灌水后有2~3d晴天。一天之内,要在上午进行,利用中午这段高温时间使地温尽快升上来,灌水后要通风换气,以降低空气湿度。最好采用滴灌或膜下沟灌来减少灌水量和蒸发量,降低室内空气湿度。

(5) 使用除湿机

利用氯化锂等吸湿材料,通过吸湿机来降低温室内的空气湿度。

2. 增加空气湿度的方法

空气湿度或土壤湿度过低,气孔关闭,影响光合产物的运输,造成干物质积累缓慢、植株萎蔫,特别是在分苗、嫁接及定植后,需要较高的空气湿度以利缓苗。增加空气湿度的方法主要有减少通风量、喷雾加湿、栽培床上加盖小拱棚、采用畦灌或喷灌以增加空气湿度。

3. 土壤湿度的调节和控制

温室内土壤湿度的变化不仅影响环境温度和空气湿度,也会影响土壤的通气、养分和温热状况。从环境调控的观点来说,低温季节空气湿度的调控,主要是降低空气湿度,防止叶面结露,以达到减轻病害的目的。调控温室内土壤水分状况的主要技术措施是灌水和排水,应根据温室内不同植物、不同生育时期的需水特性及植物体内的水分状况和温室内环境条件合理确定灌水、排水时间和排灌量。因此,调控温室内土壤湿度是保证温室环境有利于植物生长发育的关键技术和重要手段。

3.2.3 温室光照调控措施

1. 增加光照强度的措施

(1) 合理的设施结构和布局

① 选择适宜的建筑场地及合理的建筑方位。原则是基于设施生产的季节,当地的

自然环境,如地理纬度、海拔高度、主要风向、周边环境(有否高大建筑物、地面平整与否等)确定。

② 设计合理的屋面坡度。单屋面温室主要设计好后屋面仰角、前屋面与地面交角、后坡长度,做到既保证透光率高也兼顾保温效果。温室屋面角要保证尽量多进光,还要防风、防雨(雪),使排雨(雪)水顺畅。

③ 合理的透明屋面形状。生产实践证明,拱圆形屋面采光效果好。

④ 骨架材料。在保证温室结构强度的前提下尽量用细材,以减少骨架遮阴,梁柱等材料也应尽可能少,如果是钢材骨架,可取消立柱,对改善光环境很有利。

⑤ 选用透光率高且透光保持率高的透明覆盖材料。我国以塑料薄膜为主,应选用防雾滴且持效期长、耐候性强、耐老化性强的优质多功能薄膜、漫反射节能膜、防尘膜、光转换膜。大型连栋温室有条件的可选用PC板材。

(2) 改进栽培管理措施

① 覆盖透光率比较高的新薄膜。一般新薄膜的透光率可达90%以上,使用一年后的旧薄膜,视薄膜的种类不同,透光率一般下降为50%~60%,覆盖效果比较差。

② 保持透明屋面洁净。使塑料薄膜温室屋面的外表面少染尘,经常清扫以增加透光,内表面应通过防风等措施减少结露(水珠凝结),提高透光率。

③ 在保温的前提下,尽可能早揭晚盖外保温和内保温覆盖物,增加光照时间。在阴雨雪天,也应揭开不透明的覆盖物,在确保防寒保温的前提下时间越长越好,以增加散射光的透光率。双层膜温室可将内层改为白天能拉开的活动膜,以利光照。

④ 保持膜面平展。棚膜变松、起皱时,反射光量增大,透光率降低,应及时拉平、拉紧。

⑤ 及时消除薄膜内面上的水膜。常用方法:一是拍打薄膜,使水珠下落;二是定期向膜面喷洒除滴剂或消雾剂,有条件的地方应尽量覆盖无滴膜。

⑥ 合理密植,合理安排种植行向。目的是为减少作物间的遮阴,密度不可过大,否则作物在设施内会因高温、弱光发生徒长,作物行向以南北行向较好,没有死阴影。若是东西行向,则行距要加大,尤其是北方单屋面温室更应注意行向。高架作物则宜实行宽窄行种植,并适当稀植。

⑦ 加强植株管理。黄瓜、番茄等高秧作物及时整枝,及时吊蔓或插架,并用透明绳架吊拉植株茎蔓等。进入盛产期时还应及时将下部老叶摘除,以防止上下叶片相互遮阴。

此外设施栽培应选用较耐弱光的品种,还可采用有色薄膜,人为地创造某种光质,以满足某种作物或某个发育时期对该光质的需要,以使作物高产、优质。但应注意有色覆盖材料透光率偏低,只有在光照充足的前提下改变光质才能收到较好的效果。

(3) 利用反射光

① 是在地面上覆盖反光地膜；

② 在设施的内墙面或风障南面等张挂反光薄膜，可使北部光照增加50%左右；

③ 将温室的内墙面及立柱表面涂成白色。

2. 降低光照强度措施

遮光主要材料有遮阳网、苇帘、草苫等。遮光不仅能够减弱保护地内的光照强度，还能降低保护地内的温度。保护地遮光20%~40%能使室内温度下降2~4℃。初夏中午前后，光照过强，温度过高，超过作物光饱和点，对生育有影响时应进行遮光；在育苗过程中移栽后为了促进缓苗，通常也需要进行遮光。遮光材料要求有一定的透光率、较高的反射率和较低的吸收率。遮光对夏季炎热地区的蔬菜栽培，以及花卉栽培尤为重要。

遮光方法有如下几种。覆盖各种遮阳物，如遮阳网、无纺布、苇帘、竹帘等；薄膜表面涂白灰水或泥浆等措施进行遮阴，一般薄膜表面涂白面积30%~50%时，可减弱光照20%~30%；玻璃面涂白，可遮光50%~55%，降低室温3.5~5.0℃；屋面流水可遮光25%。

(1) 缩短日照时间

有些作物必须在短日照条件下（8~10h）才能完成花芽分化或开花结果，这种植物叫短日照植物，例如黄瓜在苗长出2片真叶时，就已开始花芽分化，这时如果每天日照时数超过10h（长日照），花芽分化就少，所以必须在苗期进行短日照处理，再配合夜间适当低温管理（15~17℃），则秧苗花芽分化快、花芽多，特别是雌花花芽形成多，栽在棚室后，瓜码密、产量高。所以，黄瓜在早春温室育苗时，通过晚揭、早盖草帘子的办法，进行短日照处理，即上午8时把温室草帘子卷起来，午后4时再把草帘子盖上，这种短日照处理，既有利于温室保温，又能多结瓜，提高黄瓜产量。

有些短日照的植物，如草莓，牵牛花，落地生根等浆果或花卉要想提早开花，必须进行短日照处理，方法是用黑色塑料薄膜或内层为红色，外层为黑色的双面窗帘，每天及时盖上和揭开，让太阳照射8~10h，很快就会开花。

(2) 减弱光照强度

① 遮阳网或不织布覆盖。夏季高温季节，对于喜阴植物，应采取遮光措施，以防止日晒和减弱光照强度，一般上午9~10时到下午3~4时，在温室外面用竹帘、遮阳网等覆盖或直接覆盖不织布，均能减弱光照强度。设施遮光20%~40%能使室内温度下降2~4℃。在育苗过程中，移栽后为了促进缓苗，通常也需要进行遮光。

② 设施内种植藤本植物。设施内种植一些爬蔓的藤本植物也能达到遮光效果，特别是一些观赏花卉植物，如兰科、天南星科、蕨类及食虫植物等，在高纬度的黑龙江省，即使在冬季，也需要适当遮阴。园林花卉植物专用温室常在温室北墙处，种植或摆放几盆原产热带或亚热带的多年生草本植物，如叶子花、佛手瓜或一年生的丝瓜、

苦瓜等，夏季高温时茎蔓爬到温室架上，下面形成荫蔽环境，起到遮光、降温的作用。

③ 玻璃面上涂白灰。先将生石灰块 5kg 加少量水粉化，过滤后加入 25kg 水和 250g 食盐，用喷雾器均匀地喷在温室外的玻璃面上，如遇暴雨冲掉后可再喷，由于喷白能大量反射太阳光，能起到减弱温室内部光照强度的作用，但喷白对降低温度效果不大。

④ 玻璃屋面喷水。夏季高温光照过强，结合降温采取屋顶喷水，徐徐流水不但可带走大量热能，同时还能吸收和反射一部分光能，从而使温室内的光能强度有所减弱。

⑤ 室外种植落叶树种。在温室外部四周距墙 2~2.5m 处种植成排的高度适宜的小乔木，树种要求枝叶不过于繁茂，树冠比较开张，枝条萌发力强、生长迅速，且病虫害较少的落叶树，如垂柳、合欢等。夏季既可降温又遮阴并能使温室周围环境与自然的生态条件相近，秋末太阳高度角开始降低，光照强度减弱，对树木进行强修剪，防止冬季遮光，早春又可重新萌发形成新的植物景观。

3.2.4 温室二氧化碳浓度调控措施

在连栋温室内，二氧化碳不足的问题，尤其是二氧化碳饥饿状态对作物生长发育影响的问题较严重。温室内二氧化碳浓度变化规律是白天浓度低，尤其是日出后 1~2h 降低极快，最终达到 100uL/L 以下，甚至到了作物不能吸收利用的补偿点。此时被称为二氧化碳饥饿状态。但是日落以后在夜间二氧化碳的含量有所增长，到天明前达到最高点。其原因是夜间光合作用停止，二氧化碳不再消耗支出，室内呼吸作用放出的二氧化碳，再加上室内土壤中有机物质不断分解产生二氧化碳，结果造成二氧化碳浓度增大。日出后作物开始光合作用吸收大量二氧化碳，保温密闭温室内二氧化碳只有消耗没有供给，二氧化碳含量会大大减少。处于二氧化碳饥饿的作物，不仅光合速率降低，而且光合产物分配状况发生异常，造成叶根的代谢机能紊乱，无机养分吸收等生理过程受限，生长发育环境变得恶劣。所以温室内施用二氧化碳是一项极为重要的技术，施用方法如下：

(1) 通风换气。通风换气是补充二氧化碳最简便的方法，简便易行，但增施二氧化碳的量不易掌握，且严寒冬季难以进行。

(2) 有机肥发酵。肥源丰富、成本低、简单易行，但二氧化碳发生量集中，也不易掌握。

(3) 燃烧法。燃烧白煤油、天然气、液化气、沼气、煤、焦炭等来增施二氧化碳，常用方式是采用火焰燃烧式二氧化碳发生器产生二氧化碳，通过管道或风扇吹散于室内各角落。这种方法的优点是简单有效，缺点是优质燃料成本高，一般燃料易产生一氧化碳、二氧化硫等有害气体，使用过程中应注意使燃料充分燃烧。

(4) 施用液态、固态二氧化碳。每 1000m³ 空间每次施 2~3kg。这种方法的优点是施放的二氧化碳纯净、安全、方便，劳动强度小；缺点是二氧化碳的来源受限。

(5) 施用颗粒肥。山东省农业科学院研制出的二氧化碳颗粒肥，埋入土中或放入容器中加水，即可产生二氧化碳，缓慢向空气中释放。此法的优点是不需要特殊装置，简单易行；缺点是释放时间不易控制。

(6) 化学反应法。采用碳酸盐和强酸反应产生二氧化碳。我国目前多用此种方法。反应式如下：

$$2NH_4HCO_3 + H_2SO_4 \longrightarrow (NH_4)_2SO_4 + 2H_2O + 2CO_2 \uparrow$$

$$2NaHCO_3 + H_2SO_4 \longrightarrow Na_2SO_4 + 2H_2O + 2CO_2 \uparrow$$

$$CaCO_3 + 2HCl \longrightarrow CaCl_2 + H_2O + CO_2 \uparrow$$

生产中多采用废硫酸和化肥碳酸氢铵反应。使用时首先将 3 份体积水置于塑料或陶瓷容器中，边搅拌边将 1 份体积的浓硫酸沿器壁缓慢加入水中，搅匀后冷却至常温备用。然后将配制好的稀硫酸盛入敞口塑料桶，一次可放入 2~3d 的用量，这样在塑料桶中一次加入的碳酸氢铵完全转化成二氧化碳后，稀硫酸还有剩余，省去了经常稀释硫酸的麻烦，也可防止碳酸氢铵过剩而有氨气产生，对作物生长不利。使用时将称好的碳酸氢铵用厚纸包好，其上插几个孔，慢慢放入稀硫酸中，以免反应过于剧烈而使硫酸溅出。碳酸氢铵不可浮在反应液上面，防止氨气产生。因为二氧化碳较重，生成后要下沉扩散，所以盛硫酸的桶应该悬挂在空中，利于功能叶片的吸收，悬挂高度随植株生长点适当向上提高，一般略高于植株生长点。为使二氧化碳分布均匀，通常每亩温室要均匀设置 6~8 个发生点。硫酸与碳酸氢铵完全反应后（即碳铵加入硫酸后完全无气泡放出）得到的液态硫铵，可稀释 50 倍直接作追肥用。

3.3 温室 CFD 模拟技术与智能化栽培

温室内环境温度随着外界的温度变化而变化，它不仅有季节性变化，而且也有着日变化，不仅日夜温差大，而且也有局部温差，了解温室内温度分布情况后有利于温室智能化栽培环境调控，进行温室微气候模型数值模拟技术试验是最为经济有效的途径之一。

作物的生长发育主要取决于遗传和环境两大因素，遗传决定农业生产的潜势，而环境则决定这种潜势可能兑现的程度。作物对环境因素的要求涉及光、温、水、气、肥等众多的因子，温度通过影响作物的光合作用、呼吸作用、蒸腾作用、细胞分裂和伸长来影响作物的生长发育及产量形成。温度对作物的重要性在于必须在一定的温度条件下，作物才能进行体内生理活动及体内生化反应，是作物生长的重要环境因子之一。温度的变化，可引起综合环境中其他因子（如湿度）的变化，而环境因子综合体的变化，又影响作物的生长、发育及产量。在研究日光温室微生态环境变化过程中，光照度、气温、湿度、CO_2 浓度、水分等温室环境因子中，温度对作物生育的影响最显著。现温室环境控制趋向以作物的最适环境调控为主，研究以"温度主元法"为基础，运用动态规划机制，实施以动态变化温度为主要检测对象，以温室内栽培生物一天内所需的动态温度变化规律为控制模式，对温室环境中的温、湿、光、气及环流风速实现动态优化平衡调控的自动化管理体系。李志伟等在研究日光温室微生态环境变化机理的基础上，以温度为主元的基本理论，利用动态规划理论，建立了以温度为主参量的日光温室综合环境调控模式。在这类以温度为主的控制模式中，温度检测的准确性对整个系统的精度尤为重要，而大型连栋温室同一时刻不同位置的温度差异最大可达 10℃以上，所以，传感器空间位置配置不合适引入的检测误差可能大大降低测量信号的可靠性。温度检测的准确对节省能源也有着很重要的作用。有研究表明，智能的温室控制系统可使同时期的温度从 21.1℃升到 22.1℃的能量消耗可减少 34%。1℃的变化，这就要求检测温度的误差在这个范围内。因此，确定温度传感器放在温室内的最佳位置，确定温度传感器的最佳数目，在温室环境控制系统中具有重要的意义。

3.3.1 传感器优化布置简介

传感器布设这一词常出现在振动模态试验中，这个问题最早是在轨道航天器的动态控制与系统识别中得到广泛研究。由于传感器及其数据采集与处理设备的较高成本或其他约束条件，为了实现机械、航空航天、土木等工程结构的振动主动控制，不管采用何种控制方法，都希望采用尽可能少的传感器，为了满足控制性能指标，必须进行传感器的优化配置。特别是当不易变更传感器的位置时，传感器的优化配置则更为重要。

一种好的传感器布设方案应做到：

(1) 在含噪声的环境中，能够利用尽可能少的传感器获取全面、精确的结构参数信息；

(2) 测得的模态应能够与模型分析的结果建立起对应关系；

(3) 能够通过合理添加传感器对感兴趣的部分模态进行数据重点采集；

(4) 测得的时程记录将对模态参数的变化最为敏感。

除此之外，Carne 和 Dohrmann 还强调了传感器布设应使模态试验结果具有良好的可视性（visualization）和鲁棒性（robustness）。崔飞等提出了一套传感器优化布设的方案，目的在于迅速有效地从一个自由度繁杂的结构模型中选择出关键的测点位置，在含噪声的环境中实现对结构状态改变信息的最优采集，改善早期对大型柔性结构的整体探伤能力。周璇等提出了一种基于信息矩阵行列式的优化算法，得到分布参数系统检测传感器的最佳位置配置，同时获得系统状态的最优估计。李戈等利用遗传算法搜索悬索桥结构健康监测系统中传感器的最优测点，结果表明用广义遗传算法搜索悬索桥监测系统中传感器的最优布点结果稳定可靠，且收敛迅速。国外也有从有限的、简化的减少传感器数量方面，阐述了一种在分布过程系统中有效地重建无限空间领域系统方法。可见，现有的传感器优化配置的应用主要是为了预测结构系统的响应，监测其工作状态，进而控制其工作性能，通过模态试验确定作动器/传感器的最佳数目，并将它们配置在最优位置，把这种方法直接应用到温室传感器优化配置方面并不适合，这就需要提出针对温室内传感器的优化布置方案。

3.3.2 温室温度传感器的布置方式和存在的问题

在温室环境控制方面，越来越多的温室环境控制研究趋向于依据植物的生长环境需求，以主要影响因子温度为主实现温室环境的综合调控模式。对于温度传感器的布置方式大都按经验布置，丁文彦对节能型日光温室温度控制系统进行了研究，实验是九个温度传感器（AD590）距地面高度约为 1.2m。纵向每 3 个传感器为一组，构成一个采样通道，将三个通道温度的平均值作为温室温度。吴元中等对大型玻璃自控温室逐时温度影响因子进行了研究，实验是 10000m^2 温室面积分隔为 2 大区，每区各有 1 个温湿度探测器和开关窗感应器，室外装有 1 套温度、光照和风向风速探测仪。经对以往研究分析表明，在以温度为主元的温室控制系统中，温度检测的准确性对温室环境控制起着至关重要的作用。温度传感器在温室布置主要的问题如下：

（1）在大型连栋温室内温室的热容量较大，系统滞后时间较长，但在同一时刻，不同位置的温度传感器所获得的数据波动较大，温差较大，由于温室布局上的分散性，以及温室中不同作物对环境温度的要求不同，要实现远距离的多点的实时监测，采用传统的温度传感器的布点方式不能准确反映温室内的温度分布。

（2）温度测点布置的不同可能会引起温度测量的较大差异，对植物来说这个温度的差异也许不会危及植物的生命，但有可能不在植物的最适生长期温度范围内，抑制了作物的生长，浪费了进行环境调控的能源。

（3）目前在温室的自动控制中为了检测准确，常常增加传感器的数量，但测点的增加使室内接线端过多，导致系统安装和维修难度增大，故障率增高；增加了整个测试系统的硬件成本；使整个测试系统的复杂性增加，降低了整个系统的可靠性；使数据采集花费时间过多。

（4）从我国对温室环境研究和环境温室控制方面来看，传感器的布置方式大都按照经验布点，没有统一的布点标准，没有温室内温度布点相应的理论依据。

3.3.3 CFD 软件简介

计算流体力学是 20 世纪 60 年代起伴随计算机技术迅速崛起的学科，是近代流体力学、数值模拟和计算机科学相结合的产物。至今，CFD 作为一种模拟仿真工具已成为一个功能强大的设计工具，广泛地应用于研究各种传递过程（包括流体流动、传热和传质等）。CFD 模拟的输出结果包括流体的速度和方向、压力、温度和浓度在空间和时间上的分布。CFD技术的应用早已超越传统的流体力学和流体工程的范畴，如航空航天、船舶、动力、水利等，而扩展到化工、核能、冶金、建筑、环境等许多相关领域中。在近几年来，CFD应用于园艺领域的研究，被用来模拟温室室内的气候环境，然后利用这些模型来研究温室室内环境对外部环境和温室环境控制的响应，CFD的预测结果和实验的数据有了很好的吻合，表明CFD是研究温室内气候环境的有力工具。一些研究已经显示CFD能对不同的温室情况和控制方面（如通风口的开放大小和位置，不同的风速等）进行比较，这就是CFD模拟优于测量的方面，而且试验测量费用昂贵，耗时长。如果一个模型被验证是可行的，那么影响温室内部气候的许多方面都可以容易地实现模拟研究，并能对它们的作用进行比较。有了CFD模型，将产生一个"虚拟的真实"的模拟。应用CFD模型对温室内微环境的分布情况进行数值模拟，有利于理解微气候发展的流场，优化和改善通风方法及降温措施，为作物生长提供更加适宜的环境；了解掌握温室温度分布和变化，在温室环境控制系统中具有重要的意义。

3.3.4 CFD模拟温室温度场

用CFD软件模拟的方法，对温室内的温度场进行模拟，根据模拟的情况判断有代表性的温度测点布置传感器，以童莉的"机械通风条件下温室速度场和温度场的CFD数值模拟"中试验结果为例。试验的温度传感器的布置方式如图3-3所示。

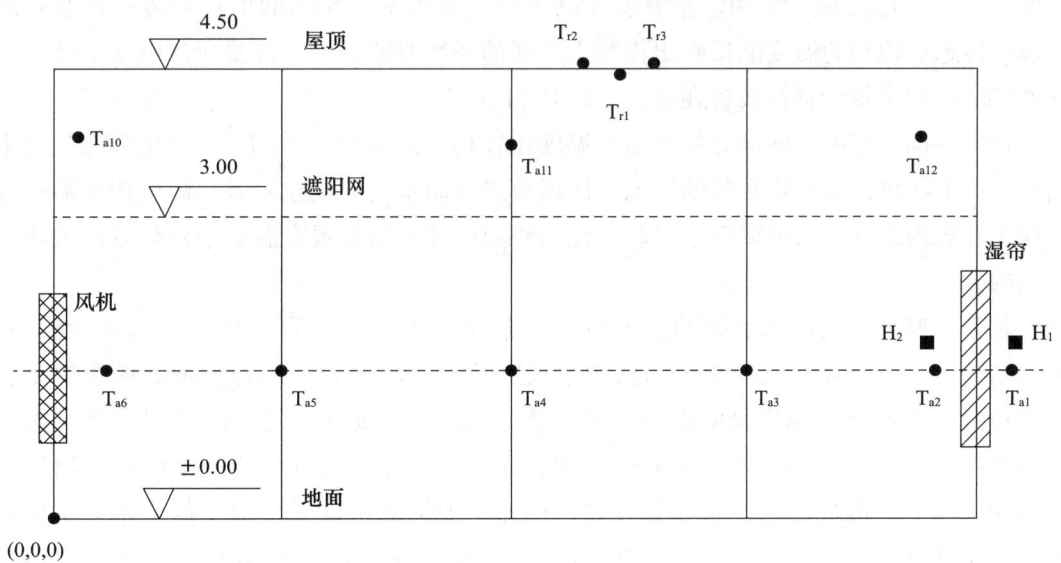

图3-3 试验温室测量位置

在控制温度时的传感器布置不可能同做试验一样布置很多传感器，那么如何选取有代表性的点来布置传感器呢，根据不同风速试验的结果如图3-4所示。

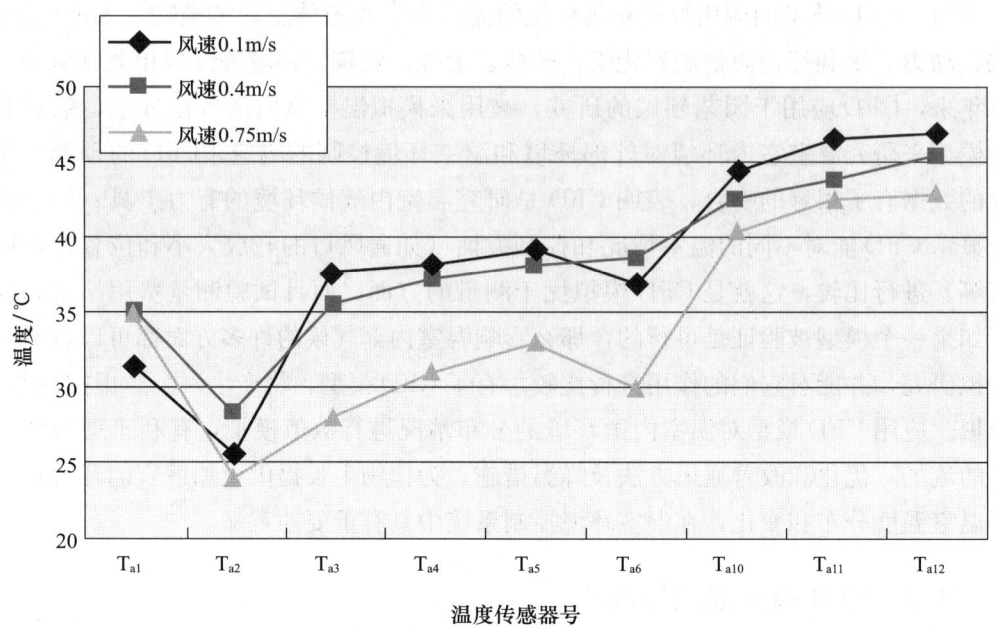

图 3-4　试验温室速度场和温度场的试验结果

由图 3-4 可看出，不同的风速，T_{a3}、T_{a4}、T_{a5} 和 T_{a10}、T_{a11}、T_{a12} 点的温度差不大。一般在 3℃ 左右，最大在 5℃ 左右，所以从总体上说若温室控制时的温度传感器可布置在 T_{a3}、T_{a4}、T_{a5} 之间，因为温室温度控制主要是对温室内作物的生长环境进行有效的调控，传感器检测的温度能反映出作物生长区的环境温度即可，若要观察温室上部分的温度状况，则可将传感器放置在 T_{a10}、T_{a11}、T_{a12} 间。

在每一栋温室的中间部分是温室内温度比较均匀的区域，与图 3-4 的试验测量结果相符，这个区域恰是植物生长的区域，所以要进行温室内温度控制时，温度传感器布置在这个区域内即可。这也验证了经验布点时将温度传感器布置在温室中间位置的做法是恰当的。

若为了温室环境控制系统的温度传感器布置，可通过 CFD 软件对环境进行模拟，根据结果，一般放在温度变化小的植物生长区的中间位置即可，若更精确地布置传感器的位置，则必须考虑作物的生长高度，和实时的环境变化，这个过程很复杂，需要借助其他的办法。另外，针对不同的试验要求，传感器的放置位置也不同，如测温室内的最大温差，温度传感器会布置在温室两端；如测遮阳效果，温度传感器会布置在温室的顶部和作物生长区，这要根据具体试验所需测量参数的情况定。总之，通过 CFD 软件先将温室内的温度环境进行模拟，可以定性地考虑温室内温度状况，能更准确地布置传感器得到想要测的环境温度，减少传感器的使用数量，给出传感器布点的依据，但对于大型连栋温室及其他多因素的考虑要给出一个定量的描述，则需进一步的试验研究。

3.4 温室温度 CFD 模拟技术实践

作物的生长发育主要取决于遗传和环境两大因素，遗传决定农业生产的潜势，而环境则决定这种潜势可能兑现的程度。作物对环境因素的要求涉及光、温、水、气、肥等众多的因子，温度通过影响作物的光合作用、呼吸作用、蒸腾作用、细胞分裂和伸长来影响作物的生长发育及产量形成。温度对作物的重要性在于必须在一定的温度条件下，作物才能进行体内生理活动及体内生化反应，是作物生长的重要环境因子之一。温度的变化，可引起综合环境中其他因子（如湿度）的变化，而环境因子综合体的变化，又影响作物的生长、发育及产量。在研究日光温室微生态环境变化过程中，光照度、气温、湿度、CO_2 浓度、水分等温室环境因子中，温度对作物生育的影响最显著。现温室环境控制趋向以作物的最适环境调控为主，研究要以"温度主元法"为基础，运用动态规划机制，实施以动态变化温度为主要检测对象，以温室内栽培生物一天内所需的动态温度变化规律为控制模式，对温室环境中的温、湿、光、气及环流风速实现动态优化平衡调控的自动化管理。李志伟等在研究日光温室微生态环境变化机理的基础上，以温度为主元的基本理论，利用动态规划理论，建立了以温度为主参量的日光温室综合环境调控模式。在这类以温度为主的控制模式中，了解日光温室温度分布及变化，对温室环境控制系统具有重要的意义。

目前，对于温室温度检测控制的方法主要以试验测试为主。有研究者采用 CFD 模拟技术提高温室内温度检测调控准确度。贾宋楠等以地暖管加热温室土壤为研究对象，通过不同试验测试对比得到了热管的最佳埋设深度。张卓等采用硅橡胶加热板对盆栽作物的基质进行加热，分析对比了不同根区加热温度对作物生长的影响。孙先鹏等开展了太阳能蓄热联合空气源热泵加热试验研究，通过多组试验的测试结果得到了最优的供热方式。随着 CFD 技术的迅速发展，该技术已被广泛应用于温室的热湿环境模拟和自然通风模拟，但用于温室加温系统参数优化方面的研究较少。王谦等构建了冬季夜间供暖条件下温室室内热环境的 CFD 模型，并对室内温度分布进行了数值模拟。张勇等构建了日光温室蓄热后墙的 CFD 模型，通过模拟不同工况下蓄热风道的温度场得到了通风蓄热的高效范围及有效长度。刘文和等采用 CFD 建立了太阳能墙体辅助加温系统模型，对加温系统中的管径、管间距、流体温度等参数进行了优化。近年来，Mistrioti、Al-Helal 等、Boulard 等、Montero 等、Haxire 等（2000）、Lee 等国内外众多研究人员利用 CFD 方法对温室通风效果及结构优化设计进行了研究。

3.4.1 CFD 模拟模型构建

在温室内，空气流动可视为稳态黏性不可压缩的湍流流动，温室内热环境的基本数学物理模型由质量方程、动量方程和能量方程构成。

连续方程：
$$\frac{\partial u}{\partial x}+\frac{\partial v}{\partial y}+\frac{\partial w}{\partial z}=0 \tag{3-1}$$

Navier-Stokes 方程：
$$\frac{\partial(\rho u)}{\partial t}+\nabla \cdot \rho u U=-\frac{\partial P}{\partial x}+\mu \nabla^2 u+\rho f_x \tag{3-2a}$$

$$\frac{\partial(\rho v)}{\partial t}+\nabla \cdot \rho v U=-\frac{\partial P}{\partial y}+\mu \nabla^2 v+\rho f_y \tag{3-2b}$$

$$\frac{\partial(\rho w)}{\partial t}+\nabla \cdot \rho w U=-\frac{\partial P}{\partial z}+\mu \nabla^2 w+\rho f_z \tag{3-2c}$$

能量方程：
$$\frac{\partial}{\partial t}\left[\rho\left(e+\frac{U^2}{2}\right)\right]+\nabla \cdot \left[\rho\left(e+\frac{U^2}{2}\right)U\right] = \rho \dot{q}+\frac{\partial}{\partial x}\left(\lambda_a \frac{\partial T}{\partial x}\right)+\frac{\partial}{\partial y}\left(\lambda_a \frac{\partial T}{\partial y}\right)+\frac{\partial}{\partial z}\left(\lambda_a \frac{\partial T}{\partial z}\right)-$$
$$\frac{\partial(up)}{\partial x}-\frac{\partial(vp)}{\partial y}-\frac{\partial(wp)}{\partial z}+\frac{\partial(u\tau_{xx})}{\partial x}+\frac{\partial(u\tau_{yx})}{\partial y}+\frac{\partial(u\tau_{zx})}{\partial z}+\frac{\partial(v\tau_{xx})}{\partial x}+\frac{\partial(v\tau_{yx})}{\partial y}+$$
$$\frac{\partial(v\tau_{zx})}{\partial z}+\frac{\partial(w\tau_{xx})}{\partial x}+\frac{\partial(w\tau_{yx})}{\partial y}+\frac{\partial(w\tau_{zx})}{\partial z}+\rho f \cdot U \tag{3-3}$$

式中，u，v，w (m/s) 分别是流速矢量 U 在 x，y，z 三个坐标轴方向的分量；f_x、f_y、f_z 是单位质量力在 x、y、z 方向上的分量，$f_x=f_y=0$，$f_z=-g$；ρ (kg/m³) 和 μ (Pa·s) 分别为流体的密度和动力黏度；P (Pa) 为流体的压力；e (J) 为单位质量流体所据内能；T (K) 为空气温度；λ_a (W/(m·K)) 为空气导热系数；$\dot{q}$ (J) 为单位体积流体的热量增量；τ (Pa) 为应力张量。

辐射采用离散坐标辐射（DO）模型，方程为：
$$\nabla \cdot (I(\boldsymbol{r},\boldsymbol{s})\boldsymbol{s}) + (a+\sigma_s)I(\boldsymbol{r},\boldsymbol{s}) = an^2 \frac{\sigma T^2}{\pi}+\frac{\sigma_s}{4\pi}\int_0^{4\pi} I(\boldsymbol{r},\boldsymbol{s})\phi I(\boldsymbol{s},\boldsymbol{s}')\mathrm{d}\Omega' \tag{3-4a}$$

$$\int_\pi I(\boldsymbol{r},\boldsymbol{\Omega})\mathrm{d}\Omega = \sum_{i=1}^{N}\alpha_i I(\boldsymbol{r},\boldsymbol{\Omega}_i);\ \sum_{i=1}^{N}\alpha_i = 4\pi \tag{3-4b}$$

$$q = \int_{4\pi}\boldsymbol{\Omega}I\mathrm{d}\Omega = \sum_{i=1}^{N}\alpha_i\boldsymbol{\Omega}_i I_i \tag{3-4c}$$

式中，s 为离散空间角；Ω_i ($i=1$，2，…，N) 为离散方向；α_i 为单位球体表面面积加权量；$I(\boldsymbol{r},\boldsymbol{\Omega}_i)$ 为辐射强度，W/(m²·K)。

目前，在温室环境的 CFD 数值计算研究中常用 $k-\varepsilon$ 族湍流模型，本书选用的标准 $k-\varepsilon$ 模型、RNG $k-\varepsilon$ 模型、Realizable $k-\varepsilon$ 模型及其参数见表 3-1。

表 3-1 湍流模拟模型

Standard k-ε model	$\frac{\partial}{\partial t}(\rho k)+\frac{\partial}{\partial x_i}(\rho k U) = \frac{\partial}{\partial x_i}\left[\left(\mu+\frac{\mu_t}{\sigma_k}\right)\frac{\partial k}{\partial x_i}\right]+G_k+G_b-\rho\varepsilon-Y_M$	(3-5)
	$\frac{\partial}{\partial t}(\rho\varepsilon)+\frac{\partial}{\partial x_i}(\rho\varepsilon U) = \frac{\partial}{\partial x_i}\left[\left(\mu+\frac{\mu_t}{\sigma_\varepsilon}\right)\frac{\partial \varepsilon}{\partial x_i}\right]+C_{1\varepsilon}\frac{\varepsilon}{k}(G_k+C_\mu G_b)-C_{2\varepsilon}\rho\frac{\varepsilon^2}{k}-R$	(3-6)
	$G_k=\mu_t\left\{2\left[\left(\frac{\partial u}{\partial x}\right)^2+\left(\frac{\partial v}{\partial y}\right)^2+\left(\frac{\partial w}{\partial z}\right)^2\right]+\left(\frac{\partial u}{\partial y}+\frac{\partial v}{\partial x}\right)^2+\left(\frac{\partial u}{\partial z}+\frac{\partial w}{\partial x}\right)^2+\left(\frac{\partial v}{\partial z}+\frac{\partial w}{\partial y}\right)^2\right\}$	
	$C_{1\varepsilon}=1.44$，$C_{2\varepsilon}=1.92$，$C_\mu=0.09$，$\sigma_k=1.0$，$\sigma_\varepsilon=1.3$	

续表

RNG k-ε model	$\frac{\partial}{\partial t}(\rho k)+\frac{\partial}{\partial x_i}(\rho kU)=\frac{\partial}{\partial x_i}\left(a_k\mu_{eff}\frac{\partial k}{\partial x_i}\right)+G_k+G_b-\rho\varepsilon-Y_M$ $\frac{\partial}{\partial t}(\rho\varepsilon)+\frac{\partial}{\partial x_i}(\rho\varepsilon U)=\frac{\partial}{\partial x_i}\left[\left(\mu+\frac{\mu_t}{\sigma_\varepsilon}\right)\frac{\partial\varepsilon}{\partial x_i}\right]+C_{1\varepsilon}\frac{\varepsilon}{k}(G_k+C_{3\varepsilon}G_b)-C_{2\varepsilon}^*\rho\frac{\varepsilon^2}{k}$ $C_{\varepsilon2}^*=C_{\varepsilon2}+\frac{C_\mu\rho\eta^3(1-\eta/\eta_0)}{1+\beta\eta^3}$ $C_{1\varepsilon}=1.42$、$C_{2\varepsilon}=1.68$、$\sigma_k=0.72$、$\sigma_\varepsilon=0.75$	(3-7) (3-8)
Realizable k-ε model	$\frac{\partial}{\partial t}(\rho k)+\frac{\partial}{\partial x_i}(\rho kU)=\frac{\partial}{\partial x_i}\left[\left(\mu+\frac{\mu_t}{\sigma_k}\right)\frac{\partial k}{\partial x_i}\right]+G_k+G_b-\rho\varepsilon-Y_M$ $\frac{\partial}{\partial t}(\rho\varepsilon)+\frac{\partial}{\partial x_i}(\rho\varepsilon U)=\frac{\partial}{\partial x_i}\left[\left(\mu+\frac{\mu_t}{\sigma_k}\right)\frac{\partial\varepsilon}{\partial x_i}\right]+\rho C_1S_\varepsilon+C_{1\varepsilon}\frac{\varepsilon}{k}C_{3\varepsilon}G_b-C_2\rho\frac{\varepsilon^2}{k+\sqrt{\upsilon\varepsilon}}$ $C_1=\max\left[0.43,\frac{\eta}{\eta+5}\right]$；$\eta=Sk/\varepsilon$，$S_\varepsilon=(2S_{i,j}S_{i,j})^{\frac{1}{2}}$ $C_{1\varepsilon}=1.44$，$C_2=1.68$，$\sigma_k=1.0$，$\sigma_\varepsilon=1.2$	(3-9) (3-10) (3-11)

3.4.2 模拟模型求解

1. 模型与计算域

本书主要选取温室内部的空间作为数值计算域，如图 3-5 所示。

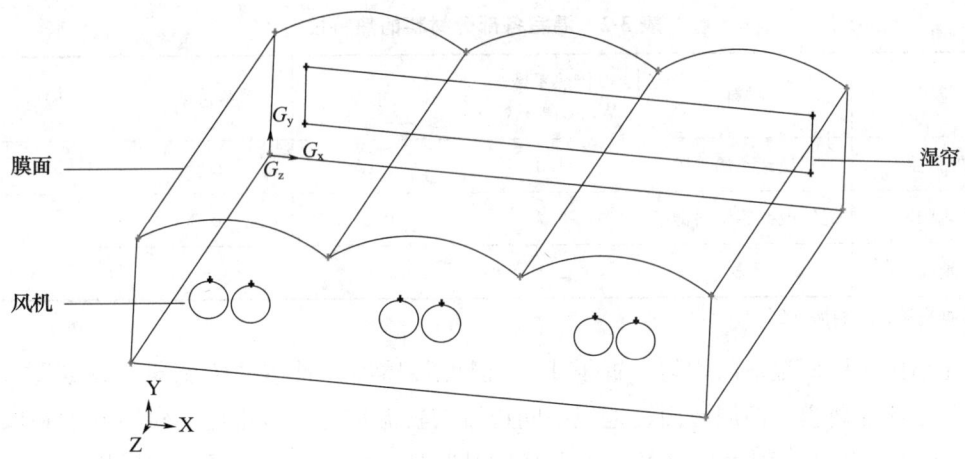

图 3-5 温室热环境计算区域

2. 网格划分

本书拟采用 GAMBIT 进行网格划分。考虑到三维计算，生成的网格数目非常庞大，三跨温室，以其内部的空间作为计算域，小模型温室宽度（x 轴方向）总宽度 1.8m；高度（y 轴方向）0.5m；长度（z 轴方向）2.1m。在进行网格划分过程中采用六面体，网格大小为 10mm，网格总数约 161.32 万个，歪斜单元值在 0.5 以下的占 99.61%，网格质量良好。

3. 模型求解

数值计算采用了定常的非耦合隐式算法，压力项等采用了一阶迎风格式，压力速度耦合采用了 SIMPLEC 算法，选择收敛精度为 0.0001。使用 FLUENT6.13 软件包对数学模型进行数值求解。

4. 边界条件设置

CFD 模拟以室内空气为研究对象，将覆盖材料、四周围护结构、土壤作为边界条件处理。设置壁面、顶部覆盖材料无滑移边界，模型的壁面及顶部覆盖材料都设为"Wall"类型，均取对流换热条件，近壁面采用标准的壁面函数法。内遮阳处理成一个没有厚度，具有 35% 阳光率，并与周围空气进行传导和对流的"Wall"边界；地板设为绝热"Wall"边界。

3.4.3 模型校核与选择

1. 试验设计

本书主要借助温室比例模型试验对 CFD 模拟结果进行校核。比例温室模型是根据华北连栋温室按 1∶10 建立的，长 2.1m，宽 1.8m，共 3 跨，屋脊高度为 0.5m，模型温室天沟高 0.4m。刘雁征等已对模型的相似性进行了论证。温室覆盖材料顶部采用双层充气薄膜保温覆盖系统，薄膜选用中国农业大学设施农业工程技术研究中心研究的新型长寿薄膜，东西侧墙采用双层充气薄膜卷帘。温室各部分材料的热特性参数见表 3-2。

表 3-2 温室各部分材料的热特性

位置	材料	传热系数 W/(m²·℃)	反射率	透过率	吸收率
外覆盖	双层聚乙烯薄膜	4.0	0.15	0.55	0.3
内遮阳网	混铝或镀铝塑料薄膜	3.7	0.5	0.3	0.2
地面	木材	2.1	—	—	—

数据来源：李树海，2003。

在小比例模型温室内均匀布置了 12 个温度传感器，具体的传感器布置如图 3-6 所示，并在顶部薄膜、四周墙面、地板中间位置布置温传感器；距比例模型湿帘和风机外侧 0.3m 处布置 4 个温度传感器，其均值分别为湿帘的进口空气温度和风机出口处的温度值；假设风水平方向匀速进入温室，将湿帘划分为 4 个区域，分别检测各个区域中心位置利用热球风速仪（北京市检测仪器厂，ZRQF 智能风速计）测量湿帘出口的风速，然后取平均值作为湿帘的出口风速。另外在距小模型的周围 1.5~2m 处布置 4 个温度传感器，其均值作为室外空气温度输入。不考虑室外太阳辐射、地板加热、内遮阳的传热，将壁面覆盖材料、顶部覆盖材料设为参与对流与传导换热，地板设为绝热。CFD 模型边界条件的有湿帘入口处温度、风机出口温度、温室外环境温度、壁面温度、地板温度、湿帘入口风速对于 CFD 模型计算值输入见表 3-3。

表 3-3 CFD 模型计算常量输入值

名称	数值	单位	名称	数值	单位
顶部薄膜温度	291.2	K	室内空气的热传递系数	1006.43	W/(m·k)
东侧墙温度	291.7	K	室内空气的速度	1.79E-05	m/s
西侧墙温度	291.7	K	室内水蒸气含量	29.0	kg/mol
南侧墙温度	291.7	K	室内空气的重力加速度	9.81	m/s²
北侧墙温度	291.7	K	大气压力	101324	Pa
温室室内地板温度	292.1	K	湿帘的进口空气温度	285.2	K
室外空气温度	292.4	K	湿帘的进口空气速度	0.75	m/s
温室室内空气的密度	1.225	kg/m³	风机出口处的温度	290.2	K
室内空气的黏性系数	0.0242	kg/(m·s)	—	—	—

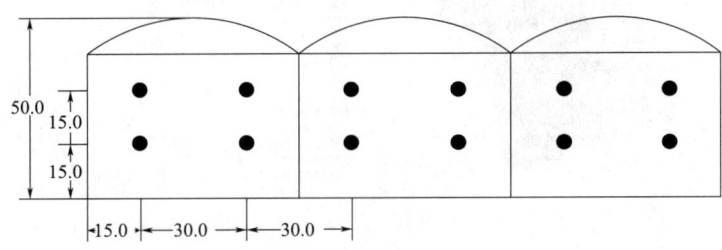

(a) 温度传感器垂直方向布置(单位：cm)

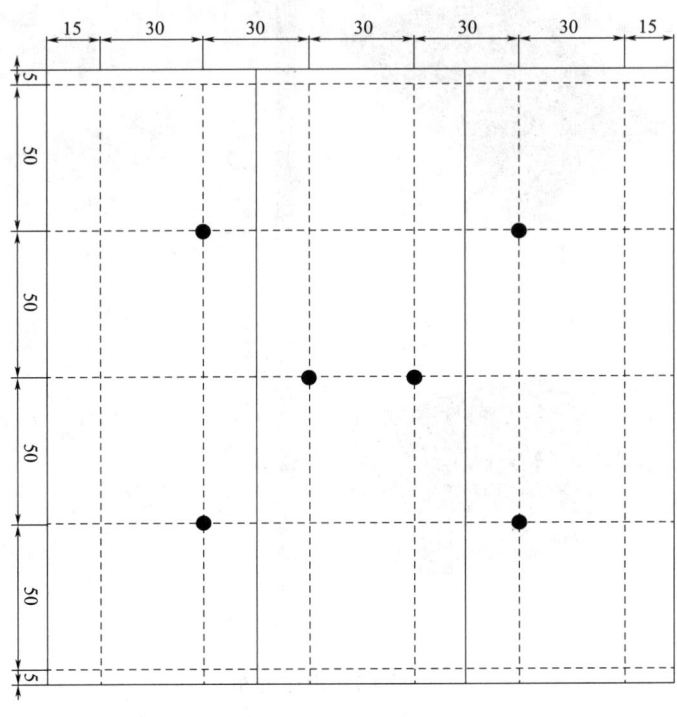

(b) 温度传感器水平方向布置(单位：cm)

图 3-6 温度传感器布置

2. 湍流计算模型选择

利用三种湍流模型对小比例模型内部温度场进行了模拟，对三种模型计算的结果如图 3-7 所示。图 3-7 显示了风机中心 $y=0.23m$ 的水平截面的温度分布，以及位于温室近风机处、中间处、湿帘处 $z=0.2m$、$z=1.0m$、$z=1.9m$ 纵向剖面的温度分布。从图 3-7 中可以看出，三种湍流模型均显示出温室内温度呈现明显的层状特征，从温室底部到顶部温度逐渐增加；温室内温度呈波浪式分布，从湿帘到风机出口温度逐渐递增；温室种植区域层内温度较为均匀，但在温室近壁面局部区域存在明显的高温区域。

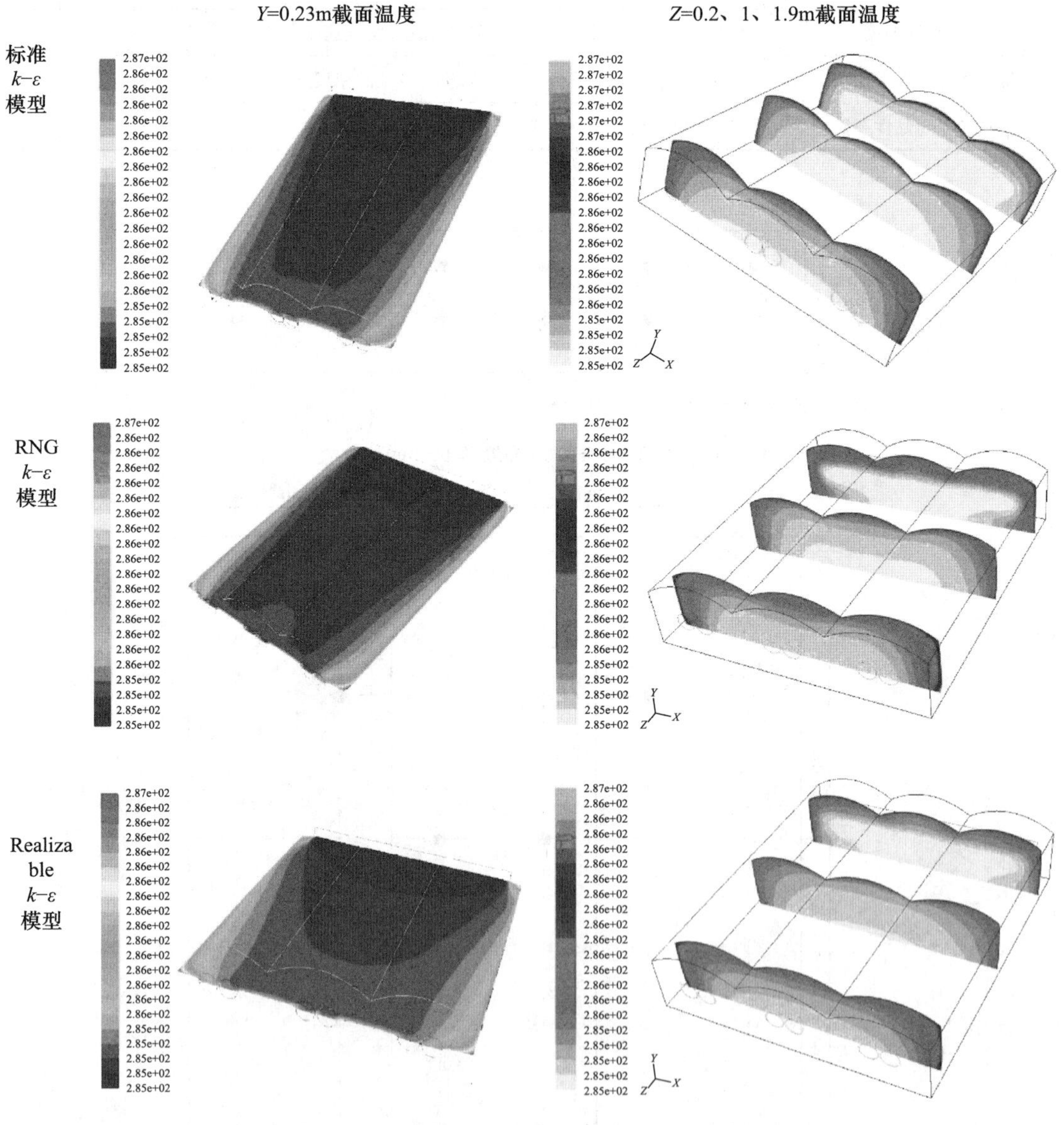

图 3-7 温度分布

对标准 $k-\varepsilon$ 模型、RNG $k-\varepsilon$ 模型和 Realizable $k-\varepsilon$ 模型三种湍流模型模拟结果与

实测值进行了比较，取样点位置如图 3-8 所示。通过上述比较分析，得出在小模型的机械通风情况下，三种模型模拟精度很高，误差均在 1.0% 以内，但三个模型间差异很小，可以忽略不计。但从收敛的效果看 Standard 最好（主要依据 energy 的残差、k 值、ε 值的残差），所以 Standard $k-\varepsilon$ 是温室温度环境数值模拟计算最为合适的湍流模型。

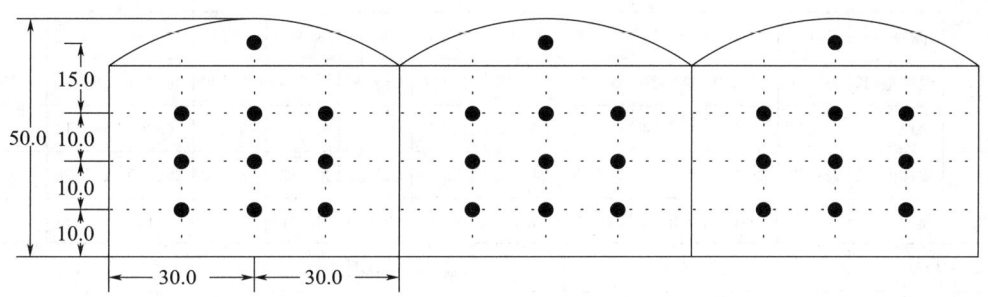

(a) 水平

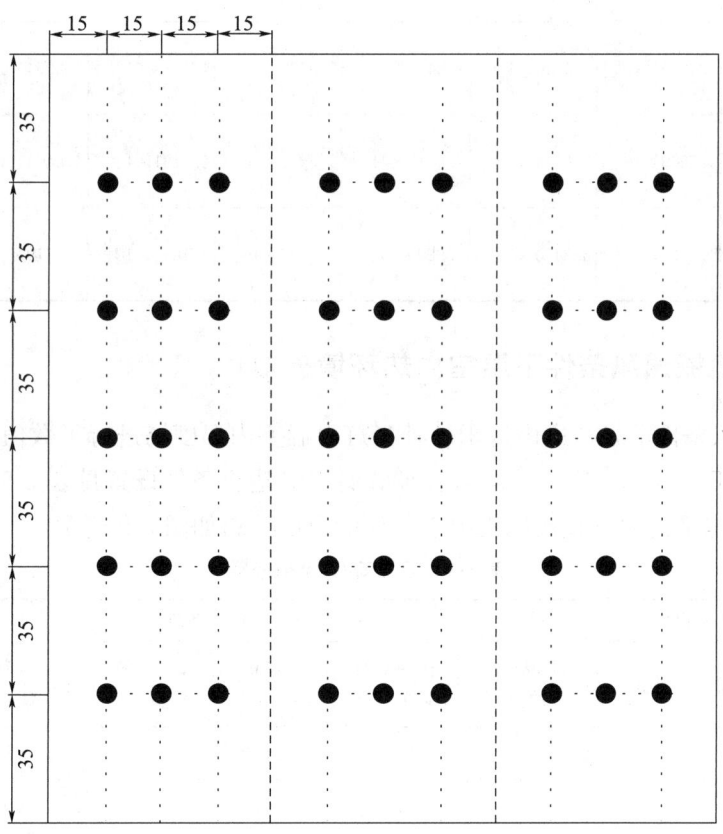

(b) 垂直

图 3-8 温室取样点布置

模拟结果与实测结果比较见表 3-4。

表 3-4 模拟结果与实测结果比较

湍流模型		取样点											
类型		1	2	3	4	5	6	7	8	9	10	11	12
实测值/K		285.06	285.01	285.30	285.64	285.02	284.94	285.18	285.06	284.99	285.04	285.61	285.20
Standard k-ε	模拟值/K	285.20	285.30	285.20	285.30	285.20	285.30	285.20	285.30	285.20	285.20	285.30	285.40
	偏差/%	0.05	0.10	−0.04	−0.12	0.06	0.13	0.01	0.08	0.11	0.06	−0.11	0.07
RNG k-ε	模拟值/K	285.20	285.30	285.20	285.30	285.20	285.30	285.20	285.30	285.20	285.30	285.30	285.30
	偏差/%	0.05	0.10	−0.04	−0.12	0.06	0.13	0.01	0.08	0.11	0.06	−0.11	0.07
Realizable k-ε	模拟值/K	285.20	285.30	285.20	285.30	285.30	285.30	285.20	285.30	285.30	285.40	285.30	285.40
	偏差/%	0.05	0.10	−0.04	0.10	0.13	0.04	0.08	0.11	0.13	−0.11	0.07	

湍流模型		模型收敛状况						
类型		连续性	x 速度	y 速度	z 速度	能量	k	ε
实测值/K		—	—	—	—	—	—	—
Standard k-ε	模拟值/K	1.4685×10^{-4}	1.3540×10^{-4}	7.8410×10^{-5}	7.8328×10^{-6}	1.1018×10^{-3}	4.2264×10^{-7}	1.0039×10^{-8}
	偏差/%							
RNG k-ε	模拟值/K	1.7803×10^{-4}	3.6174×10^{-4}	2.2032×10^{-4}	1.8956×10^{-5}	2.0121×10^{-3}	4.5404×10^{-6}	2.1578×10^{-7}
	偏差/%							
Realizable k-ε	模拟值/K	1.2537×10^{-4}	6.8420×10^{-5}	3.9800×10^{-5}	4.5542×10^{-6}	1.1844×10^{-3}	2.9619×10^{-6}	3.1107×10^{-6}
	偏差/%							

3.4.4 机械通风条件下温室内热环境模拟

对机械通风条件下,考虑内遮阳、补光灯对温室内温度场进行了数值模拟,四种处理分别标记为 T_{S1}、T_{S2}、T_{S3}、T_{S4},试验设计及其边界条件设置见表 3-5。对于 0.15m 和 0.40m 高的水平剖面分布及风机中心剖面的温度分布如图 3-9 所示。

表 3-5 温室环境状态设置

处理	试验设置		边界条件					
	内遮阳	补光灯	湿帘温度平均值/℃	湿帘风速平均值/(m/s)	风机风温/℃	东侧温度/℃	西侧温度/℃	顶部温度/℃
T_{S1}	0	0	12.2	0.34	17.2	18.7	18.8	18.2
T_{S2}	1	0	12.2	0.32	17.5	18.9	19.2	19.0
T_{S3}	1	1	12.4	0.33	18.1	19.3	19.2	21.5
T_{S4}	0	1	12.6	0.34	18.7	19.6	19.5	21.1

注:0 为关闭状态;1 为开启状态。湿帘风速是将湿帘等间距测 6 个点的值的平均;风机风速是将风机出口面积分为四块,测每块中心的数据的平均值。

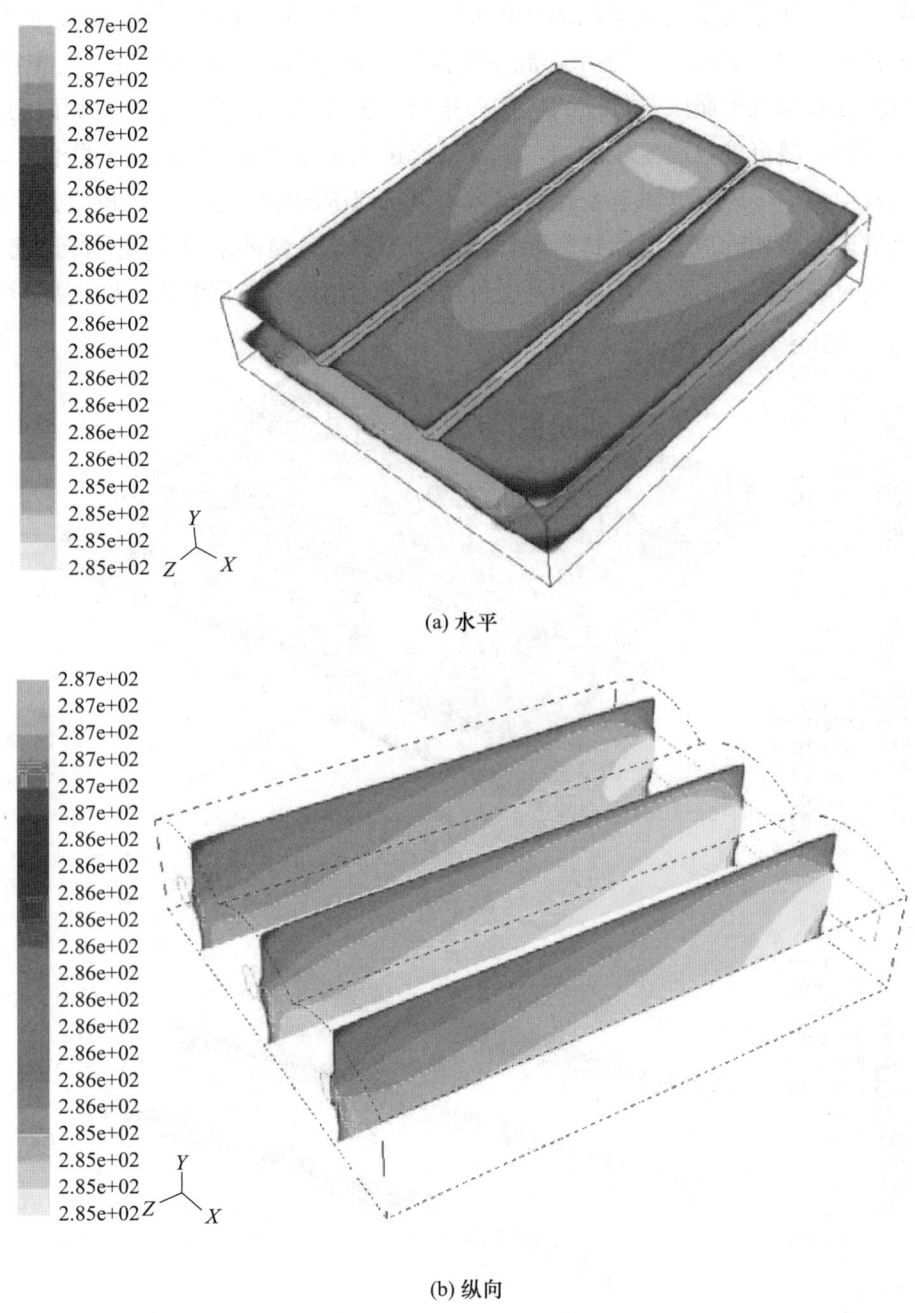

(a) 水平

(b) 纵向

图 3-9　T_{s1} 工况下温室内温度分布

从图 3-9（a）中可看出，0.40m 遮阳网上方接近覆盖材料处的温度越接近风机处越高，0.15m 处温室中间位置温度比较均匀，近湿帘处温度最低；在接近侧墙处四周尤其是四个边角区域温度明显高于温室中心位置温度；在进出口水平方向温度比较均匀。从图 3-9（b）中可以看出，三跨的温度变化趋势基本相同，湿帘进风口处温度最低，在气流到达风机出口的过程中，水平方向的空气温度逐渐升高。当内遮阳打开时，如图 3-10

所示，温室内上部空气受机械通风的影响很小，温度较高，而遮阳网下温度非常均匀；而当增加补光灯时，如图 3-11 所示，温室整体温度显著增加。如图 3-12、图 3-13 所示，温室内温度分布与机械通风条件下的风速分布及其相关，湿帘进口上面和下面的壁面气流运动较缓慢，湿帘进口速度较均匀，随着气流进入温室中心，风速逐渐降低，温室中心风速比较均匀，近风机处风速变化比较大，风机周围的空气急速向风机收拢，抽出温室，但风机近地面和近顶部覆盖材料处气流流动不明显，整体来说温室下面风速比上面风速大。同时受遮阳网的影响，遮阳网上部气流场流速低而导致温度急剧增加。

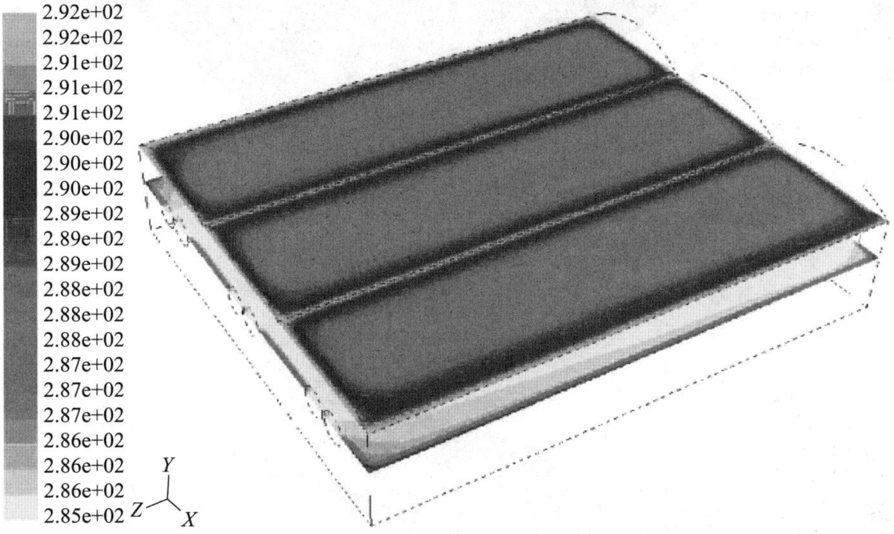

(a) 水平

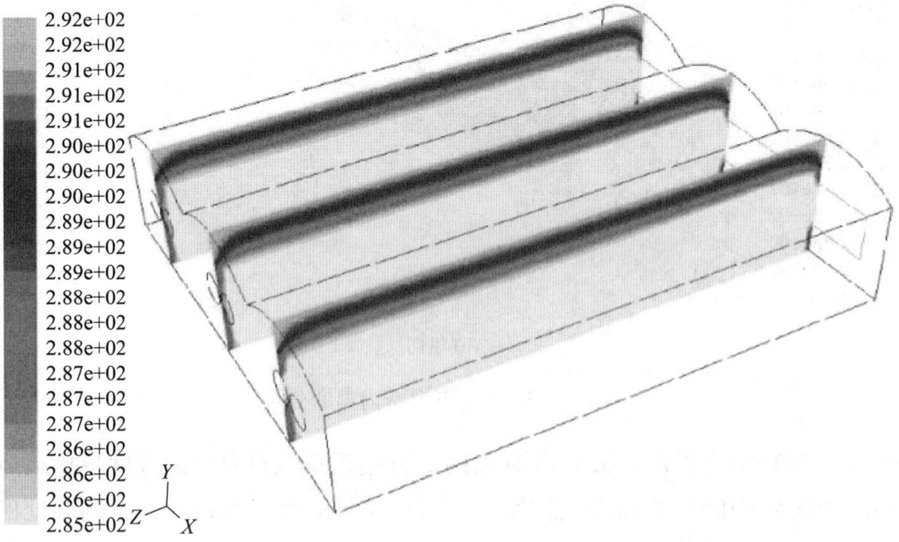

(b) 纵向

图 3-10　T_{S2} 工况下温室内温度分布

3 温室温度环境 CFD 模拟技术与实践

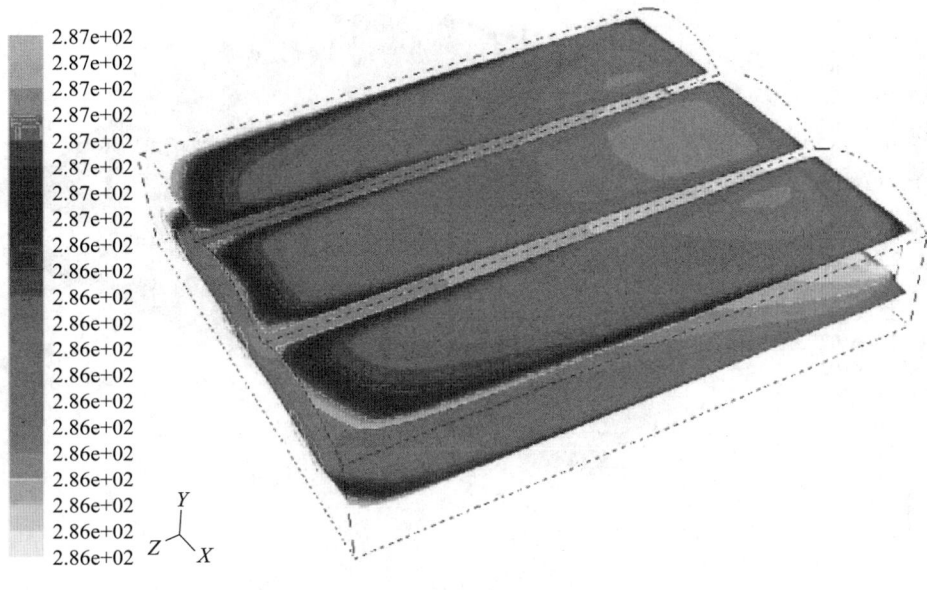

(a) 水平

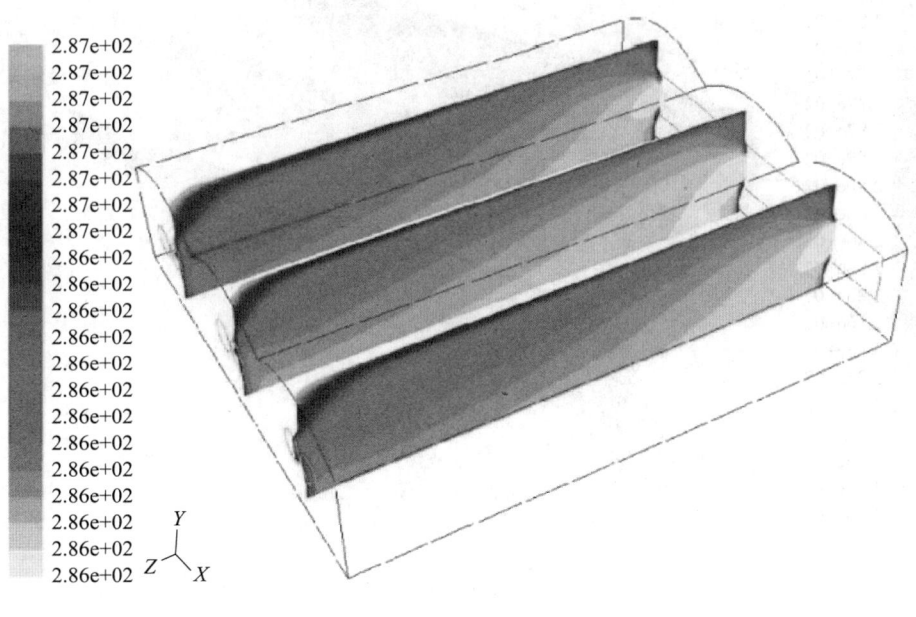

(b) 纵向

图 3-11　T_{S3} 工况下温室内温度分布

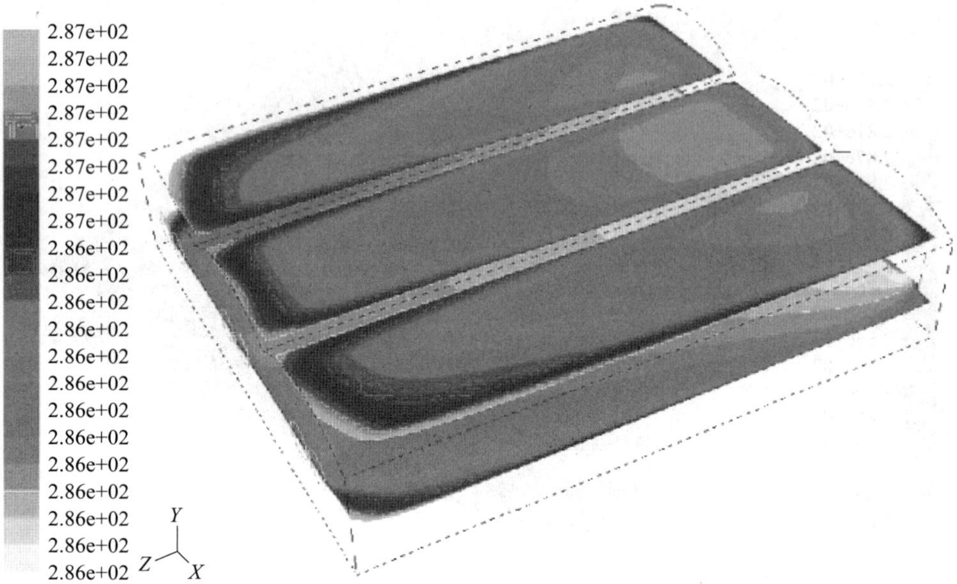

(a) 水平

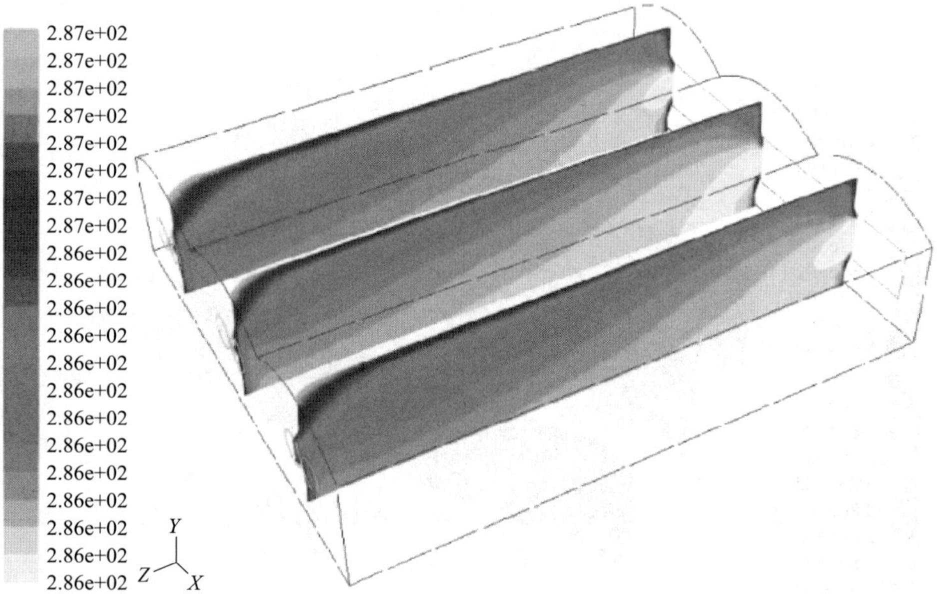

(b) 纵向

图 3-12 T_{S4} 工况下温室内温度分布

总体而言，CFD 模拟的各状态下温度的分布情况与实测结果基本一致，在相同条件下 CFD 模拟的室内温度值与实测值差值为 0.5℃ 左右，平均偏差最大为试验实测结果的 3.9%，进一步证明了选择的理论模型、求解算法的可行性。

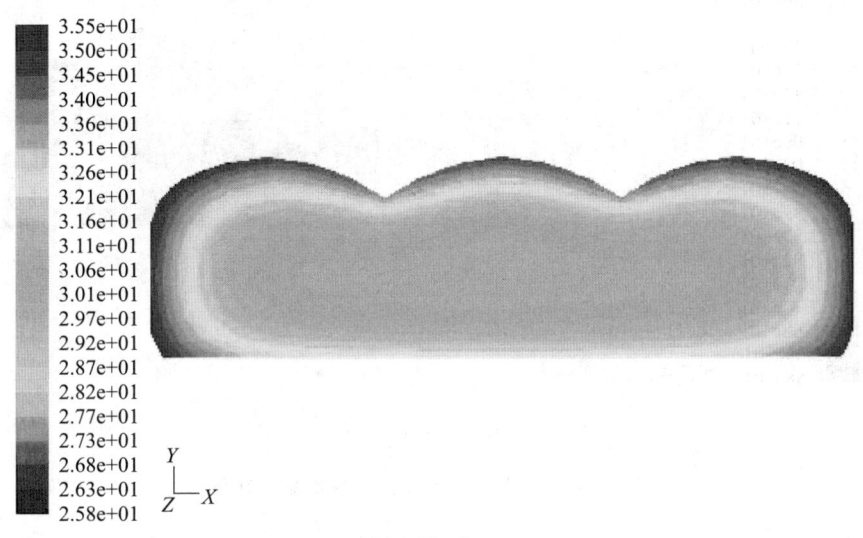

(a) 0.34m/s

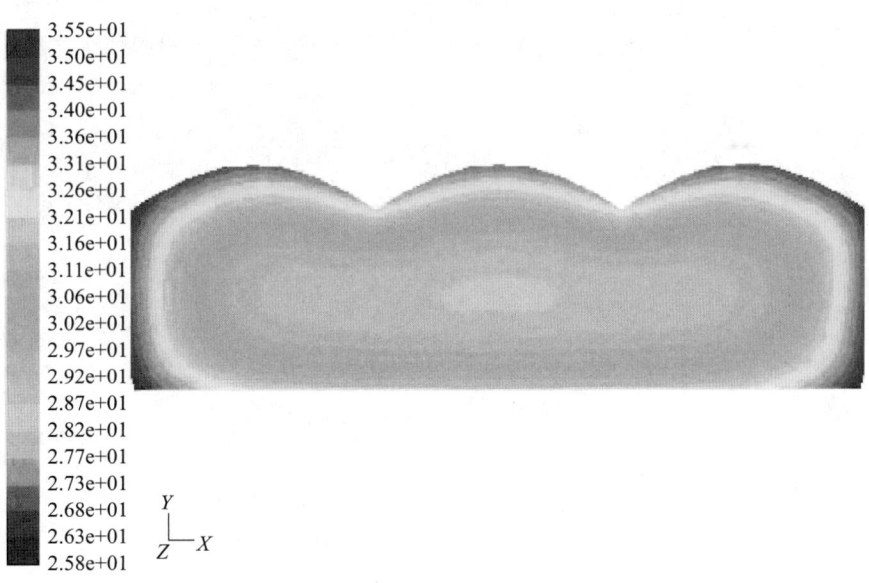

(b) 2.0m/s

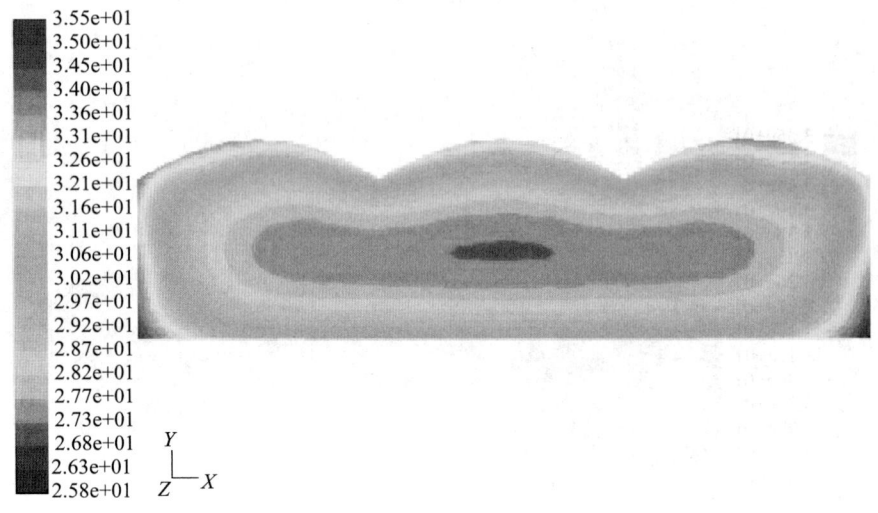

(c) 5.0m/s

图 3-13 极端条件下温室内界面温度分布

4 温室微纳米气泡灌溉设计与实践

4.1 微纳米气泡技术现状

4.1.1 微纳米气泡技术概述

以高技术、高产出、高收益为特征的设施农业已经成为全球蔬菜最重要的生产方式。近年来中国设施农业发展迅速，然而，随着设施栽培年限的增加，设施土壤由于长期失去自然降雨的淋溶作用，加之频繁灌水、盲目施肥、周年满负荷生产、高度集约化经营等原因，普遍出现次生盐渍化、养分失调、微生态环境遭到破坏、土传病害加重等一系列土壤退化问题，严重影响了设施产出蔬菜的产量与品质。其中，土壤低氧胁迫成为设施农业土壤退化的主要表现之一。当土壤通气性不足或氧气含量较低时，植物根系对土壤中水分与养分吸收能力明显下降，植株生长态势减弱、新叶形成受阻、叶片数量和叶面积减小、干物质含量降低、作物产量与品质明显降低。加氧灌溉将富含氧气的灌溉水通过灌溉管道系统输送到作物根区，可以有效解决作物根际氧气含量不足的问题。纳米气泡作为一种高效加氧方式，在农业领域的应用逐渐引起人们的广泛兴趣。将纳米气泡用于种子处理与作物灌溉上，对种子萌发和作物生长产生了积极作用。

4.1.2 纳米气泡基本特性

纳米气泡（Nanobubbles，NBs）是指气泡发生时直径在 $1\mu m$ 以下的气泡，如图 4-1 所示，可以在固液界面和体相中稳定存在。由于 NBs 尺寸介于纳米尺度，具有许多普通气泡不具备的独特性质。例如，比表面积大，可以在水中长期稳定存在，传质速率高、效率高，气泡表面带负电荷等。基于上述性质，NBs 已经被广泛用于自然水体修复、水处理、除垢、矿物浮选、靶向运输药物、水产养殖等领域。通常情况下，可以借助动态光衍射技术、纳米颗粒跟踪分析技术和简协振动法质量测量技术对纳米气泡进行观测与研究。

1. 比表面积大、传质效率高

理论上来讲，直径为 1mm 的气泡可以容纳 6×10^7 个直径为 $1\mu m$ 的气泡，相同体积内二者比表面积相差近 400 倍。由于纳米气泡的比表面积及气泡内压力在气泡体积收缩的过程中不断增大，使穿过气液界面溶解到水中的气体含量逐渐增多。纳米气泡这种在

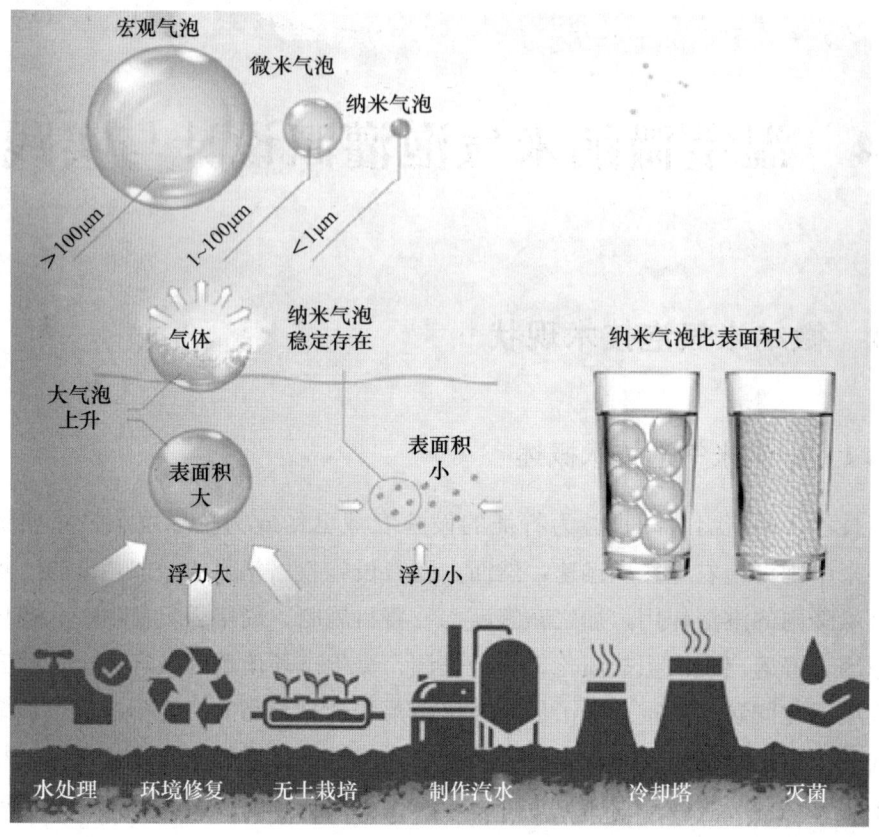

图 4-1 纳米气泡特性及应用领域

收缩过程中自身增压的特性，大大增强了气液界面处的传质效率，即便气体含量在水中达到饱和时，仍可继续进行气体的传质过程，显著提高了空气、氧气、臭氧、二氧化碳等在水中的溶解度。同时，NBs 浓度随制备时间呈现先增加后缓慢下降的变化趋势，而 NBs 大小随制备时间的变化趋势恰好相反。

2. 水中的上升速度慢、存在时间长

纳米气泡在水中的运动特性符合 Stokes 定律和 H-R 方程，即气泡直径和液体黏度是影响气泡上升的主要因素，并且气泡粒径越大，上升速度越快。半径为 100nm 的气泡终端上升速度约为 20nm/s，这意味着足够小的 NBs，上升浮力可忽略不计，布朗运动占主导作用。然而，对于不同气源纳米气泡，如二氧化碳、空气、氮气和氩气等，在水中的上升速率不同。Parkinson 等认为这可能是因为气体的分子量不同，空气和氩气纳米气泡超出了 H-R 公式的适用范围。此外，由于气泡大小与表面特性的差异，NBs 的上升速率还与溶液类型相关。例如，NBs 在戊醇溶液中的上升速率是聚乙二醇溶液中两倍。

3. 界面电位高

在 pH＝2～12 的范围内，纳米气泡表面带有负电荷。这种现象与水分子中的 OH^-

在纳米气泡表面吸附的行为有关。OH^- 选择性地吸附在气泡表面的原因可能是基于 H^+ 和 OH^- 的水化能和气液界面上水分子的偶极方向，使 H^+ 更加易于留在水相中，OH^- 离子暴露于气相中。此外，由于"水偶极子"在气液界面的结构形成双电层，使氢指向水相，氧指向气相。在纯净水中，纳米气泡表面的负电荷与 pH 密切相关。Liu 等借助脉冲光谱仪测试了 NBs 中核磁共振（NMR）弛豫时间 T_2，发现 T_2 与 NBs 数量呈现正相关关系，表明 NBs 可以增加水分子的整体迁移率，同时氮气纳米气泡水的 Zeta 电位在 pH 为 7.28 和 7.55 时分别为 -32.26mV 和 -38.84mV。

4. 气泡破裂时生成自由基和超声波

根据 Young-Laplace 公式，直径 $1\mu m$ 的气泡在 298K 温度下，气泡内部的压力约为 390kPa，比外界大气压高了 2.9 倍。当纳米气泡在收缩并发生破裂或崩陷的瞬间，气液界面消失会引发剧烈的变化，产生压力的极大值；当气泡崩陷的速度高于音速在水中的传播速度时，气泡破裂瞬间的温度可能会因为绝热压缩效应而急剧升高。由于气泡坍塌瞬间发生的热解效应，在气液界面会产生羟基自由基及超声波。Liu 等通过 APF 荧光探针发现，Air 和 N_2 混合气体形成的 NBs 溶液会持续产生少量活性氧（ROS）自由基；又根据不同类型活性氧对荧光的响应，证实了 O_2-NBs 中生成的 ROS 主要为羟基自由基（·OH）。Tada 等借助电子自旋共振波谱仪（ESR）发现，NBs 溶液中产生 ·OH 的浓度约为 3×10^{-8}mol/L。此外，Masuda 等、Tasaki 等、Li 等发现，通过超声刺激、紫外线照射、酸性条件下采用铜作为催化剂均可以增加 NBs 溶液中 ·OH 的生成。

4.1.3 纳米气泡加氧灌溉对设施作物生长、产量和品质的影响

1. 作物生长

大量研究人员将 NBs 用于农业灌溉领域，获得了一些令人振奋的结果。一些研究证实了 NBs 可以促进种子的萌发与生长。例如，Liu 等发现，在相同溶氧浓度下，空气 NBs 水处理的大麦种子萌发率较蒸馏水处理组提升了 15%~25%。然而，Ahmed 等研究了不同气源（空气、氧气、氮气和二氧化碳）NBs 对生菜、胡萝卜、蚕豆和番茄种子萌发的影响，却得出不同结论，氧气和氮气 NBs 处理提升了种子的发芽率（6%~25%），而空气和二氧化碳 NBs 对种子萌发无明显影响。2009 年，Park 和 Kurata 使用旋流式微泡发生器研究了 NBs 对深液流水培（DFT）油麦菜的影响，发现 NBs 水培油麦菜的鲜重与干重分别是对照组的 2.1 和 1.7 倍，推测可能是 NBs 更大的比表面积和表面的负电荷促进了植物生长。Ebina 等和周云鹏等分别使用空气源和氧气源 NBs 进行了营养液膜（NFT）水培试验，发现与传统水培相比，NBs 处理中甘蓝、小白菜、小油菜与油麦菜的株高、根长与干鲜重均显著增加。Ouyang 等人在纳米气泡滴灌生菜的研究中发现，生菜的株高、叶面积指数、叶绿素含量和干物质量分别增加了 22.9%、35.7%、12.1% 和 14.7%，硝酸盐含量较对照组降低了 14.4%。

2. 作物产量

Wu 等对比了 NBs 灌溉与传统泵曝气灌溉对番茄产量的影响，发现两种曝气灌溉方式下，番茄产量分别提升了 23% 和 17%，这表明 NBs 处理组的提升效果更加明显。Kim 等和 Ouyang 等借助盆栽试验研究了 NBs 灌溉对生菜生长的影响，发现 NBs 明显提高了灌溉水中溶解氧含量，生菜株高、叶面积指数均得到了显著提升，同时重金属含量与硝酸盐积累量明显降低。饶晓娟等、曹雪松等、才硕等、Zhou 等借助地下滴灌技术将 NBs 分别在大田棉花、苜蓿、水稻、玉米、甘蔗等作物上进行试验，发现上述作物产量提升了 4%～30%。Zhou 等、Liu 等、王逍遥等、肖卫华等将 NBs 地下滴灌技术应用于设施番茄、黄瓜、甜瓜、烟草上，同样取得了明显的增产效果。此外，一些 NBs 在大田灌溉上的应用表明，NBs 灌溉有望在稳产的基础上减少化肥用量，实现清洁生产。例如，Wang 等评估了 NBs 灌溉对于减少稻田化肥用量的可行性，发现当化肥施用量相同时，NBs 灌溉明显提高了水稻产量（8%）；在减少 25% 施肥量的情况下，水稻产量与传统种植相差不大。这可能是因为 NBs 刺激了植物生长激素（赤霉素）的合成，促进了植物营养吸收关键基因 OsBT，PiT-1 和 SKOR 的上调，从而增加了根系对养分的吸收利用。Sang 等也发现类似结论：当施氮量减少 10% 时，几乎对水稻产量没有影响。

3. 作物品质

随着生活水平的不断提升，消费者的观念逐渐从"吃饱"向"吃好"转变，这对作物品质提出了更高要求。NBs 为协同实现作物节水、增产、提质提供了新思路。Liu、王逍遥等、Zhou 等研究了设施番茄、黄瓜、甜瓜在 NBs 滴灌处理后的果实品质的变化，发现三种作物 VC 含量分别增加了 17.7%、16.7% 和 13.2%，番茄和黄瓜可溶性糖含量分别增加了 39.2% 和 19.4%。Li 等围绕氢气 NBs 灌溉对草莓品质的影响展开研究，发现氢气 NBs 增加了草莓挥发性成分与可溶性糖（葡萄糖，果糖和蔗糖等）含量，降低了肥料对草莓果实香气的负面影响，借助转录组学技术发现 NBs 处理后草莓风味相关基因（FaLOX、FaADH、FaAAT 等）呈现的上调表达可能是草莓品质提升的主要原因。Zhou 等将 NBs 滴灌与富硒生产相结合，发现 NBs 可以显著提升富硒黄瓜果实品质，其中硒含量、VC 和可溶性糖含量较滴灌施硒处理分别增加了 1.3 倍、10.8% 和 21.0%，NBs 灌溉提高了富硒微生物的丰度，提升了土壤中硒的生物有效性，从而促进了黄瓜对硒元素和养分的吸收，使黄瓜品质得到大幅提升，见表 4-1。

表 4-1 纳米气泡灌溉对作物生长、产量与品质的影响

作物类型	实验设计	应用效果		
		生长	产量	品质
生菜	NFT 水培	生菜的鲜重与干重分别提高了 2.1 倍和 1.7 倍		

续表

作物类型	实验设计	应用效果		
		生长	产量	品质
生菜、胡萝卜、蚕豆	Air、O_2、N_2、CO_2 源 NBs	O_2 和 N_2-NBs 提升了发芽率（6%～25%）；除 Air 外 NBs 提高了作物茎长、茎粗、叶片数和叶片宽度		
生菜	NBs 处理废水灌溉	生菜的叶片数量、干重和鲜重分别增加了 13.1%、41.2% 和 44.5%		显著降低作物中重金属的积累量
白菜	NFT 水培	白菜株高、叶片长度和地上部分鲜重分别增加了 14.4%、8.9%、34.5%		
小白菜、油菜与油麦菜	不同 DO 浓度 DFT 水培	DO 为 15mg/L 时，蔬菜干物质量增加了 38.8%；根系长度与 DO 呈正相关		DO=10mg/L，蔬菜 VC 提高了 49.6%；DO=20mg/L，SS 提高了 159.0%
生菜	不同 DO 浓度灌溉	DO=8.5mg/L，生菜株高、叶面积、叶绿素、干物质量分别增加了 22.9%、35.7%、12.1%、4.7%	DO=8.5mg/L，生菜产量增加了 32.8%	DO=8.5mg/L，硝酸盐含量降低了 14.4%，VC、SP 含量提高了 39.9%、77.2%
番茄	NBs 和气泵加氧灌溉	番茄株高和茎粗无明显差异	较气泵加氧灌溉，番茄产量提升了 23.0%	
番茄、黄瓜	NBs 灌溉频率（P）	$P=1$ 天/次时，黄瓜和番茄根系干重增加了 84.9% 和 48.4%，$P=4$ 天/次时增加了 76.7% 和 26.9%	$P=4$ 天/次时，番茄和黄瓜产量分别提高了 16.9% 和 22.1%	$P=4$ 天/次时，番茄和黄瓜的 VC、SS 分别增加了 17.7% 和 39.2%，16.7% 和 19.4%
甜瓜	NBs 灌溉频率（P）	$P=3$ 天/次，甜瓜根表面积、总根长和根干物质分别提升了 33.1%、30.7%、57.1%	$P=3$ 天/次时，甜瓜产量提高了 23.4%	$P=3$ 天/次时，甜瓜 VC 和 SS 分别增加了 25.3% 和 22.0%
烟草	NBs 和 H_2O_2 加氧灌溉	NBs 和 H_2O_2 处理烟草叶面积分别增加了 52.0% 和 35.4%	NBs 和 H_2O_2 处理烟草干重分别增加了 28.6% 和 16.0%	
番茄、黄瓜	DO 浓度与生育期 NBs 灌溉		DO=15mg/L，番茄和黄瓜产量分别提高了 29.5% 和 24.1%	番茄（15mg/L）和黄瓜（25mg/L）的 VC 提高了 69.1% 和 66.0%，Ly 提高了 51.9%

续表

作物类型	实验设计	应用效果		
		生长	产量	品质
草莓	氢气 NBs 灌溉			提高了草莓挥发性成分与 Glu、Fru 和 SUC 含量，降低了肥料对果实香气的负面影响
黄瓜	NBs 灌溉＋富硒		黄瓜产量提升了 14.4%	黄瓜硒含量、VC 和 SS 分别增加了 1.2 倍、10.8% 和 21.0%

注：NBs，纳米气泡；NFT，营养液膜水培法；DFT，深液流水培法；DO，溶解氧；VC，维生素 C；SS，可溶性糖；SP，可溶性蛋白质；Ly，番茄红素；TSS，可溶性固形物；Glu，葡萄糖；Fru，果糖；SUC，蔗糖。

4.1.4 纳米气泡灌溉对土壤生态环境的影响

1. 土壤理化指标

当灌溉水源混掺着 NBs 进入土壤后，引发土壤理化性质的响应引起众多研究者极大的兴趣。土壤通气过程和土壤通气性是继土壤水分和养分有效性外，影响土壤肥力和植株生长最重要的因素。Liu 等研究结果显示，使用 NBs 地下滴灌后，黄瓜根际土壤氧气含量得到有效提升，并在灌溉后 24h 内保持较高且相对稳定的水平。Baram 等发现，NBs 地表滴灌后，土壤氧气含量从 15.6% 提升至 19.7%，NBs 地下滴灌后，土壤氧气含量从 18.2% 增加至 19.2%。李江等研究表明，NBs 灌溉可以改善土壤氧化还原条件，土壤活性还原性物质、Fe^{2+} 和 Mn^{2+} 含量分别降低了 48.7%、56.1% 和 42.8%。同时，NBs 灌溉对土壤酶活性与土壤有效养分含量展示出积极的效应。Wu 等发现，NBs 灌溉显著提升了土壤中氮矿化相关酶（β-1, 4-N-乙酰氨基葡萄糖酶）、磷矿化相关酶（磷酸酶）和碳循相关酶（α-1, 4-葡萄糖苷酶、β-1, 4-木糖苷酶、过氧化物酶和苯酚氧化酶）活性，同时土壤中有效氮（32%）和有效磷（34%）含量显著增加。Zhou 等的研究表明，NBs 灌溉提高了玉米根际土壤脲酶、磷酸酶和过氧化氢酶的含量，从而提升了土壤氮、磷元素的植物有效性。Zhou 等证实了 NBs 灌溉对土壤肥力具有促进作用，NBs 灌溉后的大田甘蔗与番茄根际范围内，土壤有机质、速效氮和速效钾的含量得到显著提升。但曹雪松等的研究表明，尽管 NBs 灌溉后苜蓿根际土壤中速效氮与速效磷含量分别增加了 13.2%～65.5% 和 7.0%～31.1%，速效钾含量却降低了 3.3%～13.7%。这可能是因为不同作物对于土壤钾素吸收偏好性的差异。同时，NBs 灌溉在水稻土实现节水减排中展示出巨大应用潜力：灌溉水利用效率提高 13%，总氮和总磷排放量分别减少了 8% 和 27%，N_2O 和 CH_4 排放量分别减少了 37% 和 28%。Minamikawa 和 Makino 认为，NBs 通过对浅层土壤（距表土 4～15mm）的氧化降低了淹水水稻土中温室气体的排放。

2. 微生物

微生物是土壤物质循环和能量流动的执行者和驱动者，为土壤质量健康提供多种生态系统服务和功能。微生物群落结构组成与其生存环境中氧气含量密切相关，当氧气含量发生变化时，微生物群落结构会发生巨大变化。Zhou 等使用氧气 NBs 对玉米进行灌溉的试验结果表明，氧气 NBs 灌溉增加了玉米根际土壤微生物多样性，其中 Pseudomonas 和 Hydrogenobacter 是群落中的优势菌。此外，Zhou 等还发现，空气 NBs 灌溉降低了微生物间互作网络的复杂性，增加了好氧型微生物的相对丰度，抑制了具有发酵、硝酸盐呼吸作用、反硝化作用等群落功能，促进了具有硝化作用、固氮作用等功能细菌的增殖，从而增强了土壤肥力与土壤微生物间的动态互促。这与 Xiao 等、Wu 等的发现结论类似：NBs 对微生物群落功能具有显著影响，提高了微生物对氧气的利用效率，促进了微生物的有氧代谢与对土壤中碳源的利用能力。同时，NBs 表现出良好的除垢能力：使用 NBs 滴灌后，灌水器相对平均流量提高了 26.7%～49.6%，生物膜干重、EPS 等生物污垢和石英、硅酸盐等矿物污垢分别减少了 31.3%～52.1%、16.7%～77.6% 和 15.0%～42.5%、34.0%～65.7%。

纳米气泡在农业灌溉领域仍有诸多问题亟待解决，主要包括：

（1）辨识纳米气泡自身在作物增产提质过程中的作用。人们从提高加氧效率的角度将纳米气泡技术引入灌溉领域。但纳米气泡的诸多特性，如比表面积大、表面带负电荷、坍塌时生成活性氧等，在这个过程中扮演了什么角色尚不清楚。亟待系统、全面解析纳米气泡对作物的增产提质机理。

（2）灌溉领域的纳米气泡大多由纳米气泡发生器产生，纳米气泡发生器效率、功耗与制作成本成为制约纳米气泡技术在农业灌溉领域推广应用的关键。亟待研发高效率、低成本的纳米气泡发生装置，并使用轮灌制度等模式分摊纳米气泡发生器给实际生产增加的投入。

（3）纳米气泡灌溉对作物的增产与提质效应往往与作物类型、土壤质地、气泡浓度、灌溉与施肥模式等密切相关，需根据使用地实际种植条件开展相关试验，综合考虑土壤-微生物-植物系统，集成面向作物节水、增产、提质的纳米气泡灌溉模式。

4.2 微纳米气泡机的选用

生态农业在栽培植物生产过程中，水中溶氧量是影响植物生长发育速度的重要因子，溶氧充足生长就快，溶氧度低不仅生长慢而且低至植物所需溶氧的临界值以下，还会缺氧烂根，所以在生产上提高水中溶氧作为灌溉主体技术，微纳米一体机气泡能让水中溶氧提高，是增进植物生长与促进发育的增产措施，在生态农业技术中微纳米气泡技术将是不可或缺的配套新技术。在设施园艺和旱地滴管、水培种植中，已广泛采用气泵充氧等措施来增加水中溶氧量，提高作物根际氧含量促进根系生长，进而增加产量并提高水分和肥料利用效率。但是传统的充氧方式效率比较低，难以使灌溉水中溶氧值迅速增加，利用微纳米气泡快速发生装置对灌溉水进行曝气处理，可以使溶氧值迅速达到超饱和状态，形成微纳米气泡水用于灌溉。微纳米气泡指在发生时，直径在 $1\sim50\mu m$ 的气泡为微米气泡，直径 $1\mu m$ 以下的气泡为纳米级气泡，两者统称为微纳米气泡，通常外观表现为乳白色。微纳米气泡水不仅能够提供充足的氧气，并且其特有的带电性、氧化性、杀菌性等特殊的生物生理活性，促进植物的生长发育。

4.2.1 微纳米气泡发生器的工作原理

微纳米气泡发生技术是利用微纳米气泡生成装置将气体快速高效地溶入水中产生超饱和微纳米气泡水。微纳米气泡的显著特点是其在水中上升缓慢，停留时间长，在水中具有很高的溶解度，并且微纳米气泡具有促进植物生长的生理活性，可增强根系的活力、促进根系的生长发育、提高植物的生长率。微纳米气泡发生器是一种将流体中的气体转化为气泡的设备，通常用于水处理、油田开采、农业生产等领域。微纳米气泡发生器通常有超声波气泡发生器、电解气泡发生器、气体分别气泡发生器等。

1. 超声波气泡发生器

超声波气泡发生器是利用超声波对流体内的气体进行振动，使气体从溶液中分别出来形成气泡的一种设备。通过更改超声波的频率和能量，可以掌控生成的气泡大小和数量。这种方法能够在不需要添加化学药剂或外部能量的情况下生成气泡，在水处理、油田开采、制备纳米颗粒等方面有广泛应用。

2. 电解气泡发生器

电解气泡发生器是将直流电通入金属板或电极，在电极相近处形成电场，将水中的水分子分解成氢气和氧气，将气体从溶液中释放出来形成气泡的一种设备。该方法能够在不需要其他化学药剂的情况下生成气泡，并且可以调整气泡的大小和流量。该方法应用于水处理、废水净化、空气净化等领域。

3. 气体分别气泡发生器

加压溶气气浮法是运用高压使气体饱和地溶解在水中，然后缓解压力使气体从水里释放出，产生 $10\sim100\mu m$ 的微纳米气泡，实现气浮。充压气浮装置设备关键由循环泵、工作压力溶气罐和安全泄压阀构成，泵吸进的水与气体在充压溶气罐内充足混和，饱和气体最后根据缓解压力安全泄压阀释放出来气泡。充压气浮装置释气会扩大气体的溶解性，造成气泡的总数多、粒度分布匀称，也是微纳米气泡发生装置应用数最多的方式，但其耗能很大。

4.2.2 微纳米气泡发生器的分类

依据气泡的数量和尺寸，微纳米气泡发生器可以分为微气泡发生器和纳米气泡发生器。

1. 微气泡发生器

微气泡发生器产生大气泡或微气泡，气泡尺寸一般>10μm。这种方法可以用于水处理、油田开采等领域，由于较大的气泡能够供应更大的浮力，在物质分别和沉降过程中起到重要作用。

2. 纳米气泡发生器

纳米气泡发生器产生微小的气泡，气泡尺寸<100nm。纳米气泡发生器常用于制备纳米颗粒、生物医学、药品制备等领域。由于气泡的尺寸特别小，通常需要搭配其他技术，如加热、离心等技术来产生更高质量的纳米颗粒。

4.2.3 选择合适的微纳米气泡发生器

随着微纳米技术的渐渐成熟和广泛应用，微纳米气泡发生器的应用需求也越来越广泛。在选择微纳米气泡发生器时，需要考虑生产厂家、工作原理、气泡尺寸、气泡生成速度、气泡浓度、操作简便性、成本、可靠性和稳定性等因素。

1. 生产厂家

选择一家自主研发设计生产的微纳米气泡厂家，参考实际应用案例是否是正规机构，查看合作客户的真实性。

2. 工作原理

微纳米气泡发生器的工作原理因设备不同而不同。微纳米气泡发生器可以产生不同类型的气体，如氧气、氮气、二氧化碳等。在选择时应依据实际应用需求选择产生所需气体类型的发生器，在生态农业灌溉中主要选择产生氧气的微纳米气泡发生器。

3. 气泡尺寸

气泡尺寸是影响微纳米气泡发生器效果的一个关键因素。在选择时应当考虑气泡尺寸的需求，如用于制备纳米颗粒或药品，需要选择纳米气泡发生器；用于物质分离或沉淀，可以选择微气泡发生器。

4. 气泡生成速度

气泡生成速度是在微纳米气泡发生器中产生气泡的速度。在需要大量气泡的应用中，应当考虑选择速度较快的微纳米气泡发生器。

5. 气泡浓度

气泡浓度是指单位体积液体中微纳米气泡的数量。根据实验目的，选择产生所需气泡浓度的发生器。

6. 操作简便性

在农业生产中要选择操作简便、易于控制的微纳米气泡发生器，以便于实验操作和数据采集。

7. 成本

微纳米气泡发生器的成本因设备不同而不同，应依据实际应用需求和经济成本进行选择。

8. 可靠性和稳定性

选择可靠性和稳定性高的微纳米气泡发生器,以保证试验结果的准确性和可靠性。

微纳米气泡发生器的选择需要考虑气泡尺寸、气泡生成速度、可靠性等因素。依据实际应用需求和经济成本,选择适合本身的微纳米气泡发生器可以更好地实现预期目标,提高工作效率和试验质量。

4.3 温室番茄微纳米气泡灌溉技术应用

降低集约化农业设施土壤次生盐碱化的影响、提升农业设施利用效率是保障我国食品安全的主要措施之一,问题的关键就是要提升农业设施土壤的透气性与水肥利用效率。借助地下滴灌封闭式全管道化系统向作物根区输送微纳米气泡水,改变了传统加气方式;气体在水中溶解度较低、存在时间短、均匀性差等问题,改善了设施农业次生盐碱化土壤通气性不足的问题,对提升根际气体环境、促进作物产量与品质具有显著效果。然而,对于微纳米气泡在温室番茄灌溉领域的应用仅有零星报道。

4.3.1 材料和方法

在1亩(约666.7m^2)的塑料大棚内,种植同一种设施番茄,通过设定不同比例的溶氧浓度为15mg/L的微纳米气泡水,分5列按随机的方式分别用不同加气比例(微纳米气泡水:地下水=1:0,1:2,1:4,1:8,0:1)滴灌。

设计春、秋两次重复实验,通过检测番茄产量,采用数据分析定量表征番茄产量与加气比例之间的关系;分析产量、水分/养分利用效率的影响效应,寻求适宜温室典型番茄的微纳米气泡水加气比例。

4.3.2 番茄生育期灌溉施肥制度

设施番茄采用宽窄行种植模式,宽行行距0.95m,窄行行距0.60m,滴灌带采用"1膜2管2行"布置形式,铺设于每行作物根系旁,浅埋于地下0.10m,滴灌带间距为0.50m,在番茄种植过程中,按照表4-2番茄生育期灌溉施肥制度进行灌溉。

表4-2 番茄生育期灌溉施肥制度

生育期	灌溉次数	灌溉定额/(m^3/ha)	施肥次数	腐熟牛粪/(kg/ha)	复合肥/(kg/ha)	尿素/(kg/ha)	磷酸二氢钾/(kg/ha)	磷酸钾/(kg/ha)
定植	1	300	1	45000	750	0	0	0
幼苗期	2	120	4	0	0	19.5	2.25	9

续表

生育期	灌溉次数	灌溉定额/(m^3/ha)	施肥次数	腐熟牛粪/(kg/ha)	复合肥/(kg/ha)	尿素/(kg/ha)	磷酸二氢钾/(kg/ha)	磷酸钾/(kg/ha)
开花坐果期	4	150	4	0	0	76.5	7.5	69
果实膨大期	4	300	10	0	0	39	0	105
盛果期	7	225						
全生育期	18	3915	19	45000	750	774	84	1362

4.3.3 测试内容与方法

产量测量：每个处理选择 10 株番茄进行标记，重复 3 次，使用电子天平对取得的果实进行称重计算产量，根据产量和灌溉量计算作物的灌溉水利用效率。

4.3.4 番茄产量与灌溉水利用效率

从图 4-2 可以看出，微纳米气泡水灌溉显著增加了番茄单果重、产量，较 CK 分别增加了 0.4%～21.1%、9.1%～27.5%和 9.1%～27.5%。

番茄产量最大值出现在 NB3 处理，平均值为 91.8t/hm^2，较 CK 处理增加了 27.5%，较其他 NB 灌溉处理增加了 5.1%～16.7%。

通过对番茄产量进行了实验，得出：

1. 不同加气比例对番茄的产量具有显著影响，随加气比例呈现先升高后减少的趋势。

2. 推荐使用加气比例（微纳米气泡水∶地下水）为 1∶4 的微纳米气泡水作为温室番茄适宜的加气灌溉模式。

4.4 番茄微纳米气泡灌溉技术与智能化栽培

温室番茄春茬全生育期 150 天左右，目标产量 42000kg/公顷。

4.4.1 栽培农艺

（1）品种可选择春雷 2 号、京冠 58、京冠 18、中研 96。秋季可选丰收、汉姆、中研西贝、浙粉 702 等。

（2）在种植之前要对土地进行旋耕、起垄，垄高 15～20cm，采用宽窄行的种植方式（90+60cm），番茄种植株距采用 35～40cm。

（3）滴灌带布设的形式为"1 膜 2 管 2 行"，埋设深度为 15cm 左右；地膜可采用宽 90cm、厚 0.008mm 的 PE 薄膜，密实平滑盖膜。

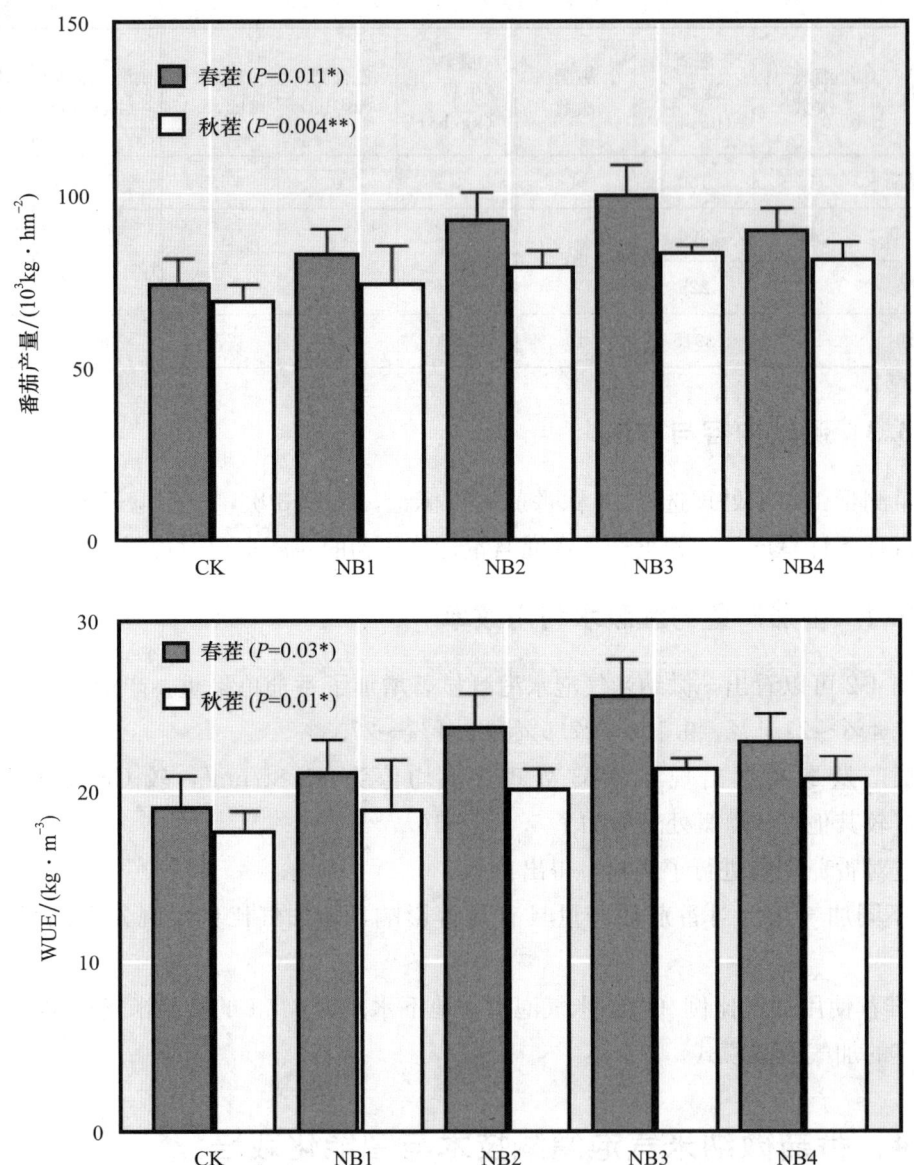

注：1. P 值即概率，反映某一事件发生的可能性大小。一般以 $P<0.05$ 为显著，$P<0.01$ 为非常显著。
2. 一个"*"：显著；两个"*"：非常显著。

图 4-2 番茄产量对比

（4）作为蔬菜食用的番茄一般春天在开花后 50～60 天，秋天留 3～4 穗果在开花后 45 天左右成熟。果实达到坚熟期（即果实已有 3/4 的面积变成红色时）即为采收适期，应及时采收。

4.4.2 生育期

根据表 4-3 番茄的生育期对番茄进行生产管理。

表 4-3 番茄的生育期

育苗期 2月下旬	幼苗期 3月下旬

开花坐果期 4月中旬	果实膨大期 5月上旬

盛果期 6月上旬	成熟后期 7月上旬—7月中旬

4.4.3 生育期主攻目标

根据表 4-4 番茄的各生育期需要注意的问题，加强管理，减少病虫害，提高番茄的产量和品质。

表 4-4 番茄各生育期主要管理任务

育苗期	适温适水，分苗前进行低温炼苗以提高抗病性
幼苗期	精细整地、起垄；保证温度；保证苗全、苗齐、苗匀、苗壮
开花坐果期	控制水分，开花后及时授粉提高坐果数量；坐果后及时疏果提高果实品质
果实膨大期	整枝；加强水肥管理，促进果实膨大
盛果期	加强病虫害防治；及时清理病叶老叶；适时采收，减轻植株负担；及时拉秧
成熟后期	

4.4.4 灌溉方案

依据表 4-5 番茄各个生育期的灌溉方案使用纳米气泡水：地下水＝1：4 的加气比例进行灌溉，选择流延式滴灌带，流量为 2.0L/h，管径 16mm，壁厚 0.3mm，滴头间距 30cm。全生育期累计需水量 313.9～376.4mm，灌溉 253m³/亩。

表 4-5 番茄各个生育期的灌溉方案

育苗期	作物需水量 3mm 子叶期不灌溉，直至真叶出现
幼苗期	作物需水量 29.6～31.5mm 定植水 20m³/亩，定植后 5～7 天，8m³/亩
开花坐果期	作物需水量 50.1～70.2mm 7 天一次，灌溉 4 次，每次 10m³/亩
果实膨大期	作物需水量 90.0～98.0mm 7 天一次，灌溉 4 次，每次 20m³/亩
盛果期	作物需水量 96.2～110.9mm 7 天一次，灌溉 4 次，每次 15m³/亩
成熟后期	作物需水量 48.1～67.0mm 7 天一次，灌溉 3 次，每次 15m³/亩

4.4.5 施肥方案

番茄各个生育期的施肥方案见表 4-6，番茄每亩需纯养分含量 N 为 23.8kg，P_2O_5 为 3.2kg，K_2O 为 28.1kg。全生育期大约施肥尿素 51.6kg，磷酸二氢钾 5.6kg，硫酸钾 90.8kg。

表 4-6　番茄各个生育期的施肥方案

育苗期	育苗期肥力主要靠底肥或者培养基质提供，必要时追施尿素
幼苗期	4 次，每次化肥施用量：亩施尿素 1.3kg，磷酸二氢钾 0.15kg，硫酸钾 0.6kg。 定植前对地块普施有机肥 3000kg，主要成分为腐熟牛粪，施用复合肥 50kg（N：P：K=15：22：8）、磷酸二氢钾 3kg 作为底肥
开花坐果期	4 次，每次化肥施用量：亩施尿素 5.1kg，磷酸二氢钾 0.5kg，硫酸钾 4.6kg
果实膨大期	番茄果实膨大后喷施钙肥、钾宝，一周一次，连喷 3 次 10 次，每次化肥施用量：亩施尿素 2.6kg，硫酸钾 7kg
盛果期	10 次，每次化肥施用量：亩施尿素 2.6kg，硫酸钾 7kg
成熟后期	10 次，每次化肥施用量：亩施尿素 2.6kg，硫酸钾 7kg

4.4.6　病虫害防治

病虫害以绿色防治为原则，选用抗病品种，实行倒茬轮作，优化水肥管理、严格控制温湿度、及时清洁棚面及病残体，针对番茄各个生育期的病虫害根据表 4-7 采取相应病虫害防治措施。

表 4-7　番茄各个生育期的病虫害防治

育苗期	苗期应当主要预防猝倒病和立枯病。可通过低温炼苗、降低苗床湿度、用适量苯噻氰乳油浸泡种子 5h 后再播种等措施进行有效预防
幼苗期	定植前使用速克灵烟熏剂熏棚预防虫害，每亩棚室内用量为 200～300g，也可以使用防虫网、彩色黏虫板等来防虫害
开花坐果期	脐腐病：保持土壤湿润，提高地温可以有效预防。如果出现脐腐病可以通过追施钾肥来促进植株对钙元素的吸收有效预防
果实膨大期	早疫病、晚疫病：初期喷施抑"快净"，间隔 7～10 天喷施一次，连喷 3～4 次
盛果期	灰霉病：及时通风控制棚室湿度可以有效预防灰霉病、叶霉病。在果实膨大期每亩使用 250g 的 45% 百菌清烟剂，用暗火点燃熏一夜，隔 7～8 天再熏一次进行防治。发病初期每亩使用 100g 的 50% 乙烯菌核利可湿性粉剂兑水喷雾，间隔 10～15 天一次，连喷 2～3 次
成熟后期	叶霉病：发病初期可选 10% 苯醚甲环唑可湿性粉剂 1500～2000 倍液、25% 醚菌酯悬浮剂 1000～1500 倍液交替使用，隔 7～10 天喷施一次，连喷 3～4 次

5 日光温室草莓新型基质槽设计与实践

5.1 草莓栽培设施现状

2021年中央一号文件《关于全面推进乡村振兴加快农业农村现代化的意见》中提到，要推进农业绿色发展、发展节水农业；强化现代农业科技和物质装备支撑。深入开展乡村振兴科技支撑行动。2023年中央一号文件《中共中央 国务院关于做好2023年全面推进乡村振兴重点工作的意见》中提到，要发展现代设施农业，实施设施农业现代化提升行动，加快集中连片推进老旧蔬菜设施改造提升，推进农业绿色发展、发展节水农业；强化现代农业科技和物质装备支撑。深入开展乡村振兴科技支撑行动。

北京市乡村振兴战略规划（2018—2022年）中也明确指出：要推动乡村产业高质量发展，加大农业科技支撑力度，推进农业绿色发展。大力推广生态农业、循环农业，确保农业生产产出高效、产品安全、资源节约、环境友好；切实做好农业面源污染防治和"一控两减"（"一控"指控制农业用水总量和农业水环境污染；"两减"指化肥、农药减量使用）；加快关键技术的研发和转化。加大农业生物技术、农业设施与智能装备、节水节能高效生态农业等领域的技术研发和转化应用；大力发展智能温室、植物工厂、设施农业综合体，打造高精尖的都市型现代农业发展载体。对农业关键技术、产品、设施设备研发开展联合攻关，采取有效措施加大对科技成果转化与应用支持力度，提高农业科技贡献率。

北京设施农业除了给市民带来绿色、安全、高效、优质的农产品外，还承载着休闲、娱乐、观光、旅游的社会功能。昌平草莓是北京设施农业的一大品牌，温室草莓是昌平的优势农业产业，位居昌平农业产业首位。目前，昌平区日光温室草莓种植稳定在5000栋左右，产量达600万kg以上，产值达3亿元以上。

目前，草莓的栽培方式主要有土栽、高架、半基质栽培三种。这三种模式在草莓发展过程中都起到了非常重要的作用，实践中存在的问题主要有：过度使用肥料，造成土壤污染和破坏；灌水量大，水资源浪费；草莓连作障碍，导致草莓品质下降、产量不稳定，管理技术难度大等痛点、难点问题。

5.1.1 过度使用肥料，造成土壤污染和破坏

据统计，草莓土栽、高架栽培每标准栋使用有机肥分别为2t、0t，化肥60kg、

49.8kg，肥料利用率仅为37%，造成肥料大量浪费，出现烧苗死苗，品质和产量下降。同时肥料淋溶，造成土壤盐渍化，破坏土壤环境。

5.1.2 用水量过大，造成水资源浪费

据统计，草莓土栽、高架栽培每标准栋使用水分别为155m^3、120m^3，造成大量水资源浪费，导致草莓口感差、品质低。

5.1.3 管理技术难度大

草莓土栽和高架栽培浇水量、施肥量不易掌握；连年种植易造成连作障碍，易感根腐病、炭疽病等各种病害。

针对以上问题，该选用新型基质槽栽培模式，材质为PVC原生料，由工厂化统一生产梯形槽的规格：上底33cm，下底20cm，高25cm，材质厚度3.0mm（或用上底31cm，下底20cm，高24cm，材质厚度4.0mm）。该草莓新型基质槽栽培是农业无土栽培颠覆性的创新栽培模式。其优势一是节水节肥显著：节水45%以上、节肥35%以上，二是根据草莓生理需求，定时定量给水给肥，不产生回流液，减少肥水浪费，减轻土壤环境污染，保护生态环境。三是实现春节过后温度升高，每周一只灌一次水肥，提升周六周日采摘果品品质，迎合市民采摘需求。四是产量高15%以上，下果早15天。

新型基质槽栽培模式克服了土栽和高架栽培的缺陷，大有发展前景。

5.2 聚氯乙烯草莓栽培槽的材质选用

聚氯乙烯（PVC）材质按软硬程度可分为软质PVC和硬质PVC，软质PVC可以用来生产软管、电缆、电线等；PVC中加入稳定剂、润滑剂和填料，经混炼后，用挤出机可挤出各种口径的硬管、异型管、波纹管，用作下水管、饮水管、电线套管等。将压延好的薄片重叠热压，可制成各种厚度的硬质板材。板材可以切割成所需的形状，然后利用PVC焊条用热空气焊接成各种耐化学腐蚀的贮槽、风道及容器等。所以，本中的草莓栽培槽就选用硬质PVC材料加工。

按国家标准《塑料制品硬质聚氯乙烯板（片）材 第1部分：厚度1mm及以上板材的分类、尺寸和性能》（GB/T 22789.1—2023），硬质PVC材料按基本性能共分五个等级（五类）：一般用途级、透明级、高模量级、高抗冲击级和耐热级。由于用于日光温室草莓栽培，长时间处于高温、高湿环境中，所以草莓栽培槽要具有耐高温、高湿的性能，此外，草莓栽培槽还要具备承载基质、不易形变、不易折断、具备一定韧性等性能。因此，选用哪个等级的硬质PVC材料作为草莓栽培槽的材料需要考虑如下物理性能：

5.2.1 断裂标称应变

断裂标称应变指材料在拉伸试验中从开始加载到断裂时产生的最大应变值，通常以百分比（％）表示。该值越高，表明材料在断裂前可承受的塑性变形能力越强。

5.2.2 拉伸弹性模量

弹性模量是指材料在外力作用下产生单位弹性形变所需要的应力。它是反映材料抵抗弹性形变能力的指标。弹性模量可视为衡量材料产生弹性变形难易程度的指标，其值越大，使材料发生一定弹性变形的应力也越大，即材料刚度越大，亦即在一定应力作用下，发生的弹性变形越小。由于草莓栽培槽需要装载一定量的基质后仍没有太大的形变，因此，需要草莓栽培槽的PVC材质的拉伸弹性模量较大，即在较大应力作用下，弹性形变仍然较小。

5.2.3 维卡软化温度

维卡软化温度（Vicat Softening Temperature，VST）是衡量塑料耐热性的一个指标。维卡软化温度是将热塑性塑料放于液体传热介质中，在一定的负荷和一定的等速升温条件下，试样被1mm²的压针头压入1mm时的温度，对应的国标是《热塑性塑料维卡软化温度（VST）的测定》（GB/T 1633—2000）。维卡软化温度是评价材料耐热性能，反映制品在受热条件下物理力学性能的指标之一。材料的维卡软化温度虽不能直接用于评价材料的实际使用温度，但可以用来指导材料的质量控制。维卡软化温度越高，表明材料受热时的尺寸稳定性越好，热变形越小，即耐热变形能力越好，刚性越大，模量越高。由于草莓栽培槽长时间处于日光温室的高温、高湿环境中，所以，显然，选用其PVC材质的维卡软化温度数值越大越好。

表5-1是国家标准GB/T 22789.1—2023给出五类不同的硬质PVC材质的基本性能参数。

表5-1 五类不同的硬质PVC材质的基本性能参数

性能	单位	试验方法	第1类 一般用途级	第2类 透明级	第3类 高模量级	第4类 高抗冲级	第5类 耐热级
断裂标称应变	％	GB/T 1040.2 IB型	≥8	≥5	≥3	≥8	≥10
拉伸弹性模量	MPa	GB/T1040.2 IB型	≥2500	≥2000	≥3200	≥2300	≥2500
维卡软化温度	℃	ISO 306：2013 方法 B50	≥70	≥60	≥70	≥70	≥85

对于用于生产草莓栽培槽的PVC材质来说，在拉伸屈服应力、拉伸断裂伸长率和维卡软化温度这三个指标中，最重要的是维卡软化温度这一指标，因为，草莓栽培槽是最终、长期放置在高温高湿的日光温室中，而尤其在夏季，温室温度常常高达75℃以

上，如何在如此高的温度下，草莓栽培槽仍旧不形变是最关键的问题。因此，最终要选用耐热级硬质 PVC 作为加工草莓栽培槽的材质。

5.3 聚氯乙烯草莓栽培槽的设计开发

5.3.1 聚氯乙烯草莓栽培槽的开发设计

1. 功能设计

栽培槽的总体设计思路是：日光温室草莓专用栽培槽。

目的是能够促进草莓栽培设施的升级换代、提质增效。设计的草莓栽培槽能够满足北京市民周末休闲采摘的需求。具体来说，就是设计适合日光温室草莓种植特点的栽培槽，一周只浇一次水，让草莓充分积累糖分，在周末品质为最佳，满足北京市民周末休闲采摘的需求；还可以减少劳动力成本，提高草莓种植的技术含量。

基于此，设计的草莓栽培槽至少应具有以下特点及功能：

（1）容积较大，能够承载较多基质；
（2）高度较高，减少人体弯腰采摘带来的劳累感；
（3）保温性能好，放置于温室地面进行草莓种植，保证草莓冬季的正常生长；
（4）保水性能好，按需浇水，减少浇水次数、增加草莓糖度，节约用水、减少劳动力成本；
（5）能够整体移动，方便温室作业；
（6）结构合理，实用性强；
（7）不易变形、折断，有一定韧性，使用寿命长，在 3 年以上。

2. 结构设计

根据栽培槽功能，结合日光温室草莓生长具体特点，设计草莓栽培槽整体外形和结构组成，如图 5-1 和图 5-2 所示。

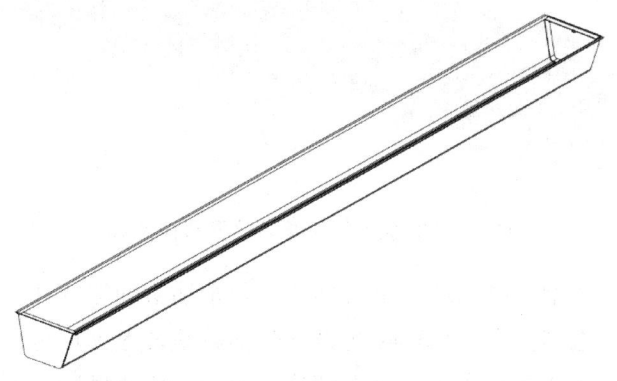

图 5-1 聚氯乙烯草莓栽培槽整体外形

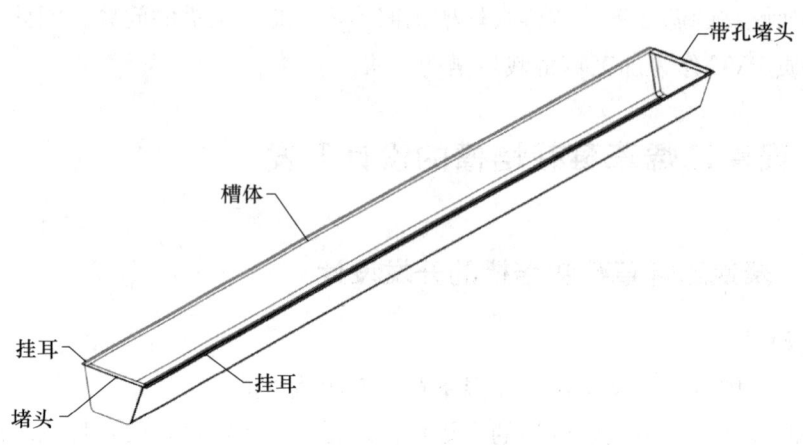

图 5-2　聚氯乙烯草莓栽培槽结构组成

（1）外形和结构组成图

草莓栽培槽主要有槽体和两个堵头三部分组成。

槽体呈"倒梯形"，由底部和两个侧壁组成，底部有加强筋，侧壁根据需要选择设置加强筋或者不设置，设置加强筋的可以加强槽体的强度和承载力，槽体上带有挂耳，挂耳是草莓槽非常重要的部件，保证草莓苗挂果后不垂果于地面，减少草莓因坠地带来的土传病害，保障藤茎不会因槽壁过于有棱角而勒细或勒断。若藤茎勒细，草莓果实在生产过程中会因营养输送不足而弱小；若藤茎勒断，草莓果实还没长大就夭折，没有收成，这两种情况，都会造成草莓产量或商品价值的下降，影响农户收益。如果半基质栽培在设计开发时没关注此类细节，导致推广无法延续，是非常大的问题。本设计的挂耳就是为了避免此类事情的发生而专门设计的。图 5-3 至图 5-5 所示是不同视角下的槽体整体外观图和局部外观图。

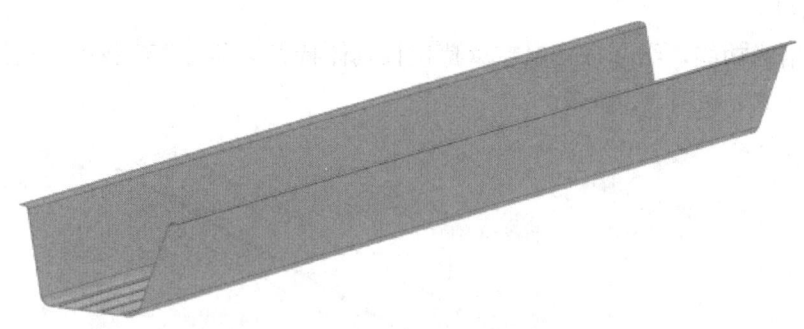

图 5-3　聚氯乙烯草莓栽培槽槽体外观

两个堵头分别位于槽体的两端，呈对称状，两个堵头的形状几近相同，但一个堵头上端有小孔，而另一端则没有。该草莓槽设计时，就是要考虑草莓在生长过程中按刚需给水，即需要多少水就浇多少水，即刚需理论，而不是传统做法（大水漫灌或产生大量回流液）。该草莓槽几乎不产生回流液，极少量的水才从一端堵头的小孔中流出。所以，只在堵头一端设置一个小孔即可。而且小孔的高度往往很高，高于基质填满槽体后的高度。图 5-6 和图 5-7 所示分别是无孔堵头和有孔堵头不同视角下的外形。

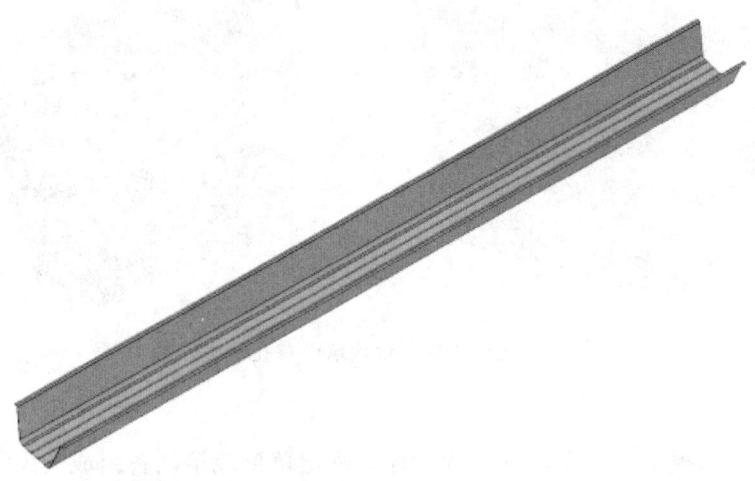

图 5-4　聚氯乙烯草莓栽培槽槽体外观

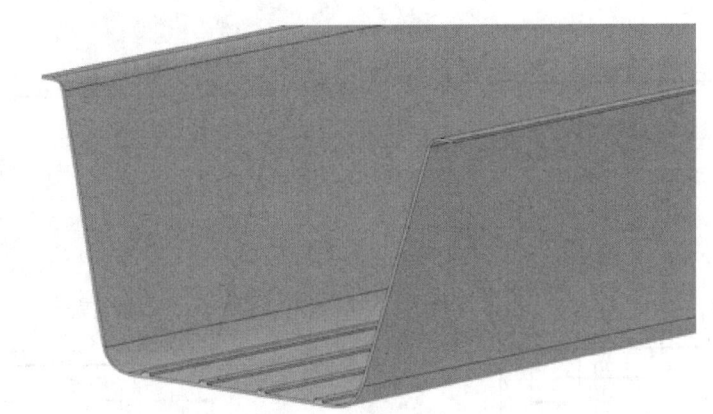

图 5-5　聚氯乙烯草莓栽培槽槽体局部外观

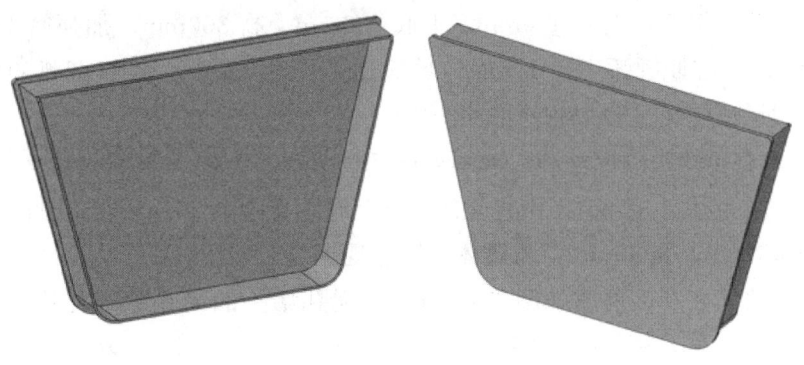

图 5-6　聚氯乙烯草莓栽培槽无孔堵头外观

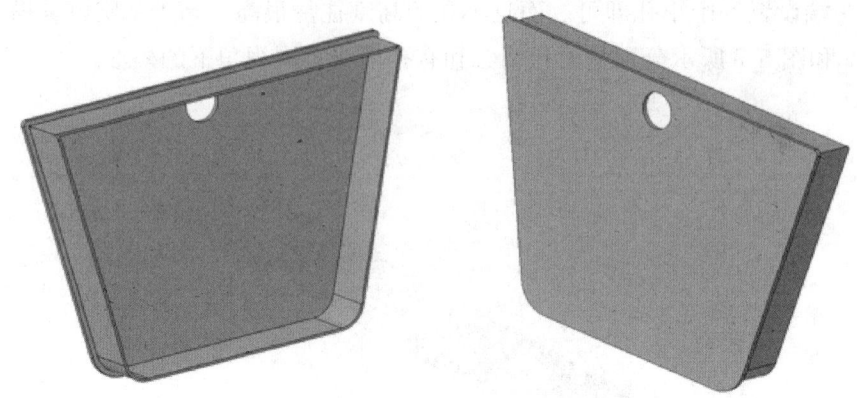

图 5-7 聚氯乙烯草莓栽培槽有孔堵头外观

（2）尺寸图

根据草莓栽培槽的功能要求和外观设计，确定草莓栽培槽各组成的尺寸大小。

① 槽体。槽体尺寸主要包括：上底、下底、高、挂耳尺寸和加强筋尺寸，如图 5-8 所示。

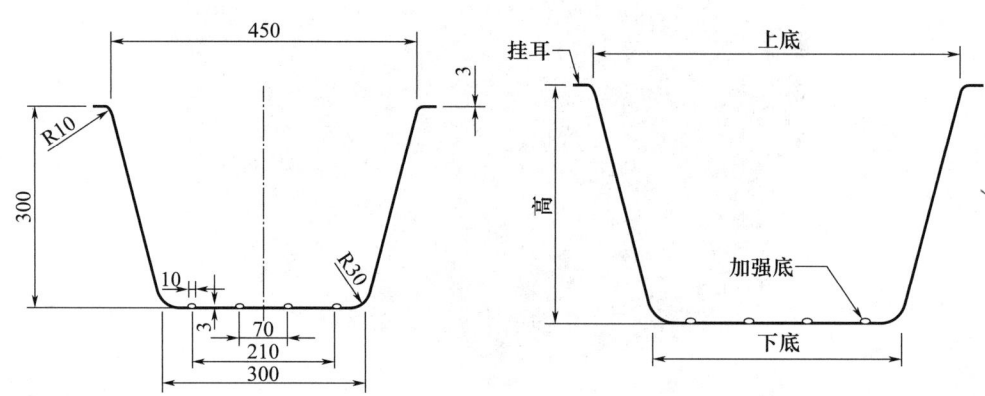

图 5-8 聚氯乙烯草莓栽培槽横截面尺寸

设计的草莓栽培槽：上底 450mm、下底 300mm、高 300mm，加强筋 10mm，底部圆弧半径 30mm，挂职圆弧半径 10mm，单只挂耳长度 25mm。设置圆弧的主要目的是减少槽体在搬运或使用过程中的外部冲击力。

② 堵头。有孔堵头的尺寸和三视图如图 5-9 所示。上底、下底、高均与槽体相同，地面圆弧略大，半径为 36mm，孔的位置位于上底垂直距离 30mm 处。圆孔直径 40mm。堵头外延长 435mm、宽 55mm，与槽体能够实现无缝对接。

无孔堵头的尺寸和三视图如图 5-10 所示。无孔堵头的尺寸除圆孔外，其他与有孔堵头均相同。

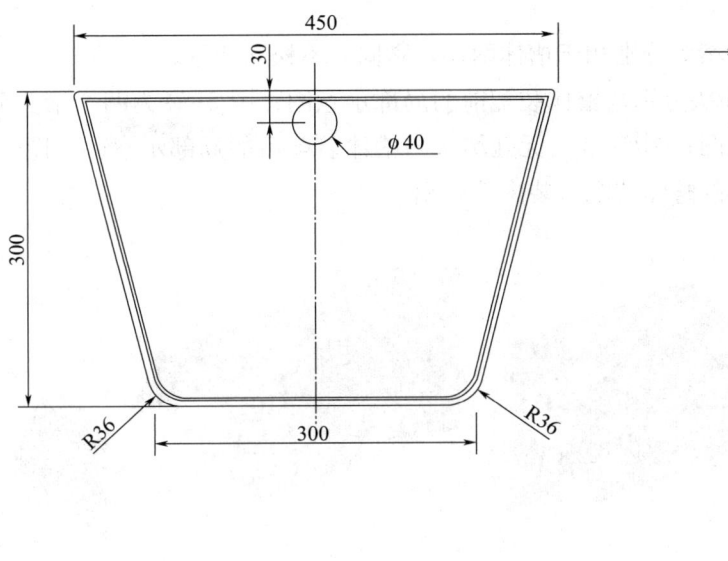
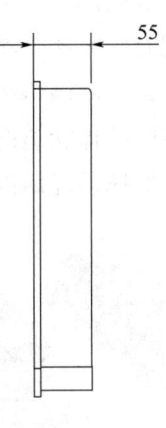
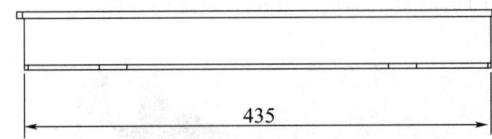

图 5-9 聚氯乙烯草莓栽培槽有孔堵头尺寸

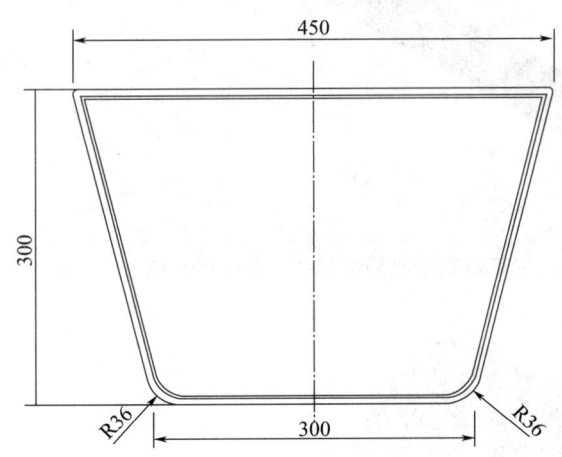
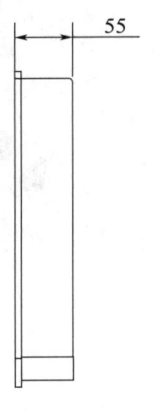
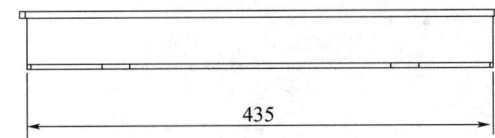

图 5-10 聚氯乙烯草莓栽培槽无孔堵头尺寸

（3）装配图

装配时，将两个堵头分别扣于槽体两端，紧固、不松动即可。

图 5-11 为两个堵头分别与槽体装配前的局部示意图；图 5-12 为两个堵头分别与槽体装配前的整体状态图；图 5-13 为无孔堵头与槽体装配后的局部示意图；图 5-14 为两个堵头与槽体装配后的整体装配（装配后）图。

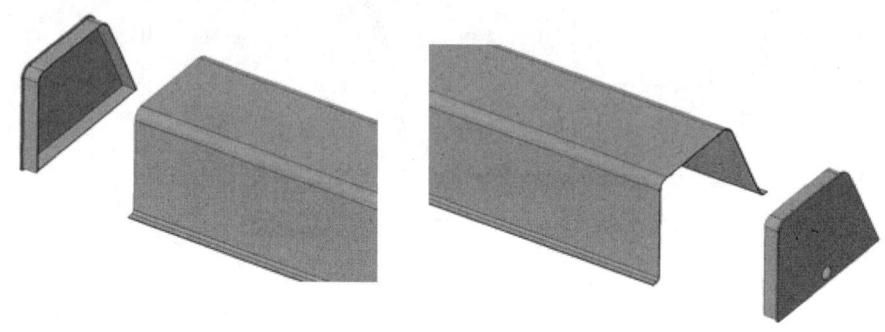

图 5-11　聚氯乙烯草莓栽培槽局部装配（装配前）图

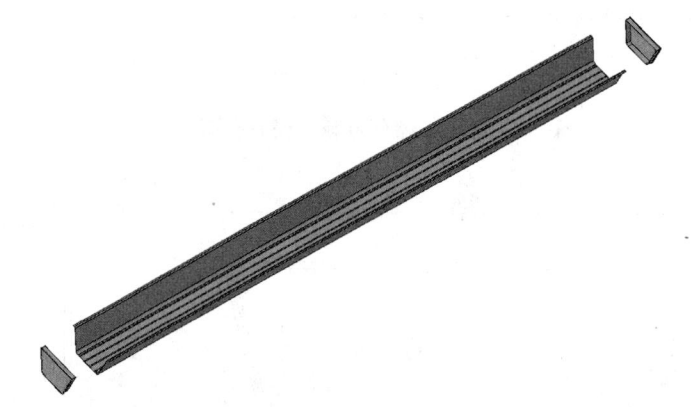

图 5-12　聚氯乙烯草莓栽培槽局部装备（装配前）图

图 5-13　聚氯乙烯草莓栽培槽局部装配（装配后）图

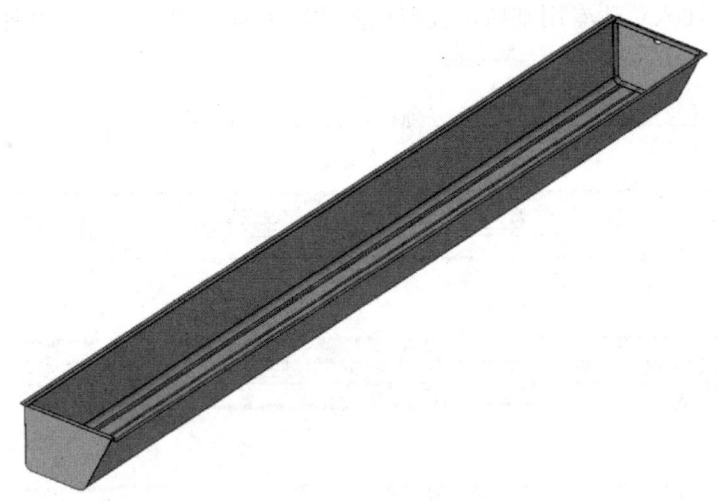

图 5-14　聚氯乙烯草莓栽培槽局部装配（装配后）图

5.3.2　聚氯乙烯草莓栽培槽温室布局设计

1. 草莓栽培槽的温室布局立体效果图

图 5-15 为草莓栽培槽在日光温室布局的整体效果图。草莓槽在日光温室中呈南北方向放置，槽与槽呈东西方向平行铺开。

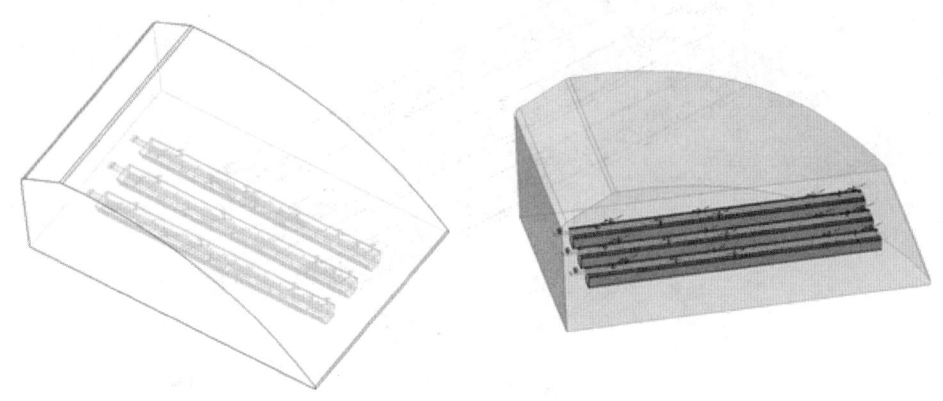

图 5-15　聚氯乙烯草莓栽培槽的温室布局效果图

2. 草莓栽培槽的温室布局平面图

在温室跨度为 7m 或 7.5m 的日光温室中，单个草莓槽长度为 6m，温室跨度不同，槽长不同。为了保障采摘者或劳动者有足够采摘空间或作业空间，槽与槽应保持较大间距，即槽间距。本设计中，槽间距为 550mm，不同的日光温室、不同的生产要求，槽间距可根据需要进行调整。如图 5-16 所示。

3. 草莓栽培槽的工作流程图

草莓栽培槽的使用工作流程为：先将草莓栽培槽平行、平整放置于温室地面，然后在草莓栽培槽中加入草莓专用基质,接着在基质表面铺设滴灌带,最终种植草莓苗。如图 5-17 所示。

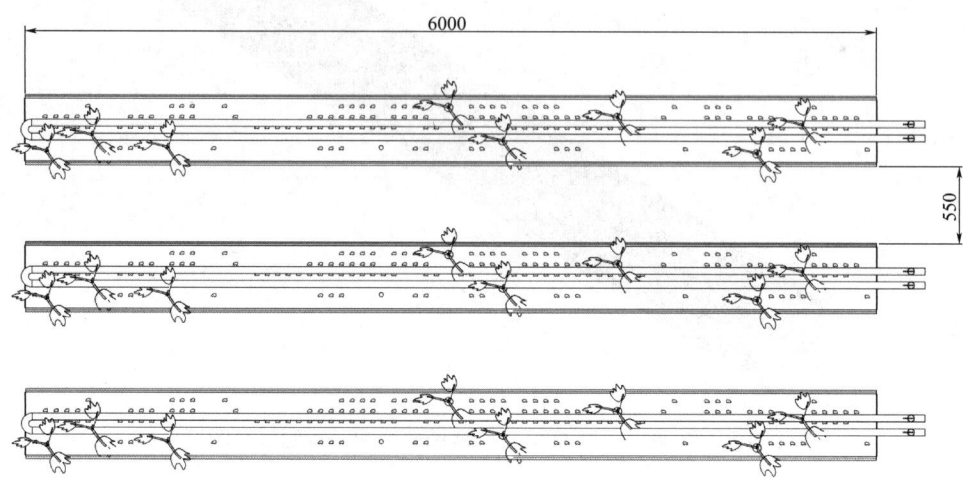

图 5-16　聚氯乙烯草莓栽培槽的温室布局平面图

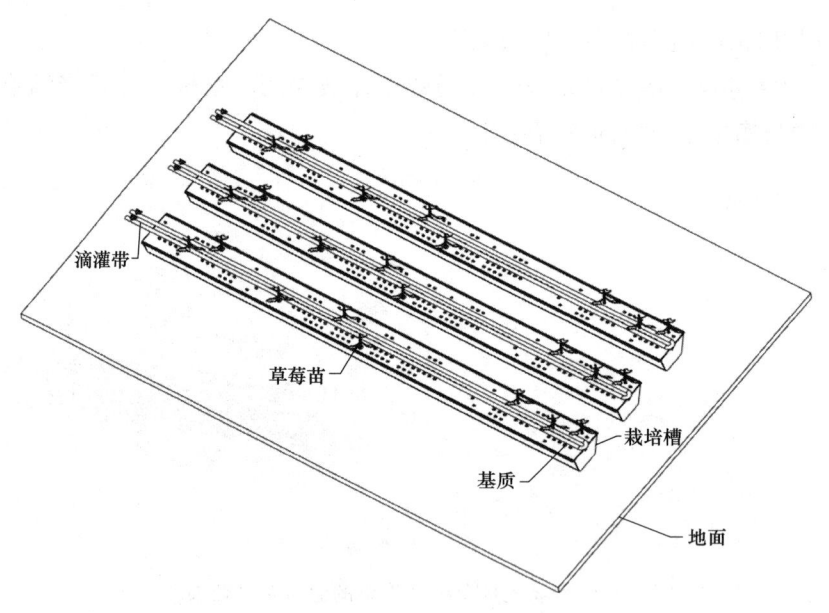

图 5-17　聚氯乙烯草莓栽培槽的工作图

5.4　聚氯乙烯草莓栽培槽的生产加工

5.4.1　原料及配方

聚氯乙烯草莓栽培槽的主要原料为聚氯乙烯(PVC)树脂,为了提高硬度、耐热性能和降低成本,需要添加大量的 $CaCO_3$ 粉,为了改善其他一些性能,还要添加稳定剂、润滑剂等。表 5-2 为该草莓栽培槽的原料配方。

表 5-2 聚氯乙烯草莓栽培槽加工的原料配方表

原辅材料	份数
PVC 树脂	100
$CaCO_3$ 粉	100
硫酸铅	4
石蜡	1

1. PVC 树脂

聚氯乙烯树脂是由氯乙烯单体（VCM）聚合而成的一种热塑性高分子化合物。由石油裂解制得的乙烯经氯化后生成二氯乙烷，然后在加压条件下将其加热裂解，脱去氯化氢后得氯乙烯。PVC 树脂是草莓栽培槽生产加工的主要原料。

2. 硫酸铅

稳定剂。由于 PVC 树脂分子结构的热不稳定性，所以在加工过程中产生降解作用，释放出 HCl 气体，随着降解程度的加剧，PVC 树脂由白色→淡黄色→黄色→橘黄色→橘红色→棕色→黑色。从变黄开始伴有刺鼻的 HCl 酸味。

硫酸铅是作物稳定剂；有长期热稳定剂作用，能提高物料的外润滑性，使加工温度范围变宽。

3. $CaCO_3$ 粉

填充剂，又称填料。指能赋予塑料某些优良性能，而不影响其质量，并能降低塑料成本的一种助剂。

$CaCO_3$ 粉主要的作用有：提高草莓栽培槽的硬度和耐磨性；提高草莓栽培槽的热变形温度，降低它的成型收缩率和挤出胀大效应；改变草莓栽培槽的导电及导热性能；提高草莓栽培槽的热稳定性和耐候性；降低草莓栽培槽的成本。

4. 石蜡

润滑剂。聚氯乙烯树脂在加工过程中，其导热性能差，会在加工机械的高温表面产生黏附现象，导致加工设备载荷增加及熔体缺陷和熔体破裂；另外在树脂内部分子间相互摩擦产生过热会导致 PVC 树脂分解。为润滑剂的石蜡，加入其中，可以降低 PVC 树脂混合体温度和降低摩擦热，保持聚氯乙烯草莓栽培槽表面光滑，减少加工能耗，提高加工速度，防止薄膜等黏结，有利于填料或颜料在聚合物基质中的分散。

5.4.2 生产工艺

把粉状 PVC 塑料树脂加入挤出机的机筒内，在螺杆的旋转挤压推动下，使树脂原料在高温、高压条件中塑化；然后，连续转动的螺杆再把熔融料推入机头模具，从机头模具中被挤出的融料成为需要的塑料制品形状。

1. 原辅料的混合

采用高速混合机将原辅料进行混合。将原辅料全部投入后再启动高速热混合机。

2. 挤出成型

在螺杆挤出机转动时,装入料斗中的混料借助转动的螺杆进入加料筒中,由于料筒的外加热及 PVC 混料本身与设备之间的剪切摩擦热,遂使混料熔融在设备中不断往前流动,各组分受螺杆的搅拌而均匀分散。熔体在机头口模处成型后成连续体被螺杆挤到机外,然后直接切粒、冷却。

3. 切割

切割的主要作用是将挤出的槽切割成一定的长度。生产中要求切割的大小均一。切割时,刀片紧挨着模具自转切割。

5.4.3 加工设备

草莓栽培槽槽体采用异向锥形双螺杆挤出机(图 5-18),它具有塑化混炼均匀、产量高、质量稳定、适应范围广、使用寿命长、PVC 粉料直接成型等特点。堵头采用注塑机加工而成。

图 5-18 用于加工草莓栽培槽的挤出机

5.4.4 出厂要求

草莓栽培槽要具有一定的出厂指标才能出厂,出厂指标见表 5-3。

表 5-3 聚氯乙烯草莓栽培槽出厂指标

序号	检验		检验依据	指标要求
1	外观		GB/T 5836.1—2018	槽材内外壁应光滑，无气泡、裂口和明显的痕纹、凹陷、色泽不均及分解变色线。槽材两端应切割平整并与轴线垂直
2	颜色		GB/T 5836.1—2018	一般为白色或灰色
3	规格尺寸 /cm	上底	GB/T 8806—2008	44～46
		下底	GB/T 8806—2008	29～31
		高	GB/T 8806—2008	29～31
		壁厚	GB/T 8806—2008	0.30～0.40
		长度	GB/T 8806—2008	550～750
4	密度/（kg·m^{-3}）		GB/T 1033.1—2008	1350～1550
5	维卡软化温度/℃		GB/T 8802—2001	≥79
6	纵向回缩率/%		GB/T 6671—2001	≤5
7	拉伸屈服应力/MPa		GB/T 8804.2—2003	≥40.0
8	落锤冲击试验 TIR		GB/T 14152—2001	≤10%

5.4.5 用于实际草莓生产中的聚氯乙烯草莓栽培槽

1. 运至昌平种子站试验基地，正在卸车的聚氯乙烯草莓栽培槽如图 5-19 所示。

图 5-19 将要用于草莓生产的聚氯乙烯草莓栽培槽

2. 布局在日光温室中、填充了基质的聚氯乙烯草莓栽培槽如图5-20所示。

图 5-20 填充基质的聚氯乙烯草莓栽培槽

3. 定植草莓苗的聚氯乙烯草莓栽培槽如图5-21所示。

图 5-21 定植草莓苗的聚氯乙烯草莓栽培槽

4. 实际种植草莓的聚氯乙烯草莓栽培槽如图5-22所示。昌平区种子站试验基地7号棚，草莓已结果、成熟、生长状态良好。

图 5-22 7号棚日光温室中的草莓栽培槽及草莓生产情况

5.5 草莓基质槽容量与智能化栽培

通过两种方式进行基质容量研究，第一种是在基质槽底部填充不同厚度的陶粒来改变基质槽的容量（2018—2019年），第二种是选择不同型号的基质槽进行容量研究（2019—2020年）。在研究过程中，采用智能化设备进行草莓生长环境监测和定量给水给肥等日常栽培管理。

5.5.1 在基质槽底部填充不同厚度的陶粒来改变基质槽的容量

通过不同规格的基质容量槽来达到不同的基质使用量。我们利用陶粒作为底部填充物，分别为0cm、2cm、4cm、6cm的厚度来处理，陶粒上方使用厚度（10丝）棚膜作隔离层，上方基质分别采用普通基质或脱盐椰糠两种。通过试验研究筛选出适合一周只浇一次或两次水的基质使用量，从而保障草莓周末品质达到最佳的基质使用量；此还引入草莓智能化栽培设备，监测温度、湿度、二氧化碳浓度等环境数据，实现自动化科学浇水施肥，达到减肥和节水的效果。

1. 材料和方法

（1）材料

供试草莓品种为"红颜"，定植时间为2018年11月10日，定植密度6000株，在每套基质槽中呈两列定植。2019年2月14日至6月2日为采收期，共采收19批次。

试验日光温室为昌平种子试验站基地 7 号棚日光温室，长度 70m，跨度 6.5m，脊高 3.24m。

草莓栽培槽：呈"倒梯形"PVC 槽，上、下底分别宽 45cm、30cm，高 30cm，槽长 6m，在日光温室中呈南北方向放置，共放置 69 套栽培槽，槽间距 55cm。

糖度仪（型号 PAL-1），南京晓晓仪器设备有限公司；硬度计（型号：FHR-1），广州瑞丰实验设备有限公司。

（2）方法

① 种植管理方式。采用专人管理、智能化管理。水肥管理方式：水肥一体化，随水浇肥。在温室内安装有草莓生产水、肥、药智能化管理系统。

② 试验设计方案。将 69 套栽培槽分为 3 组，每组 23 套。在草莓槽中铺设不同厚度的陶粒，每组的陶粒厚度分别为 0cm、2cm、4cm。每 1m 基质容量分别为 $0.1275m^3$、$0.1195m^3$、$0.1193m^3$。0cm 的为空白对照组。

每组随机抽样，进行草莓品质的检测，检测数值取平均值。草莓品质主要检测糖度和硬度。草莓感官评价通过设计感官评价表来完成，包括色泽、形态、气味和口感四个方面，评价人数 15 人。

③ 测定方法。糖度采用糖度仪测定（糖度范围：0～53°Brix）；硬度用硬度计测定（硬度范围：0.01～1.00kg）。草莓的水肥量用智能化管理系统自动记录，草莓单果质量和产量采用电子天平称量。

④ 数据分析方法

采用 Excel2010 进行数据处理、绘图和统计分析。

2. 结果与分析

（1）不同陶粒厚度栽培槽中的草莓最大单果质量

选择 2019 年 2 月 14 日、2 月 28 日和 3 月 22 日这三天，检测不同陶粒厚度栽培槽中的草莓最大单果质量，结果如图 5-23 所示。从图 5-23 可以看出，在同一天，陶粒 2cm 栽培槽的草莓最大单果质量与对应的空白组和陶粒 4cm 组比较，都是最大的，2 月 14 日，陶粒 2cm 草莓最大单果质量分别是后两者的 1.30 倍和 1.29 倍；2 月 28 日，分别是 1.30 倍和 1.09 倍；3 月 22 日，分别是 1.24 倍和 1.05 倍。虽然，随着日期的延后，陶粒 2cm 草莓最大单果质量与空白组及陶粒 4cm 组的差距有所缩小，但其绝对质量却在增加，在 3 月 22 日，陶粒 2cm 的最大单果质量达到 65.0g，是非常优质的大果。

（2）不同陶粒厚度栽培槽中的草莓硬度

仍选择 2019 年 2 月 14 日、2 月 28 日和 3 月 22 日这三天，检测不同陶粒厚度栽培槽中的草莓硬度，每种厚度随机采摘 5 粒草莓进行硬度检测，检测数据取平均值，结果如图 5-24 所示。从图 5-24 可以看出，草莓硬度与日期并没有明显的线性关系。而同一天，3 种不同陶粒厚度的栽培槽，草莓硬度区别亦不十分明显，陶粒 2cm 的草莓基质

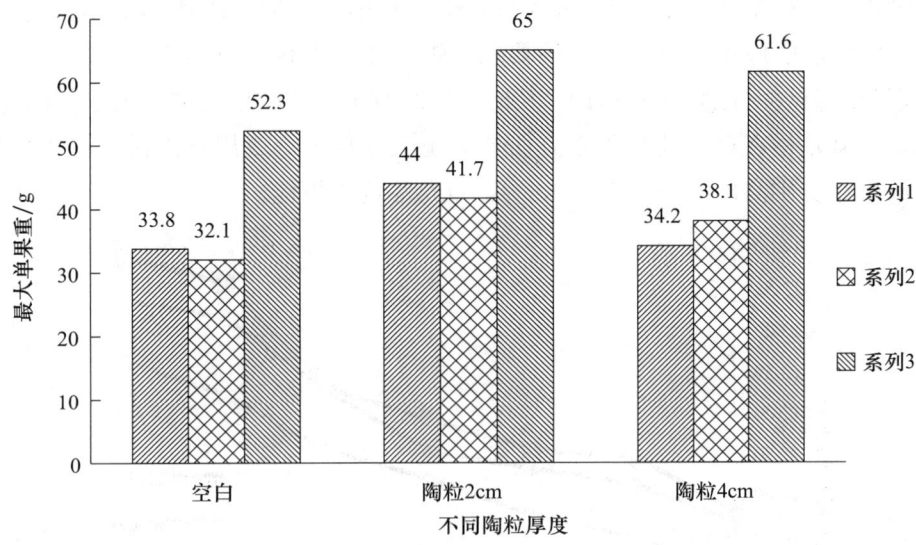

图 5-23 不同陶粒厚度栽培槽草莓最大单果重对比图

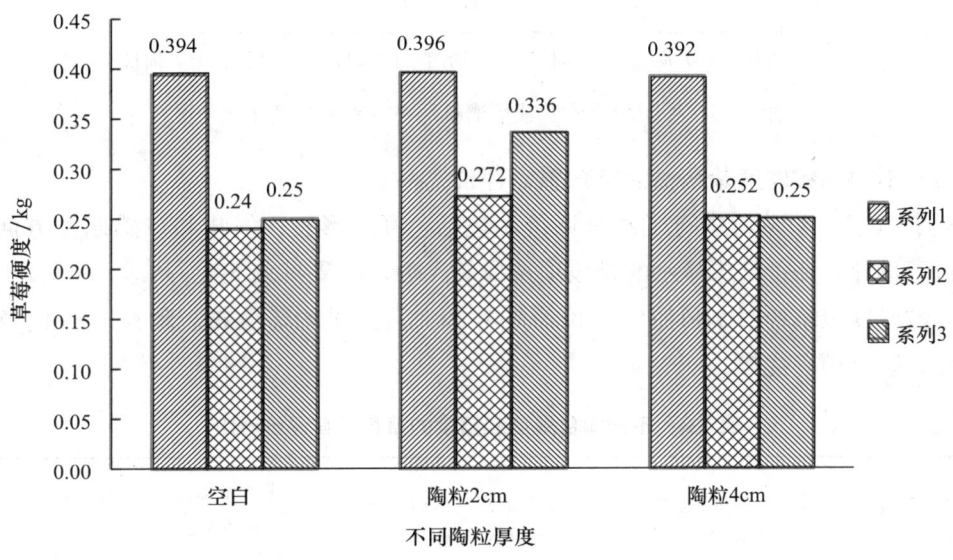

图 5-24 不同陶粒厚度栽培槽对草莓硬度的影响

槽，草莓硬度略微稍大一些。草莓是柔嫩多汁的水果，硬度较大有利于草莓的贮存运输，对延长草莓保质期、提高草莓商品价值有益。但该试验表明，不同陶粒厚度的栽培槽对草莓硬度影响并不大。

(3) 不同陶粒厚度的栽培槽对草莓糖度的影响

2019 年 5 月 6 日起连续一周检测，3 种不同陶粒厚度栽培槽中草莓糖度的变化情况，结果如图 5-25 所示。从图 5-25 可以看出，不论哪种陶粒厚度的栽培槽，在同一周中，草莓糖度随时间变化，每天是不断增加的，周末草莓的糖度达到最大。这说明草莓在这一周可溶性固形物逐渐累积，在周末品质为最好，非常适合市民休闲采摘。这说明上、下底和高分别为 45cm、30cm 和 30cm 的 PVC 槽，不论是否铺设陶粒，都能满足一周只浇一次水，草莓还能正常生长的要求。纵向比较来说，空白组、陶粒 2cm、陶粒 4cm，周日草莓糖度分别是周一的 1.25 倍、1.28 倍和 1.27 倍；而横向比较来说，铺设陶粒 2cm 的栽培槽在草莓糖分积累方面具有更大的优势，就周日来说，糖度比空白组和陶粒 4cm 组分别高出 3.96％和 9.88％，草莓甜度为更佳。

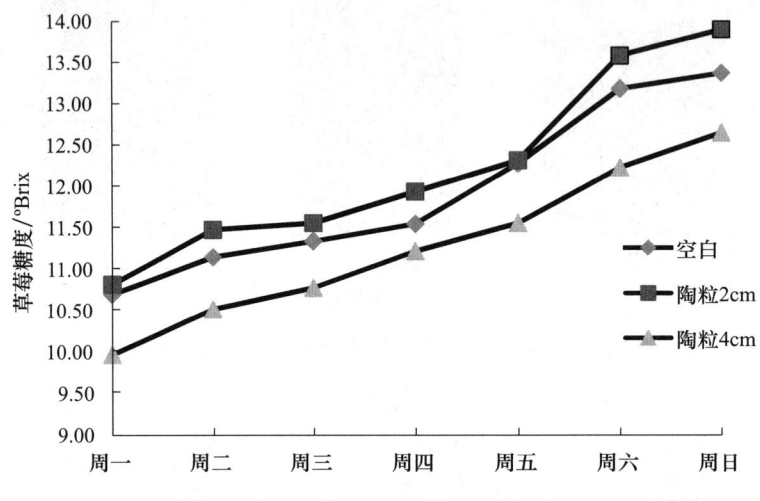

图 5-25　不同陶粒厚度栽培槽草莓在一周中糖度变化情况

（4）不同陶粒厚度栽培槽的草莓感官评价

3 月 24 日，对草莓进行了感官评价，包括色泽、形态、气味和口感四个方面。15 人进行了盲评，评价结果显示的是该项选择的人数，结果见表 5-4。从表 5-4 可以看出，不同陶粒厚度栽培槽对草莓感官评价影响并不大，几乎均等分布。陶粒 2cm 的草莓在气味和口感上稍有优势。

表 5-4　不同陶粒厚度栽培槽的草莓感官评价对比

感官评价 sensory evaluation	色泽（鲜艳） Color（bright）	形态形态（匀称） Form（symmetrical）	气味（芳香浓郁） Smell（strong fragrance）	口感（酸甜可口） Taste（sour and sweet）
空白 Blank	5	5	5	4
陶粒 Ceramsite 2cm	5	5	6	6
陶粒 Ceramsite 4cm	5	5	4	5

（5）不同陶粒厚度栽培槽对草莓总产量的影响

从 2019 年 2 月 14 日开始采收，6 月 2 日采收结束，全生育期共采收 19 次。按不同陶粒厚度栽培槽统计草莓的总产量，结果见表 5-5。7 号棚日光温室草莓总产量为 2987kg，总产量与土栽及高架栽培相比还是比较高的。其中陶粒 2cm 的草莓基质槽草莓产量最高为 1051.5kg，说明陶粒 2cm 栽培槽在产量方面比其他两种有一定优势。

表 5-5　不同陶粒厚度栽培槽草莓产量对比

	空白 Blank /0cm	陶粒 Ceramsite /2cm	陶粒 Ceramsite /4cm
产量 Yield/kg	1028	1051.5	907.5

3. 讨论

研究不同陶粒厚度的栽培槽对草莓品质及产量的影响，试验结果表明，陶粒2cm的栽培槽中的草莓在各方面表现（与空白组和陶粒4cm组比较）相当或最优。在草莓生长全育期，陶粒2cm的栽培槽，浇水量分别是后两者的97.1%和95.6%，施肥量分别是后两者的92.9%和86.7%；草莓最大单果质量，3月22日，分别是后两者的1.24倍和1.05倍；一周内糖度累积高出后两者3.96%和9.88%，而草莓硬度和口感测评区别不大。这说明陶粒2cm的栽培槽能很好地平衡基质量、基质营养、基质水分含量、保温性等各方面的影响因素，具有较高的推广价值。

通过试验，陶粒2cm的基质容量能够实现春节过后温度升高，一周只浇一次水，可满足草莓生长所需水分，达到草莓周末采摘品质最佳的要求。该处理产量高，同时节水44%以上，节肥40%以上。综合试验各项指标，筛选陶粒2cm为最佳基质容量。

5.5.2　不同型号的基质槽对草莓的影响

通过三种不同型号规格的基质槽试验对比研究，大型槽为上口45cm、下底35cm、高30cm，中型槽为上口33cm、下底25cm、高25cm，小型槽为上口27cm、下底15cm、高20cm。优选出最佳型号草莓基质槽。

1. 实施地点

昌平区种子管理站试验基地（昌平区马池口镇丈头村）。

2. 实施起止时间

2019年7月至2020年6月。

3. 实施内容

（1）本基质槽三种规格

其中大型槽为上口45cm、下底30cm、高30cm，中型槽为上口33cm、下底20cm、高25cm，小型槽为上口27cm、下底15cm、高20cm。草莓基质槽长度均为5.7m（比温室跨度略短，留出通道），温室长度70m，放置三种不同容积的草莓基质槽各30个。槽规格如图5-26～图5-28所示。

（2）试验品种

隋珠，定植时间为2019年8月26日，定植密度为6420株/标准棚（1个标准棚为：跨度8m，长度50m，即400m^2）。

图 5-26　大槽（1号槽）　　图 5-27　中槽（2号槽）　　图 5-28　小槽（3号槽）

（3）安装智能化监控系统

为了减少人力，提高草莓种植的智能化水平，引入监控草莓生产的智能化技术，能够监控、记录空气湿度、空气温度、基质温度、基质湿度（水分含量）、二氧化碳浓度和光照强度等环境数据，并且这些数据可以上传到"云"平台上，能够进行远程查看。

固定三行进行草莓糖度和产量测定。所有数据取平均值。糖度仪型号为 PAL-1，糖度范围为 0~53°Brix，由南京晓晓仪器设备有限公司生产；温度、湿度、光照、二氧化碳等环境数据由北京晨威展图科技有限公司提供的气象参数和环境因子管理"云"平台自动监测和记录。草莓产量、施肥量用托盘秤测量。

（4）检测方法

每组随机抽样，进行草莓品质的检测，检测数值取平均值。草莓品质主要检测糖度和硬度。糖度用糖度仪检测，糖度仪型号为 PAL-1，由南京晓晓仪器设备有限公司生产，糖度范围：0~53°Brix；硬度用硬度计检测，硬度计型号为 FHR-1，硬度范围为 0.01~1.00kg，由广州瑞丰实验设备有限公司生产。

草莓产量、施肥量用天平测量，单位为 kg。

草莓生产用水量用智能化管理系统自动记录，单位为 t。

4. 试验结果

（1）四种不同栽培模式用水用肥对比

从表 5-6 可以看出，在日光温室草莓生长的整个过程中，四种不同栽培模式，草莓的水肥消耗量比较为土栽＞半基质＞高架＞新型基质槽，也就是说，土栽模式的水肥消耗量最大，而新型基质槽最小。就节水而言，新型基质槽比土栽省水 42.2%、比半基质省水 27.9%、比高架栽培省水 16.0%；就节肥而言，新型基质槽比土栽省肥 44.6%、比半基质省肥 28.3%、比高架栽培省肥 14.7%。分析其原因，新型基质槽由于整体模具成型，密封性好，能根据草莓生理需求，合理给水给肥、不形成回流液，减少水肥流失，实现节水节肥；而高架栽培灌水灌肥量较大，易形成大量回流液；半基质栽培，灌水灌肥量较大，水分容易从基质中渗透到土壤中，水分保持较为困难。很明显，土栽是水肥消耗量最大的，由于水肥的长期积累，造成土壤酸碱度失去平衡、土壤盐渍化、土传病害严重，造成环境污染，是最不符合北京都市农业发展方向的。

表 5-6　四种草莓栽培模式肥水对比表

模式	土栽	半基质	高架	新型基质槽
浇水量/t	152.7	122.5	105.1	88.3
施肥量/kg	73.1	56.5	47.5	40.5

(2) 草莓基质槽保水保温性能

草莓基质槽的保水性能通过基质槽的基质水分含量来体现。数据由环境管理"云"平台自动记录所得，由于智能监测和记录，能得到传统方法得不到的海量数据，充分体现智能化技术在日光温室上应用的便捷性和巨大优势。截取 2020 年 1 月 5 日下午 2 点至 6 点的一段时间，每 10min 记录一次数据，以时间为横轴，以基质的水分含量为纵轴，绘制成图 5-29。由图 5-29 可以看出，不论哪个容积规格的基质槽，其基质水分含量都非常稳定，波动极小，几乎保持与坐标横轴平行的状态，这对草莓的正常生长是非常有利的。同时说明新型基质槽的保水性能很好。从图 5-29 中还可以看出，中槽的基质水分含量稍高，说明中槽在三种槽型中有更好的保水性能。分析其原因：一是大槽由于容积较大，基质水分易渗透到下层，而小槽受环境影响较大，水分易挥发；二是由于受到植物吸收、槽型、上口面积、种植密度等因素综合影响。

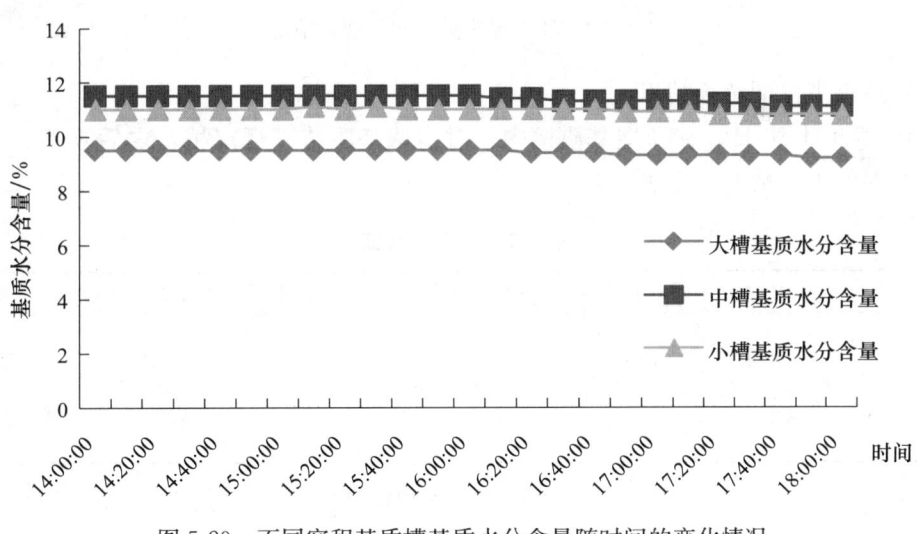

图 5-29　不同容积基质槽基质水分含量随时间的变化情况

(3) 草莓基质槽保温性能

草莓基质槽的保温性能通过基质槽的基质温度来体现。数据依然由环境管理"云"平台自动记录所得。

截取 2019 年 12 月 31 日上午 10 点至下午 6 点的温度数据，每 10min 记录一次，绘制成图 5-30。由图 5-30 可以看出，不论哪个容积规格的基质槽，其基质温度都非常稳定，随着时间的变化有所下降，呈线性关系。所有基质温度都高于室内空气温度，更高出室外温度。而室外温度随时间变化呈现抛物线趋势，变化波动比较大。温度的相对稳定和较高的温度，对草莓的正常生长是非常有利的，基质槽内的基质温度都能满足草莓生长的需要。就三种规格的基质槽比较而言，中槽基质温度是最高的。因此，说明基质槽，特别是中槽，具有很好的保温性能。分析其原因：大槽表面积较大，与外界能量交换快，而小槽受外界温度影响较大。

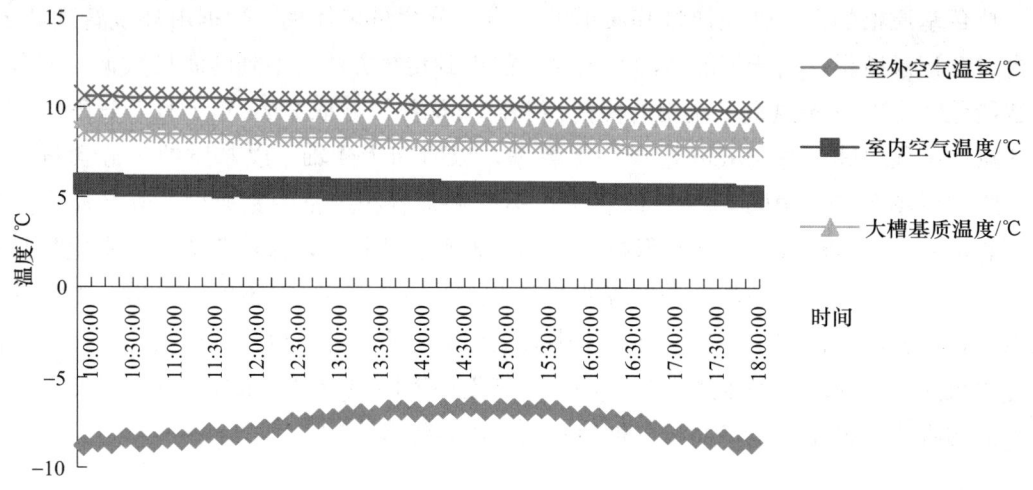

图 5-30　环境温度随时间的变化情况

（4）草莓生育期调查结果

2019 年 8 月 26 日，在新型基质槽中，对隋珠基质苗进行定植，之后观察、记录草莓在生育期的生长情况，见表 5-7。

表 5-7　草莓生育期

时间	10月4日	10月11日	10月28日	11月15日	11月23日	11月29日
草莓生育期	现蕾期（25%植株花蕾显现）	初花期（25%植株有花开放）	盛花期（75%植株有花开放）	果实转白期（50%植株一级序果转白）	初熟期（25%植株一级序果成熟）	成熟期（50%植株一级序果成熟）

从表 5-7 和图 5-31 可以看出，草莓在新型基质槽中生长正常，长势很好，每个生长关键期都表现优异，而且时间比普通栽培模式提前一段时间，这对草莓提前上市、增加草莓商品附加值是有利的。

（5）不同容积基质槽对草莓糖度和产量的影响

2020 年 3 月 16 日至 3 月 22 日，连续一周检测不同容积基质槽草莓糖度随时间的变化情况。每日，在每种容积基质槽草莓中，随机抽取 15 粒草莓，用糖度仪检测其糖度，取平均值，最后结果如图 5-32 所示。

图 5-31　草莓生长情况

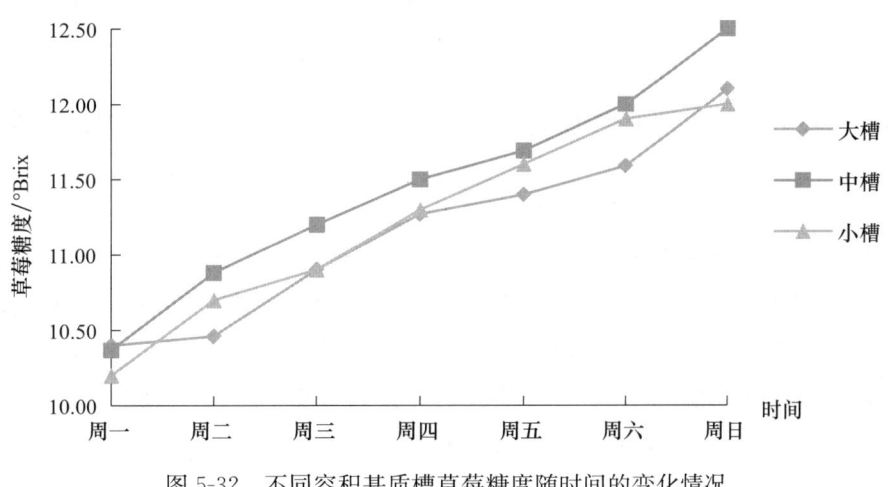

图 5-32　不同容积基质槽草莓糖度随时间的变化情况

从图 5-32 中可以看出,任何一种容积规格的基质槽,在一周内,草莓糖度都是不断积累的,周末草莓的糖度达到最大。大、中、小槽周日比周一的草莓糖度分别高出 16.3%、20.5% 和 17.6%,这说明草莓在这一周成熟度加快,甜度增大,在周末品质为最好,非常适合市民休闲采摘。同时看出,中槽草莓的糖度比大槽和小槽积累得更快,其糖度绝对值也最高。也就是说,中槽草莓的糖度积累优势最大。分析其原因:若三种槽都在周一浇肥水,则小槽一两天就要浇肥水一次,草莓糖度难以一直上升、积累,而大槽尽管十天或者更长时间浇肥水一次,但很可能错过周末草莓糖度积累到最大值,只有中槽的容积大小正好符合一周只浇一次肥水,在周一浇一次肥水后不再浇第二次,这样草莓糖度可以不断上升积累,在周末达到峰值。

(6) 不同容积基质槽对草莓产量的影响

草莓 2019 年 11 月 15 日开始采收,到 3 月 6 日,共采收 19 次。将每一容积基质槽的草莓按标准棚折算成总产量,结果如图 5-33 所示。

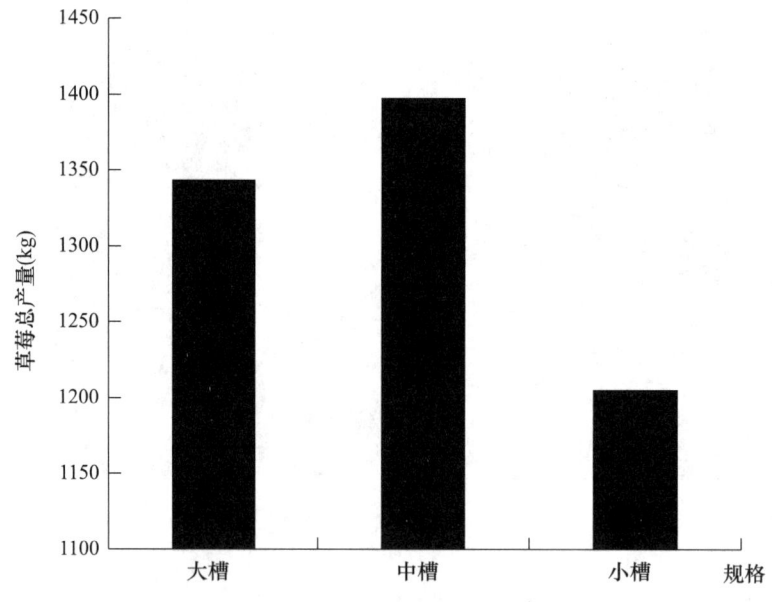

图 5-33 不同容积规格基质槽草莓的总产量

从图 5-33 可以看出,中槽的草莓产量最高,为 1397.8kg,分别高出小槽产量 15.9%、大槽产量 4.0%。

(7) 不同容积基质槽及基质成本核算

将不同容积基质槽折算成标准棚面积(长度 50m×跨度 6m),按合理的间距分布,一个标准棚,可放置大槽 55 个,若放置中、小槽分别可放置 60 个和 70 个。大槽成本最高,为 70 元/延米、中、小槽分别为 40 元/延米和 30 元/延米。任何一种容积的基质槽,长度均为 5.7m。每个大、中、小槽分别可盛放基质 10 袋、6 袋和 4 袋,每袋基质 20kg,成本为 20 元。先列表并计算见表 5-8。

表 5-8 以标准棚为单元，不同容积基质槽及基质成本核算

规格	大槽	中槽	小槽
标准棚可放置的基质槽个数	55	60	70
基质槽成本/(元/延米)	70	40	30
每个槽可盛放的基质袋数/（20元/袋）	10	6	4
基质槽成本/元	55×70×5.7=21945	60×40×5.7=13680	70×30×5.7=11970
基质成本/元	55×10×20=11000	60×6×20=7200	70×4×20=5600
总成本/元	32945	20880	17570

从表 5-8 可以看出，大槽成本最高为 32945 元，其次是中槽，成本最低的为小槽，但后两者成本比较接近。中槽成本是大槽的 63.4%，是小槽的 1.19 倍。

5. 中型槽对草莓的影响

（1）产量

中槽的草莓产量最高，为 1397.8kg，分别高出小槽产量 15.9%、大槽产量 4.0%。

（2）品质

任何一种容积规格的基质槽，在一周内，草莓糖度都是不断积累的，周末草莓的糖度达到最大。大、中、小槽周日比周一的草莓糖度分别高出 16.3%、20.5% 和 17.6%，这说明草莓在这一周成熟度加快，甜度增大，在周末品质为最好，非常适合市民休闲采摘。

（3）节水

新型基质槽比土栽省水 42.2%、比半基质省水 27.9%、比高架栽培省水 16.0%。

（4）节肥

新型基质槽比土栽省肥 44.6%、比半基质省肥 28.3%、比高架栽培省肥 14.7%。

综合比较，中型槽表现最优，适合进行示范推广。

5.6 草莓新型基质槽栽培模式的示范与比较

在昌平区崔村镇真顺村（仕芳草莓种植园）和昌平区十三陵镇德陵村（永山农庄）实施两栋草莓新型基质槽栽培模式，总面积 800m^2（两栋标准日光温室）。草莓基质槽规格为上底 33cm、下底 20cm、高 25cm。试验结果见表 5-9 和表 5-10。

从表 5-9 可以得出，基质槽种植草莓比传统土栽缓苗期提前 10 天以上，始收期提前 15 天，该试验证明基质槽栽培草莓比传统土栽可提早上市 15 天。

表5-9 草莓生育期调查表

试验地点	品种	种植方式	定植期	缓苗期	始收期	末收期
崔村镇真顺村	红颜	基质槽	9月3日	9月5日	12月15日	6月1日
		土栽	9月3日	9月15日	12月30日	6月1日
十三陵镇德陵村	圣诞红	基质槽	8月28日	8月30日	12月10日	5月25日
		土栽	8月28日	9月7日	12月24日	5月25日

从表5-10可看出，红颜草莓新型基质槽栽培比土栽增产增收23.8%，比高架栽培增产增收15.6%。圣诞红草莓新型基质槽栽培比土栽增产增收20.5%，比高架栽培增产增收15.2%。

表5-10 不同模式栽培草莓产量、产值对比表

试验地点	品种	种植方式	定植株数	单株产量/kg	总产量/kg	单价/(kg/元)	总产值/元	总产值增幅/%	
								基质槽比土栽	基质槽比高架
崔村镇真顺村	红颜	基质槽	4000	0.52	2080	40	83200	23.8	15.6
		高架	4000	0.45	1800	40	72000		
		土栽	4000	0.42	1680	40	67200		
十三陵镇德陵村	圣诞红	基质槽	4000	0.53	2120	40	84800	20.5	15.2
		高架	4000	0.46	1840	40	73600		
		土栽	4000	0.44	1760	40	70400		

从表5-11可看出，红颜草莓新型基质槽栽培比土栽节水45.2%、节肥37.5%，比高架栽培节水22.6%、节肥17.0%；圣诞红草莓新型基质槽栽培比土栽节水46.4%、节肥39.4%，比高架栽培节水25.6%、节肥15.6%。

表5-11 不同模式栽培草莓水、肥用量对比表

试验地点	品种	栽培模式	用水量/m³	用肥量/kg	节水率/%		节肥率/%	
					基质槽比土栽	基质槽比高架	基质槽比土栽	基质槽比高架
崔村镇真顺村	红颜	基质槽	85	37.5	45.2	22.6	37.5	17.0
		高架	120	49.8				
		土栽	155	60				
十三陵镇德陵村	圣诞红	基质槽	90	41.5	46.4	25.6	39.4	15.6
		高架	125	57.8				
		土栽	168	68.5				

综上所述，两个新型基质槽栽培草莓试验点比传统土栽栽培草莓增产15％以上，节水40％以上，节肥35％以上，熟期分别提早15天上市。

5.7 草莓新型基质槽栽培模式配套综合技术

与农业合作社签订推广协议、编写操作规程、举办专题培训、发放培训材料、发放草莓基质槽和草莓专用基质等生产物质，线上线下、动态指导草莓生产，探索高效协同推广机制。

具体包括：基质槽建造技术、基质消毒技术、水肥管理技术和病虫害防治技术的草莓新型基质槽栽培模式配套综合技术。

5.7.1 新型基质槽建造技术

1. 场地选择与土地平整

（1）温室要求

拟采用新型基质槽栽培方式种植草莓的应选用砖墙钢拱架、结构坚固、保温性能好、水电有保障的日光温室。

（2）场地要求

日光温室内土地尽量做到平整一致，东西向水平，南北向北高南低，坡度在1‰左右。

（3）新型基质槽材料与施工要求

材料及规格：新型基质槽选用PVC原生料，由工厂化统一生产梯形槽。规格为上底33cm、下底20cm、高25cm，材质厚度3.0mm或用上底31cm、下底20cm、高24cm、厚度4.0mm的基质槽。

施工标准与要求：建议作小高畦。温室地面平整后，根据摆放新型基质槽数量和位置作小高畦，畦面长与新型基质槽长度相同，畦面宽20cm，畦面高5~7cm，人工夯实压平。在小高畦上面摆放新型基质槽，提升槽高到30cm以上。防止草莓花枝过长导致果实托地，影响果品质量。新型基质槽须南北摆放，横平竖直，在一个平面上，防止倾斜与变形；新型基质槽每标准栋摆放55~60个，槽间距为50cm。基质槽长度根据棚内实际跨度事先预定，一般为6m；基质槽两端各装一个堵头，南端堵头下端用电钻打两个泄水孔；为防止基质槽填充基质后胀肚、变形，需在基质槽上加固8号铅丝弯制卡钩或用专用槽口卡钩，每2m至少一个。

2. 基质槽基质填充要求

（1）基质

使用草莓专用基质。基质组成：草炭：蛭石：珍珠岩比例为5∶3∶2。草炭绒长0~10mm，珍珠岩粒径6~8mm，蛭石粒径2~4mm。

(2) 基质填充要求

基质填充分 2~3 次完成，每次填充后灌水。以填满（基质与上口平齐）为宜。按长度为 50m 的标准棚计算，1 栋温室需要的基质总量为 33m³ 左右。禁止填充有机肥污染基质。

3. 滴灌系统

配备 500L 的塑料施肥桶，配有单独的水泵。主管材料为直径 32mm PVC 管道，滴管采用滴距为 15cm 的滴灌带，要求每槽两条。

4. 草莓品种及种苗选择

(1) 品种选择

早熟品种选择圣诞红、隋珠；中熟品种选择红颜、章姬。

(2) 种苗选择

选择购买使用多年质量相对稳定草莓种苗。

5.7.2 基质消毒技术

从第二年开始消毒。

1. 辣根素消毒时间与方法

第一次消毒时间 6 月上旬开始。第一步清除草莓植株残体，用塑料薄膜覆盖畦面。第二步利用滴灌设施将辣根素 4000~5000mL/标准棚施入基质槽中，使其均匀一致，闷槽 30 天。

2. 石灰氮消毒时间与方法

第二次消毒时间 7 月上旬开始。第一步将基质深翻晒干，每标准棚均匀撒施 20~30kg 石灰氮，用塑料薄膜覆盖畦面 30 天。第二步深翻晾晒一周。

5.7.3 定植技术

1. 定植前准备工作

(1) 安装水系

安装 500L 施肥桶一个/标准温室，每个基质槽安装 2 排滴灌管，滴水间距 15cm。

(2) 施用抗重茬菌剂

在草莓定植前撒施用抗重茬菌剂。将基质槽畦面整平压实，略高于畦面。

2. 草莓定植

(1) 定植时间

8 月 20 日至 9 月 15 日。

(2) 定植密度

定植株距 15cm，每标准温室 5000~5500 株。

3. 定植技术

同高架栽培或半基质栽培。

5.7.4 肥水管理技术

草莓新型基质槽栽培是农业无土栽培颠覆性的创新栽培模式。新型基质槽栽培模式不同于其他栽培模式，不形成大量回流液，根据草莓生理需求科学使用肥水，即需要多少肥施多少肥，需要多少水给多少水。切记：肥水过多烂根烧苗！此项为本成果的核心技术。

1. 定植前

第一次使用的干基质必须浇足灌透清水，含水量达到20%以上。

2. 定植至缓苗后

定植后前三天，每天灌清水一次，每次0.7m^3；之后每隔3天灌清水1次，每次0.7m^3，直至草莓缓苗成活。

3. 缓苗后至现蕾期

缓苗后每周灌水施肥1次，每次用水量1m^3，施用圣诞红（20-20-20）0.5kg，基质含水量达到20%以上，但不能高于25%。

4. 现蕾期至开花期

每周灌水施肥1次，每次用水量1.8m^3，施用圣诞红（20-20-20）1kg，基质含水量达到20%以上，但不能高于25%；含水量低于8%及时灌水。此时期开始增施钙肥（硝酸钙），每30天一次，每次2.5kg。

5. 开花期至春节前

10~15天灌水施肥一次，每次灌水2.5m^3，施用圣诞红膨果型（19:8:27）或圣诞红增甜型（16:8:34），两者交替使用，每次1.3kg。基质含水量达到20%以上，但不能高于25%，含水量低于8%及时灌水。

6. 春节后

每7天灌水施肥一次，周一灌水施肥，每次灌水3~4m^3，随水交替使用三种类型圣诞树肥料，每次用量1.3kg。基质含水量达到20%以上，但不能高于25%，含水量低于8%时灌水。

5.7.5 病虫害防治技术

1. 白粉病

主要是预防为主、防治为辅，主要在采果前期化学防治，从根本上消除白粉病病原菌。一般在缓苗后开始定期喷施低毒农药。

选用苯醚甲环唑6000~7000倍液，或特富灵15~30g/亩，或乙嘧酚800~1000倍液，或嘧菌酯32~48g/亩，或施贝尔600~800倍液，或70%甲基硫菌灵1000倍液，或50%醚菌酯（翠贝）3000倍液，或25%吡唑醚菌酯乳油（凯润）2000~3000倍交替使用。每隔间隔 7～10 天一次，尽量避免长期使用同一种杀菌剂。注：1 亩≈666.67m²。

2. 灰霉病

嘧菌酯 32～48g/亩、嘧霉-异菌脲 1000～2000 倍液和腐霉百菌清烟剂 100～200g。

3. 根腐病

噁霉灵 600～800 倍液、甲霜噁霉灵 1～2g/m²、亮盾-先正达 300～400mL。

4. 红蜘蛛

多采用物理、生物、化学综合防治法。

(1) 物理防治

摘除老叶、病叶、红蜘蛛附着茎叶。

(2) 化学防治

可选用爱卡满-联苯肼酯 10～25mL/亩，或金满枝-丁氟螨酯 1500～2500 倍液，或爱利思达-克螨特 25～35mL/亩（对幼嫩作物可能出现轻微药害，叶片皱曲或斑点，但对作物生长影响不大），或噻螨酮 1600～2000 倍液。叶面、叶背喷施全面彻底，每隔 7～10 天喷施一次，连续两次即可。每种药剂应交替使用，防止产生抗药性。

(3) 生物防治

在化学防控的基础上，喷药后 7～10 天，撒放捕食螨，每棚撒 10 瓶左右，基本实现杀除红蜘蛛。

5. 蚜虫

吡虫啉 20～30g/亩、噻虫嗪 2～4mL/亩、联菊-啶虫脒 25～30mL/亩、除虫菊素生物药 50～100mL/亩。注：1 亩≈666.67m²。

5.8 草莓新型基质槽栽培模式的推广应用与实践

形成了包括新型基质槽材质选用、设计加工技术、基质槽建造技术、基质消毒技术、水肥管理技术和病虫害防治技术的草莓新型基质槽栽培模式配套综合技术，编写《草莓新型基质槽栽培技术操作规程》，举办培训会 25 期，累积发放自编培训材料 13000 份，培训 1200 人次。目前，已在北京累计 510 栋温室进行推广种植（其中，2018—2020 年得到区财政专项扶持 100 栋）。累积推广新型草莓基质槽 28050 套，创造经济效益总产值 4869.48 万元。该模式技术可操作性强，符合北京市草莓产业发展和农业农村部"两减一节"行动要求。累积节水 3.57 万 m³，节约有机肥 1020t，节约水溶肥 11.48t，保护生态环境，具有显著的经济效益、社会效益和生态效益，可实现草莓栽培设施的更新换代和提质增效，并辐射京津冀地区，推广应用前景广阔。

5.8.1 经济效益

经济效益说明：主要服务都市农业、聚焦周末经济，采用新型基质槽栽培模式，生产出高品质草莓，服务市民周末休闲采摘，因此该模式生产的草莓有较高的销售单价和可观的经济收益。在经济效益报告中测算，新型基质栽培模式下，2019—2022年标准栋平均产量2087kg，标准栋平均产值9.548万元。与土栽相比，标准栋新增产量318.8kg，新增产值1.8752万元，新增纯收益1.80万元。按标准栋温室（每栋温室可放置55套基质槽）计算，共计510栋。因此，收入总产值4869.48万元，与土栽相比，新增销售额956.352万元，新增纯利润918万元，平均增收率19.6%。随着新型基质槽的推广普及，成本将进一步降低，而北京市对现代农业设施的升级换代，补贴力度进一步加大，最终农户增收率将在20%以上。相关数据见表5-12。

表 5-12　经济效益测算表

年度	2019年	2020年	2021年	2022年
产业规模/（台/套）	335	6380	9130	12250
应用规模/（台/套）	330	6380	9130	12210
技术覆盖率/%	98.51	100.00	100.00	99.67
新增销售额/万元	11.2512	217.5232	311.2832	416.2944
新增利润/万元	10.8	208.8	298.8	399.6

5.8.2　社会效益

解决设施农业草莓生产实际所需，一定程度上提升了北京农业设施水平，促进了草莓生产设施的更新换代。解决了北京草莓栽培模式中存在的痛点、难点问题，使草莓种植高效、可持续发展成为新常态。根据测算，5年后，北京市昌平区5000栋温室将全面采用该种栽培模式，全面实现草莓栽培设施的更新换代和提质增效，并辐射京津冀地区。

提升了草莓种植户的信心，通过接受新型基质槽栽培模式培训和现场指导，提升了他们的技能，拓宽了他们的就业、创业渠道，让他们成为实现首都现代农业的主力军。

5.8.3　生态效益

保护了京郊耕地的生态环境，通过新型基质槽栽培模式，耕地得到休养生息，并且不形成回流液，减少肥水浪费，减轻土壤环境污染，能有效解决草莓连作障碍，较土栽模式节水45%以上，节肥35%以上。目前，推广范围内测算，累积节水3.57万m^3，节约有机肥1020t，节约水溶肥11.48t，保护环境，具有显著的社会和生态效益。相关资料如图5-34～图5-37所示。

图 5-34 杨文雄副教授在昌平辛庄村做草莓新型基质槽技术专题培训

图 5-35 杨文雄副教授在昌平丈头村做草莓新型基质槽技术现场培训

图 5-36　杨文雄副教授在昌平华香园给农职学院师生做草莓新型基质槽使用技术现场指导

图 5-37　杨文雄副教授在昌平华香园给农职学院师生做草莓新型基质槽使用方法现场指导

5.9　师生推广草莓基质槽的社会实践与成果

智慧农装实践团成立于 2016 年，主要由北京农业职业学院（以下简称北京农职院）设施农业与装备专业的大学生组成。该团经过不断地发展和完善，已形成涵盖设施农业、智能农业装备、农业信息技术等多学科、跨专业的品牌学生团队，累积参与学生 60 余人，并得到了农业领域知名专家学者赵春江院士、郭文忠和齐长红研究员等给予团队的指导和帮助。智慧农装实践团弘扬学农、爱农、强农精神，通过参与各类社会实践活动、科研与三农服务工作，为农业现代化的发展贡献自己的专业智慧和青春力量。

近5年来，北京农职院智慧农装实践团积极参与北京市昌平区教委"一校带一镇"和大学生暑期社会实践活动，在京郊大地建功立业，如图5-38和图5-39所示。

图5-38　智慧农装师生在昌平天润园草莓专业合作社进行暑期社会实践

图5-39　智慧农装师生在昌平兴颜草莓专业合作社进行暑期社会实践

智慧农装实践团在昌平区崔村镇、兴寿镇、马池口镇等设施草莓种植区，进行社会实践，推广草莓新型基质槽，如图 5-40～图 5-42 所示。

(一)

(二)

图 5-40　智慧农装师生在昌平崔村镇天润园推广和培训草莓新型基质槽

智慧农装实践团以"推广草莓新型基质槽栽培模式，青春力量践行乡村振兴誓言"为题，在 2023 年全国大学生"三下乡""返家乡"社会实践活动出征仪式上进行成果展示，得到领导和与会嘉宾认可，如图 5-43～图 5-45 所示。

(一)

(二)

(三)

(四)

图 5-41 智慧农装师生在昌平兴寿镇华香园推广和培训草莓新型基质槽

(一)

(二)

图 5-42　智慧农装师生在昌平马池口镇种子站实验基地推广和培训草莓新型基质槽

图 5-43　2023年全国大学生"三下乡""返家乡"社会实践活动出征仪式合影

5 日光温室草莓新型基质槽设计与实践

图 5-44　2023 年全国大学生"三下乡""返家乡"社会实践活动上的成果展示

图 5-45　智慧农装师生在 2023 年全国大学生"三下乡""返家乡"社会实践活动上成果展示合影

智慧农装实践团将推广的成果进行总结提升，参加北京市创新创业大赛，成果显著。团队成员分别获得了"青创北京"2023 年"挑战杯"首都大学生课外学术科技作品竞赛一等奖、第三届"京彩大创"北京大学生创新创业大赛（高职赛道）一等奖、"青创北京"2024 年"挑战杯"首都大学生创业计划竞赛（主赛道）一等奖、第九届中国国际"互联网＋"大学生创新创业大赛北京赛区复赛职教赛道一等奖、第十八届"振

· 171 ·

兴杯"全国青年职业技能大赛学生组创新创效竞赛全国决赛优胜奖，如图 5-46～图 5-50 所示。

图 5-46　"青创北京"2023 年"挑战杯"首都大学生课外学术科技作品竞赛一等奖

图 5-47　第三届"京彩大创"北京大学生创新创业大赛（高职赛道）一等奖

图 5-48 "青创北京" 2024 年 "挑战杯" 首都大学生创业计划竞赛（主赛道）一等奖

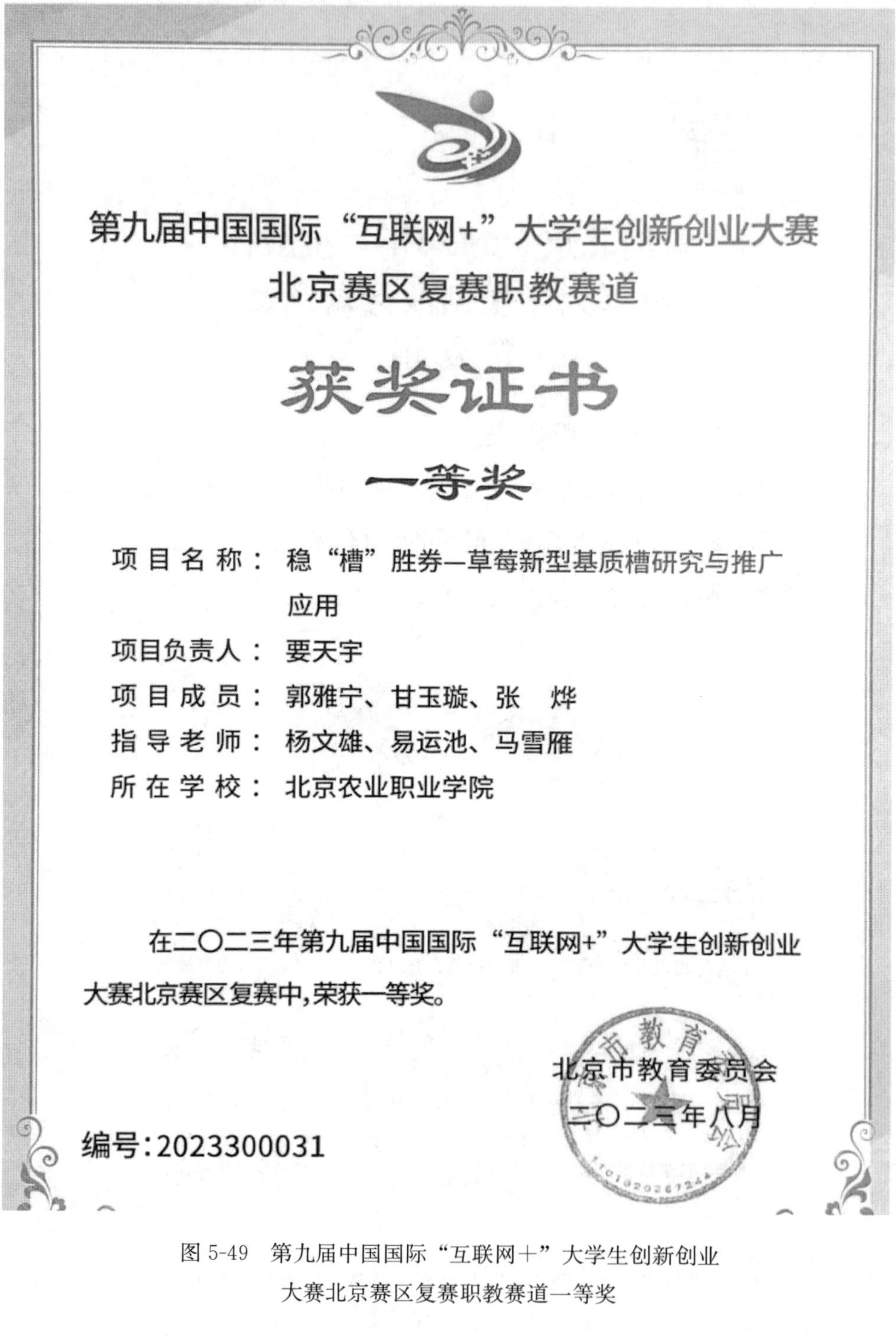

第九届中国国际“互联网+”大学生创新创业大赛
北京赛区复赛职教赛道

获奖证书

一等奖

项 目 名 称： 稳“槽”胜券—草莓新型基质槽研究与推广应用

项目负责人： 要天宇

项 目 成 员： 郭雅宁、甘玉璇、张 烨

指 导 老 师： 杨文雄、易运池、马雪雁

所 在 学 校： 北京农业职业学院

在二〇二三年第九届中国国际“互联网+”大学生创新创业大赛北京赛区复赛中，荣获一等奖。

北京市教育委员会

二〇二三年八月

编号：2023300031

图 5-49 第九届中国国际“互联网＋”大学生创新创业大赛北京赛区复赛职教赛道一等奖

图 5-50 第十八届"振兴杯"全国青年职业技能大赛学生组
创新创效竞赛全国决赛优胜奖

由于推广成果显著，智慧农装实践团指导教师杨文雄副教授受到北京市人民政府颁发的"北京市农业技术推广奖"荣誉证书，如图 5-51 所示。

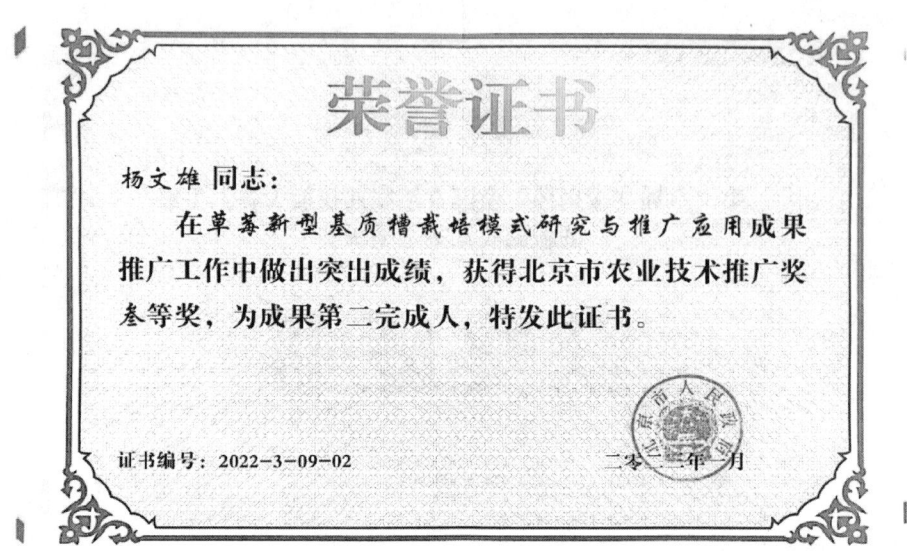

图 5-51　推广草莓新型基质槽获得北京市人民政府颁发的北京市农业技术推广荣誉证书

5.10　推广草莓基质槽取得的经济效益

2019—2022 年该成果在昌平区累计推广新型草莓基质槽 28050 套，核心技术覆盖率达 99.8%，收入总产值 4869.48 万元，与土栽相比，新增销售额 956.352 万元，新增纯利润 918 万元。

5.10.1　产业规模及应用规模

依据昌平区农业服务中心统计数据，2019 年昌平区新型基质槽栽培模式产业规模 335 套，2020 年产业规模 6380 套，2021 年产业规模 9130 套，2022 年产业规模 12250 套，合计四年总产业规模 28095 套。

通过调查统计应用该成果核心技术的乡镇，得出 2019 年应用规模为 330 套，2020 年应用规模为 6380 套，2021 年应用规模为 9130 套，合计四年总应用规模为 12210 套，见表 5-13。技术覆盖率：28050 套÷28095 套≈99.8%。

表 5-13　2019—2022 年产业规模和应用规模统计

乡镇	产业规模（套）				应用规模（套）			
	2019 年	2020 年	2021 年	2022 年	2019 年	2020 年	2021 年	2022 年
百善	0	110	385	660	0	110	385	660
崔村	55	880	1430	1870	55	880	1430	1870

续表

乡镇	产业规模（套）				应用规模（套）			
	2019年	2020年	2021年	2022年	2019年	2020年	2021年	2022年
马池口	115	385	660	1085	110	385	660	1045
南邵	0	385	660	880	0	385	660	880
兴寿	110	2915	3740	4290	110	2915	3740	4290
阳坊	0	440	605	1045	0	440	605	1045
十三陵	55	275	275	715	55	275	275	715
小汤山	0	990	1375	1705	0	990	1375	1705
合计	335	6380	9130	12250	330	6380	9130	12210
	28095				28050			

5.10.2 标准栋新增产量及新增产值

1. 标准栋新增产量

该成果中的标准栋新增产量是指标准栋日光温室（温室长度50m，温室跨度8m，温室面积400m²）采用新型基质槽栽培模式（平均一栋温室放置新型基质槽55套）与对照（土栽）模式相比较的产量差（各种栽培模式均以标准栋红颜草莓栽培产量来计算），见表5-14。

表5-14 新型基质槽栽培模式下新增产量表

年份	栽培模式	产量/(kg/标准栋)	增产量/(kg/标准栋)		增产率/%		总增产/kg	
			基质槽与土栽	基质槽与高架	基质槽与土栽	基质槽与高架	基质槽与土栽	基质槽与高架
2019	土栽	1680						
	高架栽培	1800						
	新型基质槽栽培	2080	400	280	23.8	10	2400	1680
2020	土栽	1781						
	高架栽培	1933						
	新型基质槽栽培	2105	324	172	23.5	8.9	37584	19952
2021	土栽	1766						
	高架栽培	1957						
	新型基质槽栽培	2110	344	153	19.5	7.8	57104	25398

续表

年份	栽培模式	产量/(kg/标准栋)	增产量/(kg/标准栋)		增产率/%		总增产/kg	
			基质槽与土栽	基质槽与高架	基质槽与土栽	基质槽与高架	基质槽与土栽	基质槽与高架
2022	土栽	1758						
	高架栽培	1910						
	新型基质槽栽培	2053	295	143	16.8	7.5	65490	31746
合计							162578	78776

按平均一栋温室放置新型基质槽55套，四年共推广标准栋：28050套÷55套＝510栋。按四年平均计算标准栋，新型基质槽栽培模式与土栽相比，年平均增产量为：162578kg÷510栋≈318.8kg/栋。

2. 标准栋新增产值

该项目主要服务都市农业、聚焦周末经济，采用新型基质槽栽培模式，生产出高品质草莓，服务市民周末休闲采摘。该模式与土栽比，春节前能提早15天上市，标准栋即可提前产出100kg（平均）头茬优质草莓，按平均采摘价100元/kg计算，产值为：100元×100元/kg＝10000元（1.0万元）。标准栋增产的另外产值318.8kg－100kg＝218.8kg，按草莓平均销售价40元/kg计算，40元/kg×218.8kg＝8752元（0.8752万元）。

标准栋新增产值＝标准栋新增头茬草莓产值＋新增余下产量的产值＝1.0万元＋0.8752万元＝1.8752万元。

5.10.3 各年新增产值及新增总产值

1. 新增总产值

新增总产值＝标准栋新增产值×栋数＝1.8752万元/栋×510栋＝956.352万元。

2. 各年新增产值

2019年，新型基质槽栽培模式比土栽模式新增产值11.2512万元；2020年，新型基质槽栽培模式比土栽模式新增产值217.5232万元；2021年，新型基质槽栽培模式比土栽模式新增产值311.2832万元；2022年，新型基质槽栽培模式比土栽模式新增产值416.2944万元；四年合计新增956.352万元，见表5-15。

表5-15 新型基质槽栽培模式下新增产值表

年度	推广种植规模/套	推广温室数量/栋	标准栋新增产值/万元	新增总产值/万元
2019	330	6	1.8752	11.2512
2020	6380	116	1.8752	217.5232

续表

年度	推广种植规模/套	推广温室数量/栋	标准栋新增产值/万元	新增总产值/万元
2021	9130	166	1.8752	311.2832
2022	12210	222	1.8752	416.2944
合计	28050	510	1.8752	956.352

5.10.4 标准栋平均产量、产值、各年产值及总产值

1. 标准栋平均产量

新型基质栽培模式下，2019—2022 年的标准栋平均产量为：（2080＋2105＋2110＋2053）÷4＝2087kg/栋。

2. 标准栋平均产值

新型基质槽栽培模式下，标准栋可产出 200kg（平均）头茬优质草莓，按平均采摘价 100 元/kg 计算，产值为：100 元×200kg＝20000 元（2.0 万元）。标准栋增产的另外产值 2087kg－200kg＝1887kg，按草莓平均销售价每公斤 40 元计算，40 元/kg×1887kg＝75480 元（7.5480 万元）。

标准栋产值＝标准栋头茬草莓产值＋余下产量的产值＝2.0 万元＋7.5480 万元＝9.548 万元。

3. 各年产值及总产值

各年产值＝平均标准栋产值×栋数，总产值＝各年产值之和。四年总产值为 4869.48 万元，见表 5-16。

表 5-16 各年产值表

年度	推广种植规模/套	推广温室数量/栋	标准栋新增产值/万元	总产值/万元
2019	330	6	9.548	57.288
2020	6380	116	9.548	1107.568
2021	9130	166	9.548	1584.968
2022	12210	222	9.548	2119.656
合计	28050	510	9.548	4869.48

5.10.5 标准栋节省成本核算

新型基质槽栽培模式比对照土栽模式的草莓种植，按标准栋计算，节水 70t，节约使用有机肥 2000kg（2t），节约使用水溶肥 22.5kg，节省劳动力 10 个工作日。与土栽

相比，合计节省2727.5元/栋，见表5-17。

表5-17 标准栋节省成本

序号	类型	数量	单价/元	金额/元	备注
1	节水	70t	1	70	
2	节有机肥	2t	650	1300	
3	节水溶肥	22.5kg	7	157.5	
4	节省劳动力	10个工作日	120	1200	节省起垄和日常管理的劳动力
合计				2727.5	

5.10.6 标准栋增加成本核算

按标准栋计算方式，新型基质槽栽培模式比对照土栽模式的草莓种植，主要增加了基质和基质槽费用，按折旧合计，每年投入成本为3520元/栋，见表5-18。

表5-18 标准栋新增投入实物表

序号	成果	数量	单价/元	金额/万元	年投入成本/万元	备注
1	基质槽	55套	235.5	1.295	0.162	按8年折旧计算
2	基质	29.5m³	322.5	0.951	0.19	按5年折旧计算
合计					0.352	

5.10.7 标准栋新增纯收益、总的纯增收益及各年纯增收益

1. 标准栋纯增收益

标准栋纯增收益＝标准栋新增产值＋标准栋节省成本－标准栋增加成本
　　　　　　　＝1.8752万元＋0.27275万元－0.352万元＝1.80万元

2. 总的纯增收益

总的纯收益＝标准栋纯增收×推广总栋数＝1.80万元×510栋＝918万元

3. 各年纯增收益（表5-19）

表5-19 各年纯增收益表

年度	推广种植规模/套	推广温室数量/栋	标准栋新增产值/万元	总产值/万元
2019	330	6	1.80	10.8
2020	6380	116	1.80	208.8

续表

年度	推广种植规模/套	推广温室数量/栋	标准栋新增产值/万元	总产值/万元
2021	9130	166	1.80	298.8
2022	12210	222	1.80	399.6
合计	28050	510	1.80	918

2019—2022年各镇推广草莓新型基质槽的经济效益情况见表5-20～表5-24。

表5-20 2019年各镇的经济效益情况

推广范围	推广规模	产量/kg	产值/万元	与土栽比较新增产量/kg	与土栽比较新增产值/万元	与土栽比较新增纯收益/万元
百善	0	0	0	0	0	0
崔村	55	2087	9.548	318.8	1.8752	1.8
马池口	110	4174	19.096	637.6	3.7504	3.6
南邵	0	0	0	0	0	0
兴寿	110	4174	19.096	637.6	3.7504	3.6
阳坊	0	0	0	0	0	0
十三陵	55	2087	9.548	318.8	1.8752	1.8
小汤山	0	0	0	0	0	0
合计	330	12522	57.288	1912.8	11.2512	10.8

表5-21 2020年各镇的经济效益情况

推广范围	推广规模	产量/kg	产值/万元	与土栽比较新增产量/kg	与土栽比较新增产值/万元	与土栽比较新增纯收益/万元
百善	110	4174	19.096	637.6	3.7504	3.6
崔村	880	33392	152.768	5100.8	30.0032	28.8
马池口	385	14609	66.836	2231.6	13.1264	12.6
南邵	385	14609	66.836	2231.6	13.1264	12.6
兴寿	2915	110611	506.044	16896.4	99.3856	95.4
阳坊	440	16696	76.384	2550.4	15.0016	14.4
十三陵	275	10435	47.74	1594	9.376	9

续表

推广范围	推广规模	产量/kg	产值/万元	与土栽比较新增产量/kg	与土栽比较新增产值/万元	与土栽比较新增纯收益/万元
小汤山	990	37566	171.864	5738.4	33.7536	32.4
合计	6380	242092	1107.568	36980.8	217.5232	208.8

表 5-22 2021 年各镇的经济效益情况

推广范围	推广规模	产量/kg	产值/万元	与土栽比较新增产量/kg	与土栽比较新增产值/万元	与土栽比较新增纯收益/万元
百善	385	14609	66.836	2231.6	13.1264	12.6
崔村	1430	54262	248.248	8288.8	48.7552	46.8
马池口	660	25044	114.576	3825.6	22.5024	21.6
南邵	660	25044	114.576	3825.6	22.5024	21.6
兴寿	3740	141916	649.264	21678.4	127.5136	122.4
阳坊	605	22957	105.028	3506.8	20.6272	19.8
十三陵	275	10435	47.74	1594	9.376	9
小汤山	1375	52175	238.7	7970	46.88	45
合计	9130	346442	1584.968	52920.8	311.2832	298.8

表 5-23 2022 年各镇的经济效益情况

推广范围	推广规模	产量/kg	产值/万元	与土栽比较新增产量/kg	与土栽比较新增产值/万元	与土栽比较新增纯收益/万元
百善	660	25044	114.576	3825.6	22.5024	21.6
崔村	1870	70958	324.632	10839.2	63.7568	61.2
马池口	1045	39653	181.412	6057.2	35.6288	34.2
南邵	880	33392	152.768	5100.8	30.0032	28.8
兴寿	4290	162786	744.744	24866.4	146.2656	140.4
阳坊	1045	39653	181.412	6057.2	35.6288	34.2
十三陵	715	27131	124.124	4144.4	24.3776	23.4
小汤山	1705	64697	295.988	9882.8	58.1312	55.8
合计	12210	463314	2119.656	70773.6	416.2944	399.6

表 5-24 2019—2022 年各镇的经济效益情况汇总

推广范围	推广规模	产量/kg	产值/万元	与土栽比较新增产量/kg	与土栽比较新增产值/万元	与土栽比较新增纯收益/万元
百善	1155	43827	200.508	6694.8	39.3792	37.8
崔村	4235	160699	735.196	24547.6	144.3904	138.6
马池口	2200	83480	381.92	12752	75.008	72
南邵	1925	73045	334.18	11158	65.632	63
兴寿	11055	419487	1919.148	64078.8	376.9152	361.8
阳坊	2090	79306	362.824	12114.4	71.2576	68.4
十三陵	1320	50088	229.152	7651.2	45.0048	43.2
小汤山	4070	154438	706.552	23591.2	138.7648	133.2
合计	28050	1064370	4869.48	162588	956.352	918

参考文献

[1] OKUSHIMAL, SASE S, NARA M A. Support system for natural ventilation design of greenhouses based on computational aerodynamics. Acta Horticulture, 1989, 284: 129-136.

[2] 童莉. 机械通风的华北型连栋温室内温度和速度场的数值模拟研究 [D]. 北京: 北京化工大学, 2003.

[3] 李永欣. Venlo 型温室自然通风降温的实验研究与 CFD 模拟 [D]. 北京: 中国农业大学, 2003.

[4] 韩世栋. 蔬菜冬暖型日光温室建造和高效栽培技术 [M]. 北京: 中国农业出版社, 1996.

[5] 孙志强, 等. 黄淮改良型日光温室的设计与性能研究 [J]. 农业工程学报, 1996, 12 (A00): 41-47.

[6] 李永欣, 李保明, 李真, 等. Venlo 型温室夏季自然通风降温的 CFD 数值模拟 [J]. 中国农业大学学报, 2004, 9 (6): 44-48.

[7] 刘福强, 张令弥. 振动控制中传感器优化配置的频域方法及在智能结构中的应用 [J]. 机械强度. 1999, 21 (4): 241-248.

[8] 周璇, 喻寿益, 李兰君, 等. 分布参数系统中传感器位置的优化 [J]. 中南工业大学学报 (自然科学版) 2003, 34 (4): 398-401.

[9] 丁文彦, 徐江宁. 节能型日光温室温度控制系统的研制 [J]. 沈阳农业大学学报, 2001, 32 (2): 131-133.

[10] 童莉, 张政, 陈忠购等. 机械通风条件下连栋温室速度场和温度场的 CFD 数值模拟 [J]. 中国农业大学学报 2003, 8 (6): 33-37.

[11] 李晓文, 李维亮, 周秀骥. 中国近 30 年太阳辐射状况研究 [J]. 应用气象学报, 1998, 9 (1): 25-32.

[12] 傅炳珊, 陈渭民, 马丽. 利用 MODTRAN3 计算我国太阳直接辐射和散射辐射 [J]. 南京气象学院学报, 2001, 24 (1): 51-58.

[13] 陈健, 刘志杰. 高寒地区大型日光温室的采光设计 [J]. 东北林业大学学报, 2002, 30 (3): 69-72.

[14] 孙周平. 彩钢板保温装配式节能日光温室的温光性能 [J]. 农业工程学报, 2013, 29 (19): 159-167.

[15] 周长吉, 杨振声. 准确统一日光温室定义的商榷 [J]. 农业工程学报, 2002, 18 (6): 200-202.

[16] 王朝栋, 史为民, 裴先文, 等. 4 种曲线形日光温室前屋面采光性能及其拱架力学性能的比较 [J]. 西北农林科技大学学报, 2010, 38 (8): 143-150.

[17] 李家宁, 马承伟, 赵淑梅, 等. 几种常用屋面形状和倾角的日光温室光照环境比较 [J]. 新

疆农业科学，2014，51（6）：1008-1014.

[18] 王楠，马承伟，赵淑梅，等.日光温室常用透光覆盖材料辐射透过性能测试研究［J］.沈阳农业大学学报，2013，44（5）：531-535.

[19] 张敏敏，刘孟君，李娜，等.体相纳米气泡及其研究进展［J］.净水技术，2021，40（2）：24-36＋41.

[20] 才硕，时红，潘晓华，等.微纳米气泡增氧灌溉对双季稻需水特性及产量的影响［J］.节水灌溉，2017（2）：30-32.